国家出版基金项目
NATIONAL PUBLICATION FOUNDATION

"十四五"时期
国家重点出版物出版专项规划项目

航天先进技术
研究与应用系列

王子才　总主编

助推滑翔飞行器制导控制方法

Guidance and Control Method of Boost-Glide Flight Vehicle

晁　涛　王松艳　杨　明　编著

U0212022

哈爾濱工業大學出版社
HITP HARBIN INSTITUTE OF TECHNOLOGY PRESS

内 容 简 介

本书介绍了助推滑翔飞行器的概念和发展历程，分析了近空间大气环境特点及其对飞行器制导控制的影响，建立了面向制导控制研究的助推滑翔飞行器数学模型。根据助推滑翔飞行器的飞行特点，分别研究了助推段、再入滑翔段和俯冲段的制导方法，以及滑翔飞行器的姿态控制方法，并以典型的助推滑翔飞行器为对象，通过数学仿真验证了本书所提出方法的有效性。

本书既可作为飞行器制导控制领域研究人员的参考书，也可作为相关专业学生的教材。

图书在版编目（CIP）数据

助推滑翔飞行器制导控制方法/晁涛，王松艳，杨明编著. —哈尔滨：哈尔滨工业大学出版社，2023.10
（航天先进技术研究与应用系列）
ISBN 978-7-5767-0674-1

Ⅰ.①助…　Ⅱ.①晁…②王…③杨…　Ⅲ.①助推滑翔飞行器-飞行控制系统　Ⅳ.①V475.9

中国国家版本馆 CIP 数据核字（2023）第 032671 号

助推滑翔飞行器制导控制方法
ZHUTUI HUAXIANG FEIXINGQI ZHIDAO KONGZHI FANGFA

策划编辑　杜　燕
责任编辑　闻　竹　庞亭亭
出版发行　哈尔滨工业大学出版社
社　　址　哈尔滨市南岗区复华四道街 10 号　邮编 150006
传　　真　0451-86414749
网　　址　http://hitpress.hit.edu.cn
印　　刷　黑龙江艺德印刷有限责任公司
开　　本　720mm×1 000mm　1/16　印张 14　字数 264 千字
版　　次　2023 年 10 月第 1 版　2023 年 10 月第 1 次印刷
书　　号　ISBN 978-7-5767-0674-1
定　　价　68.00 元

（如因印装质量问题影响阅读，我社负责调换）

前言

现代战争，从某种意义上讲是科技水平的较量。武器的先进性虽然不能最终决定战争的胜负，但用高科技手段装备的精良武器在局部战争中确实能起到关键作用。而新型的飞行器（主要指导弹武器）由于具有飞行速度更快、航程更远、飞行空域更宽广、机动能力更强以及攻击精度更高等特点，已经成为现代战争中不可缺少的装备。

近年来，技术的进步促使越来越多的新型飞行器得到了迅速发展，尤其是在临近空间内高速飞行的助推滑翔飞行器，其以突出的使用优势得到了人们的普遍关注。本书所述助推滑翔飞行器是指一类将助推火箭与滑翔飞行器相结合的组合飞行器，其采用运载火箭作为助推器，滑翔飞行器是助推火箭的有效载荷。此类飞行器通常采用助推火箭加速所搭载的滑翔飞行器到近地轨道或临近空间，然后滑翔飞行器与助推火箭分离，以高超声速在临近空间远距离滑翔飞行，执行后续的任务（人员或物资运送、返回地面着陆场或者打击目标）。与以往飞行器相比，助推滑翔飞行器具有飞行空域宽阔、飞行速度变化范围大的特点，涉及航空和航天两大领域，飞行环境复杂，特别是在飞行过程中，飞行器大多经历垂直发射、转弯、组合体分离、远距离滑翔/跳跃、俯冲攻击等多个飞行阶段，飞行任务多样且飞行轨迹复杂。在飞行过程的各个阶段，飞行器的构型、环境以及飞行任务均可能有所不同，这使得助推滑翔飞行器的制导过程较以往飞行器更为复杂，对助推滑翔飞行器制导系统设计提出了极大的挑战，也对助推滑翔飞行器的制导控制技术提出了更高的要求。

随着世界各国在助推滑翔飞行器不同领域研究的逐步深入，人们对助推滑翔飞行器的认识也在不断加深，各国学者都在探索一条能够解决助推滑翔飞行器制导控制问题的有效途径。本书主要针对目前助推滑翔飞行器的发展趋势和存在的主要制导控制问题，结合作者多年的工作经验，总结国内外学者近年来在相关技术方面取得的研究成果，特别介绍了作者取得的原创性研究成果，系统介绍了助推滑翔飞行器的数学模型、不同飞行阶段的制导控制方法及仿真分析等方面的内容。目前国内外缺乏涵盖助推滑翔飞行器助推段、再入滑翔段和俯冲段全飞行阶段的制导控制方法研究著作。本书力图针对助推滑翔飞行器全飞行阶段面临的制导控制难点，创新性地开展制导方法、控制方法和制导控制一体化方法研究。

本书介绍了助推滑翔飞行器的概念和发展历程，分析了近空间大气环境特点及其对飞行器制导控制的影响，建立了面向制导控制研究的助推滑翔飞行器数学模型。根据助推滑翔飞行器的飞行特点，分别研究了助推段、再入滑翔段和俯冲段的制导方法，以及滑翔飞行器的姿态控制方法。本书通过大量的数学仿真分析，验证了所提方法的有效性，具有较高的学术价值和应用价值。

本书在撰写过程中，得到了国家自然基金项目（项目编号 61403096、61627810 和 61790562）的资助，同时参考了国内外相关的专著，在此表示感谢。本书中的部分内容来源于作者历年来指导的研究生们所撰写的论文，硕士研究生陈雪野、陈红芬在文字校对和图片绘制方面提供了很大帮助，在此表示感谢。最后，感谢国家图书出版基金的资助，令此书得以顺利出版。

限于作者水平，书中难免存在疏漏及不足之处，敬请读者批评指正。

晁涛　王松艳　杨明

2023 年 7 月

目 录

第 1 章

绪　论

本书所述助推滑翔飞行器是指一类将助推火箭与滑翔飞行器相结合的组合飞行器，其采用运载火箭作为助推器，滑翔飞行器是助推火箭的有效载荷。此类飞行器通常采用助推火箭加速所搭载的滑翔飞行器到近地轨道或临近空间，然后滑翔飞行器与助推火箭分离，以高超声速在临近空间远距离滑翔飞行，执行后续的任务（人员或物资运送、返回地面着陆场或者打击目标）。与以往飞行器相比，助推滑翔飞行器具有飞行空域宽阔、飞行速度变化范围大的特点，涉及航空和航天两大领域，飞行环境复杂，特别是在飞行过程中，飞行器大多经历垂直发射、转弯、组合体分离、远距离滑翔/跳跃、俯冲攻击等多个飞行阶段，飞行任务多样且飞行轨迹复杂。在飞行过程的各个阶段，飞行器的构型、环境以及飞行任务均可能有所不同，这使得助推滑翔飞行器的制导过程较以往飞行器更为复杂，对助推滑翔飞行器制导系统设计提出了极大的挑战，也对助推滑翔飞行器的制导控制技术提出了更高的要求。

本章首先介绍助推滑翔飞行器的概念及其发展历程，分析其滑翔飞行所经过的近空间的特点；其次介绍典型的助推滑翔飞行器研制计划；最后指出助推滑翔飞行器研制中所面临的制导控制技术难点，并引出本书的设计实例。

1.1 助推滑翔飞行器概念与发展历程

20 世纪 30 年代，德国科学家桑格尔（Sänger）提出了“银鸟”（Silbervogel 或 Silverbird）飞行器的构想。该飞行器采用火箭推进的方式，在长达 3 km 的滑轨上起飞，加速到 800 km/h；然后，由火箭助推爬升到 145 km 高度，速度达到 5 000 km/h；继而，下降高度到同温层，随着大气密度的增加，升力可以克服重力，使得飞行器高度上升；随着高度上升，大气密度降低，升力小于重力，飞行器高度会下降，使得飞行器在大气中周期性地弹跳，如图 1－1 所示。由于阻力的影响，每次弹跳的振幅都比上一次的小。即便如此，经过桑格尔的计算，该飞行器的最大飞行距离仍可以达到 10 000 km 以上。此外，“银鸟”飞行器可以像普通飞机一样在跑道上水平降落（图 1－2）。由于“银鸟”飞行器的独创性，其弹道也被称为桑格尔弹道。从弹道特性上看，该弹道是助推跳跃式（Boost－Skip）弹道。有别于桑格尔弹道，20 世纪 40 年代，我国科学家钱学森在美国工作时，提出了著名的钱学森弹道，该弹道是助推滑翔式（Boost－Glide）弹道。采用助推滑翔式弹道的飞行器通常具有升力体外形，在大气层中飞行时弹道不跳跃，而是逐渐下降。因为高度下降的速度慢，所以采用助推滑翔式弹道的飞行器的飞行距离也会明显长于普通的再入飞行器（如返回式飞船）。随着高度的下降，采用助推滑翔式弹道的飞行器的速度也逐渐降低，在稠密大气层中飞行时，其速度通常小于再入飞行器。

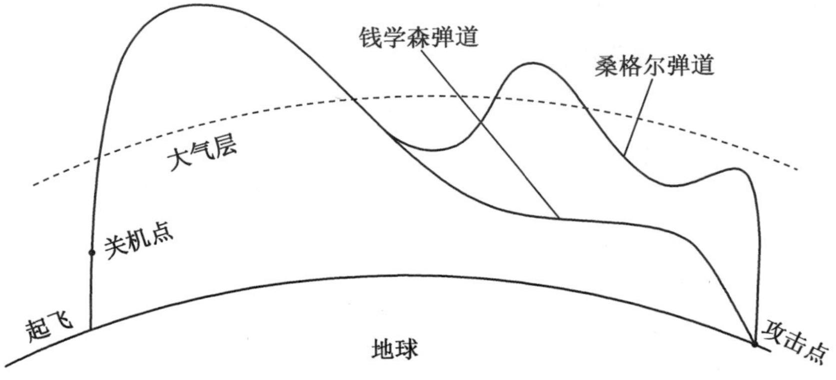

图 1－1 助推滑翔弹道示意图

如果在桑格尔弹道或钱学森弹道的末段加入俯冲攻击目标阶段，则可以形成助推－跳跃－俯冲或助推－滑翔－俯冲弹道，可以用于设计远距离打击武器。由于弹道跳跃或者滑翔在临近空间，现有的导弹防御系统很难对其进行拦截，如果在末段加入水平着陆段，则可以用于设计远距离物资投放和人员运输系统，从而实现快速远距离投送。因此，助推滑翔飞行器具有广阔的军用和民用前景，一经提出就受到了广泛的关注，例如德国就曾资助桑格尔的飞行器研制计划，不过，第二次世界大战的结束使得项目停止。

图1－2 “银鸟”飞行器的风洞模型图

第二次世界大战后，曾负责德国火箭项目的军官沃尔特·多恩伯格（Walter Dornberger）在美国贝尔（Bell）公司担任顾问。受桑格尔弹道的启发，1952 年，美国空军决定资助由多恩伯格主持的有人高超声速火箭助推滑翔飞行器（Project BOMI）计划。随后，美国又支持了火箭轰炸机（Rocket Bomber，ROBO）项目等相关的助推滑翔飞行器计划。相关计划在 1957 年被整合到 Dyna－Soar 计划中。由于苏联发射了人造卫星，此时美国发展 Dyna－Soar 计划的目标已经不是用于远距离轰炸，而是转为发展空天飞机（Spaceplane），因此 Dyna－Soar 计划中飞行器的弹道已经转变为助推－轨道－再入－滑翔的形式。Dyna－Soar 计划于 1963 年被取消，美国空军随后实施 START 计划，至 20 世纪 70 年代中期，资助了气动弹性结构系统环境测试（Aerothermodynamic Elastic Structural Systems Environmental Tests，ASSET），Prime/X－23、X－24 等有人空天飞机计划，这些飞行器计划采用缩比升力体外形设计，旨在进行亚轨道飞行。美国航空航天局也在此期间资助了 HL－10 飞行器计划。最终，这些计划被融合为航天飞机（Space Shuttle）计划。该计划于 1972 年开始，航天飞机于 1981 年 4 月 12 日首次进入太空，经历上百次飞行后，航天飞机于 2011 年退役。而从实际情况来看，航天飞机的助推段和滑翔段弹道明显受到早期助推滑翔飞行器概念的影响，其制导控制方法对后续的助推滑翔飞行器研制具有非常重要的参考价值。

冷战期间，美国一度试图在航天飞机的基础上，开展国家空天飞机（National Aerospace Plane，NASP）计划的研制，该计划中飞行器采用水平起降的方式实现空天飞行。由于成本过高和技术水平限制，NASP 计划最终搁浅。随着冷战结束以及航天飞机应用成本过高、周转时间过长等问题的暴露，进入 20 世纪 90 年代，美国航空航天局逐渐开始研制低成本可重复使用运载器（Reusable Launch Vehicle，RLV），代表性的计划有 X－33 和 X－34，以及后来移交美国空军管理的鼎鼎大名的 X－37B 小型空天飞机。可重复使用运载器在轨道运行执行任务后，会再入大气层，其飞行轨迹也是滑翔飞行，最终在机场水平着陆。因此，其弹道与助推滑翔飞行器的弹道颇有相似之处。在此期间，美国空军也在寻求未来军用空天飞机的发展计划。1998 年，美国空军实验室发布项目需求，寻求开展各类空天飞机的概念研究，包括可重复使用运载器、轨道机动飞行器（X－37/X－40）、通用航空飞行器（Common Aero Vehicle，CAV）以及上面级（X－42/USFE）。其中 CAV 采用助推－再入－滑翔飞行弹道。在此期间，美国国防部高级研究计划局（DARPA）也在资助劳伦斯利弗莫尔国家实验室所提出的 Hypersoar 计划，该计划的飞行器装有巡航发动机。该飞行器用火箭助推后，与助推火箭分离，然后由巡航发动机推进飞行一段时间后，再关闭巡航发动机继续滑翔，继而再开启巡航发动机进行巡航飞行，如此往复地进行周期性的巡航－滑翔－巡航的弹道飞行。

2002 年，美国国防部要求美国空军和 DARPA 将 CAV 和 Hypersoar 两个计划整合为“猎鹰”计划，也即美国本土兵力运用与投送（FALCON）计划。FALCON 计划旨在发展具有从美国本土进行洲际兵力投送能力的飞行器。该计划包括小型运载火箭（Small Launch Vehicle，SLV）、通用航空飞行器和高超声速武器系统。其中，通用航空飞行器采用助推滑翔式弹道，而高超声速武器系统旨在发展采用高超声速巡航飞行的飞机。后续该计划进一步演进，细分为 HTV－1、HTV－2 和 HTV－3 等不同的飞行器计划。其中，HTV－2 飞行器也是采用助推滑翔式弹道，其滑翔飞行器由 CAV 发展而来，并且在 2010 年 4 月 22 日和 2011 年 8 月 11 日进行了两次试验。虽然最终两次试验都失败了，但是也获得了有价值的试验数据。在美国 DARPA 进行相关计划的同时，美国陆军也在秘密地进行着先进高超声速武器（Advanced Hypersonic Weapon，AHW）计划，并于 2011 年 11 月 17 日，在美国的太平洋靶场试验成功。据称，AHW 也是采用助推滑翔式弹道。FALCON 计划后续演变为战术助推滑翔（Tactical Boost Glide，TBG）项目，进一步得到美国军方的资助，该项目的飞行器也是采用助推滑翔式弹道飞行。

2018年，美国计划在AHW、远程高超声速武器（LRHW）、常规快速打击和高超声速常规打击武器（HCSW）等项目的基础上，分别开展适用于陆海空三军的陆基型、潜基型、空基型高超声速导弹型号的研制，构型为圆锥体，推进方式为助推滑翔式；在高超声速技术验证飞行器（HTV－2）、战术助推滑翔、空射快速响应武器（ARRW）和作战火力（OpFires）等项目的基础上，分别开展陆基型、舰基型、空基型的型号研制和演示验证，构型为楔形，推进方式为助推滑翔式。

根据上述介绍，总结与美国相关的助推滑翔飞行器发展历程（表1－1），得到典型飞行器计划及其介绍。

表1－1　助推滑翔飞行器发展历程

时间	事件	飞行器概念图或实物图
20世纪30年代	桑格尔提出助推跳跃式弹道飞行器概念（“银鸟”飞行器）	
20世纪50年代	美国空军支持一系列助推滑翔飞行器计划。从左至右依次为BOMI、单级助推ROBO、并联助推ROBO和采用Titan1和Titan2助推的Dyna－Soar	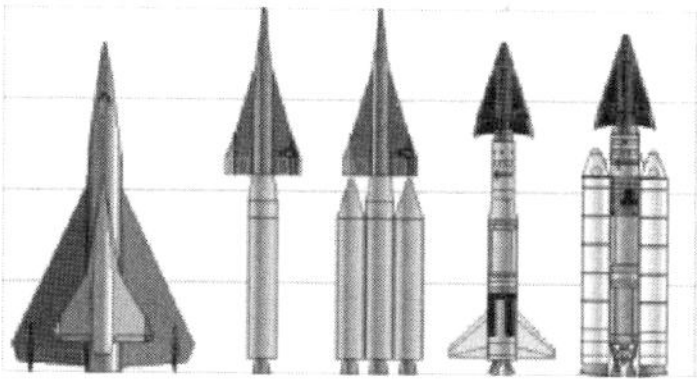
20世纪60年代至20世纪70年代中期	Dyna－Soar计划取消，美军探索空天飞机研制。左图为Prime/X－23，右上图为X－24B，右下图为X－24C	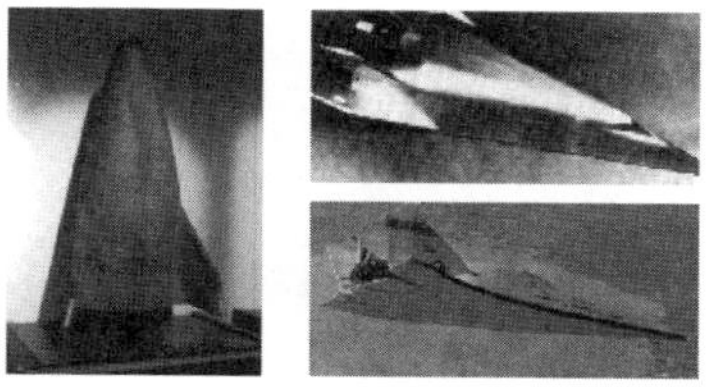

续表 1-1

时间	事件	飞行器概念图或实物图
20 世纪 70 年代至 20 世纪 80 年代初	1972 年,美国开始研制航天飞机,并于 1981 年成功,其飞行弹道设计受到助推滑翔式弹道的影响	
20 世纪 90 年代	美国空军计划研制 CAV,采用助推滑翔式弹道	
2010 年	美军推出 FALCON 计划,其中的 HTV-2 为马赫数(Ma)超过 20、运载火箭助推远距离滑翔的飞行器	
2011 年	美国陆军秘密进行了 AHW 的飞行试验,采用助推滑翔式的飞行弹道	
2018 年	美国开展战术助推滑翔计划,旨在验证战术级助推滑翔导弹的关键技术	

除美国之外,苏联也是较早开展助推滑翔飞行器研究的国家。20 世纪 50 年代,苏联进行了大量的高超声速飞行器风洞试验,积累了以“银鸟”飞行器为代表的高超声速飞行器风洞试验数据。20 世纪 60 年代,米高扬设计局提出了名为 MIG-105 的助推滑翔飞行器方案。该飞行器采用背负式组合体外形,分为两级,第一级为可重复使用高超声速飞机,第二级为升力体飞行器。组合体可以水平起飞和爬升,$Ma=5.5$ 时,一、二级分离;第二级继续加速爬升进入预定高度,

与其上面级分离后执行任务,任务完成后进行长距离滑翔,继而水平着陆。通过该飞行器计划,苏联获得了大量的试验数据。随着冷战的进行,美国提出了星球大战计划,为应对美国这一举措,苏联的相关研究机构——动力机械科研生产联合体(NPO Energomash)提出了名为"信天翁"(Albatross)的洲际导弹计划,该计划采用助推滑翔式弹道,其中的滑翔飞行器被命名为 Yu-70。根据计划,该飞行器将采用 SS-19 导弹作为助推飞行器,滑翔高度为 250~300 km。该项目于1990 年 2 月进行了首飞,但并没有成功。随着苏联解体,该项目被迫停止。进入20 世纪 90 年代,继承了苏联成果的俄罗斯开展了"冷"和"针"两个高超声速飞行器计划。其中,"冷"计划进行了 5 次飞行试验后停止。"冷"计划的试验飞行器也称为"鹰",其飞行马赫数达到 5.2,采用升力体外形,机身下方装有 3 台超燃冲压发动机,飞行高度为 80 km,飞行马赫数为 6~14。随着 2001 年 12 月美国退出《反弹道导弹条约》,俄罗斯认识到"信天翁"项目在突破美国反导系统上的重要性,开展了 4202 项目,将 Yu-70 飞行器升级为 Yu-71 滑翔飞行器。4202项目的具体计划为:由 SS-19 弹道导弹助推滑翔飞行器升至 80~90 km后,滑翔飞行器与导弹分离,以 $Ma>5$ 的速度远距离滑翔飞行,预计射程在8 000 km以上。该飞行器可进行快速横向机动,携带核弹头,可以躲避美国的导弹防御系统。为进一步发展相关技术,2001 年俄罗斯采用 SS-25 导弹进行了 Yu-70 滑翔飞行器的飞行试验。2003 年,俄罗斯在莫斯科航展上公布了一种助推-滑翔式导弹的方案,即采用 SS-25 导弹和高超声速飞行试验台(GLL-VK)组合方案。随着时间的推移和项目的推进,在 4202 项目的基础上,俄罗斯研制了"先锋"高超声速助推滑翔飞行器。"先锋"导弹最大马赫数可达 20,可以通过机动飞行绕开敌方的反导系统。目前,该导弹已列装俄罗斯的导弹部队。

通过梳理助推滑翔飞行器的发展历史可知,从 20 世纪 30 年代至今,从最初的助推跳跃/滑翔式弹道开始,到目前为止,此类飞行器的弹道已经发展为和其他弹道形式组合,并且具有跨域飞行的特点。其主要飞行阶段处于离地 20~100 km的临近空间,该区域特点在于大气环境复杂、不确定性大,给飞行器的远距离滑翔飞行带来了不确定因素。下面将简要介绍临近空间的概念和特点,为后续飞行器运动模型的建立奠定基础。

1.2 近空间特点及其对助推滑翔飞行器的影响

如前所述，助推滑翔飞行器弹道中很大一部分处于临近空间。临近空间(Near Space)也称为近空间，通常指距离地面 20 ~ 100 km 的空域。受地球引力的影响，地球表面包围着一层空气。虽说是一层空气，其结构却非常复杂，可以进一步根据距离地面的高度，将其划分为对流层(高度为 11 km 以下)、平流层(高度为 11 ~ 25 km)、中间层(高度为 25 ~ 90 km)和电离层(高度为 90 ~ 500 km)，如图 1 – 3 所示。而近空间则包括了大气层中平流层的部分区域、中间层和部分电离层。近空间以下的空域是传统航空器的主要飞行区域，而近空间以上则是航天器的亚轨道和轨道空间，这也是近空间名称的由来。受地球形状的不规则和太阳辐射的影响，随着海平面高度变化，各层中大气温度、压强、密度和音速等大气参数的分布特性十分复杂。从图 1 – 3 中可以看到，在每个层级内部温度变化规律有很大差异，声音在其中传播的速度也存在较大差异。由于飞行器在空气中飞行时，其气动特性与空气中的声速有很大关系，因此飞行器在此区域飞行时，气动特性存在较大变化。此外，由于各种复杂因素的影响，同一高度情况下，地球表面不同经纬度位置的大气特性也不完全一致，这也给飞行器气动特性带来很大的不确定性。近空间在近年来受到了广泛的关注。由于近空间处于航空器和航天器的飞行区域之间，以往飞行器设计时对其研究不够充分，缺乏在此区域飞行的飞行器及其设计经验，因此各国对近空间环境的认识不足。随着航空航天技术的进步，各种在近空间飞行的飞行器概念逐渐被提出，其功能包括侦查监视、通信中继、电子对抗、运输补给和打击武器等，不一而足。各种新型飞行器的加入给未来战争和科技发展注入新的元素，必将对未来产生重大影响。而在临近空间滑翔飞行的飞行器作为其中一员，也在近年成为各国的重点研究对象。要研制助推滑翔飞行器，不可避免地要分析近空间环境特性对飞行的影响。

近空间环境特性对飞行的影响主要体现在以下几个方面：

(1)近空间的温度影响。由于在不同层级间，近空间的温度随海平面高度变化显著，受太阳光照的影响昼夜温差非常明显，因此设计近空间飞行器时需要考虑采用能适应温度大范围变化的材料和设备。另外，由于助推滑翔飞行器飞行速度非常快，因此需要考虑气动加热问题，这给飞行器的制导控制带来了更多的约束。

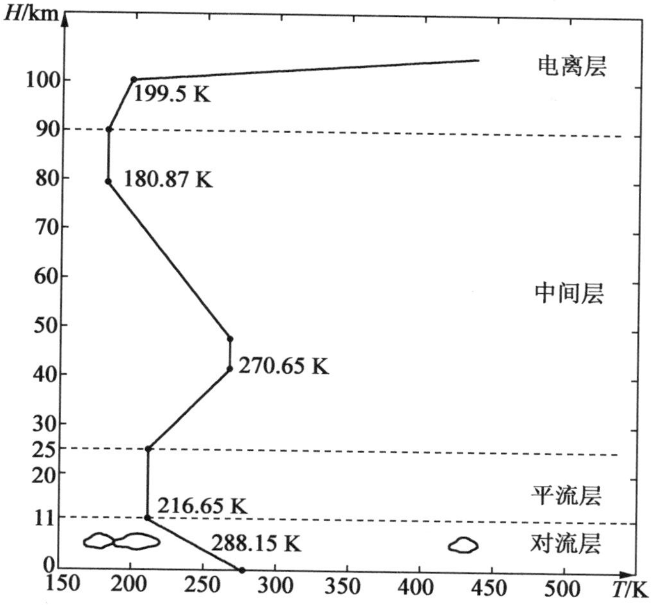

图1-3 地球温度沿高度分布特性

(2)近空间的大气流动。大气流动产生风,虽然在近空间没有云、雨等天气现象的存在,但是风的影响不可忽略。并且由于各种复杂因素的影响,不同高度、地区和季节情况下,风的变化也存在显著差异,需要在制导控制时予以考虑。

(3)近空间包括部分电离层。在电离层飞行,可能会影响飞行器的通信、导航、定位以及测控系统的正常工作;辐射粒子有可能引发飞行器上的电子器件发生粒子效应;飞行器的高速飞行会引起等离子鞘,导致飞行器和外界无法进行信息交互。这些都是制导控制时需要考虑的因素。

1.3 助推滑翔飞行器相关的典型研究计划

目前,除美国和俄罗斯外,还有许多国家对采用助推滑翔式弹道的飞行器或者与之相关的高超声速飞行器进行了大量研究,包括德国、澳大利亚、日本、印度等。助推滑翔飞行器已成为世界航天大国研究的热点,为了研究和验证某些关键技术,各国在相继进行试验计划的同时,也开发了多种演示验证机。下面介绍几种典型的助推滑翔飞行器及与之相关的高超声速飞行器计划。

1.3.1 X-43A 飞行器

由美国国家航空航天局(NASA)开展的高超声速技术研究(Hyper-X)计划的主要目的是研究并演示超燃冲压发动机技术与一体化设计技术,以用于高超声速飞机与可重复使用的天地往返系统。

1997 年 1 月,NASA 与兰利研究中心、德莱顿飞行研究中心签订合同,正式启动 Hyper-X 计划。Hyper-X 计划的试验飞行器代号为 X-43,根据演示验证任务的不同又细分为 X-43A、X-43B、X-43C 和 X-43D 共 4 个型号。其中,真正进行了飞行试验的是 X-43A 高超声速验证机,如图 1-4 所示。

图 1-4　X-43A 高超声速验证机

Hyper-X 计划总共进行了三次飞行试验,其中前两次试验的飞行马赫数约为 7,第三次试验的马赫数达到 10。第一次试验因助推火箭故障而失败,第二、三次试验均成功完成飞行任务。飞行过程中,X-43A 飞行器组合体首先由 B-52B 飞机携带飞行,如图 1-5 所示,在飞抵加利福尼亚以南的太平洋测试海域后释放,助推火箭(经过改装的“飞马座”运载火箭的第一级)点火工作,带着 X-43A 继续飞行,直至 $Ma=7$,到达高度为 28 956 m 的分离点,进入分离阶段。

图 1-5　挂载在 B-52B 上的 X-43A 组合体

分离阶段的主要目的是在 2.5 s 内完成 X－43A 与助推火箭的分离，抑制因分离而产生的扰动，使飞行器达到期望的发动机测试条件。飞行器上搭载有分离控制单元，其主要作用是初始化控制器，使飞行器与助推火箭相撞的可能性降低到最小，确保飞行器从分离扰动中恢复稳定。为保证安全，设计人员事先设定好了分离时的初始舵面位置，并存储在飞行器数据库中，通过飞行程序给出任务所需的飞行控制、导航和推进系统参数。

建立发动机测试条件后，进入发动机测试阶段。此时，X－43A 维持发动机测试条件，搜集在燃料注入前 5 s 和燃料断开后 4 s 的特性数据，并进行整流罩鱼鳞片打开情况下的参数辨识机动，发动机测试时间大约为 10 s。发动机测试结束后，X－43A 通过增大攻角来进行机动，从而捕获动压和降低表面热流。当恢复机动完成，X－43A 将沿着由分离点飞行条件决定的参考轨迹下降到溅落点。在下降段，X－43A 主要进行参数辨识机动、飞行控制扫频和上拉/下拉机动这四类机动以获得空气动力和飞行控制相关的研究数据。当在约 3 km 高度时，制导系统转换到“进场模式”，飞行器保持定常的航迹倾角，最后溅入预定海域。X－43A 飞行过程示意图如图 1－6 所示。

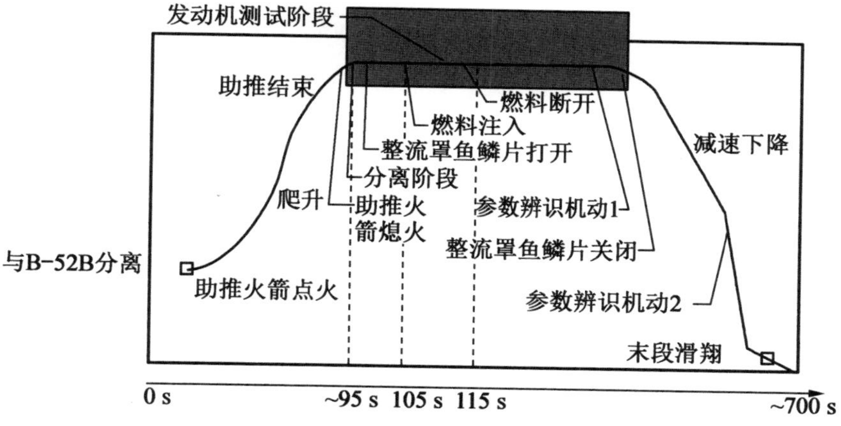

图 1－6 X－43A 飞行过程示意图

1.3.2 X－37B 飞行器

X－37 飞行器是 NASA 的“未来－X”计划的一部分，起初由 NASA 的马歇尔航天飞行中心、美国空军以及波音公司等共同出资研制，其概念图如图 1－7 所示。研制 X－37 飞行器的目的是验证新技术，以降低空间进入和空间运行的成本,增加美国在商业空间运输领域的竞争力。该计划中最典型的飞行器为 X－37B。由于军事用途的重要性,X－37B 飞行器目前已转由美国空军负责运行,并成功飞行过多次。

2010 年 4 月 23 日,X－37B(OTV－1)轨道试验飞行器从美国佛罗里达州的卡纳维拉尔角成功发射升空,运载火箭是“宇宙神－5”。其在轨运行 220 天后,安全返回地面,试验取得成功。据称,此次飞行试验的目的是在太空轨道上测试 X－37B 的导航、控制、热防护系统,电子设备,热防护结构,以及再入技术。

2011 年 3 月 5 日,X－37B 飞行器进行了第二次飞行试验。在执行了 469 天神秘的在轨试验任务后,2012 年 6 月 16 日,X－37B“轨道试验飞行器”于当地时间 5 时 48 分(北京时间 16 日 20 时 48 分)在范登堡空军基地成功着陆。

图 1－7 X－37 飞行器概念图

1.3.3 X－51A 飞行器

X－51 计划是美国继 NASP 计划和 X－43 计划之后对高超声速领域的又一个研制计划。该项目的主要目的是对高超声速超燃冲压发动机进行飞行测试。目前该计划已终止,但相关的发动机技术已转化应用于美国的高超声速导弹项目中。X－51A 飞行器由巡航级、中间级以及助推器三部分组成,如图 1－8 所示。其中巡航体常采用楔形头部、升力体机身、后部控制面和腹部进气道外形,作为一个整体被称为航空飞行器验证机(Aeronautical Vehicle Demonstrator,AVD)或者“Stack”。前段为近似楔形头部,不仅能够为飞行器提供升力,而且有助于 X－51A 发动机的燃烧,中段为近似方柱形机身,无机翼机身中段下面有下凸铲形进气口。助推器是洛克希德·马丁公司改良的陆军战术导弹系统(ATACMS)

火箭，它将 Stack 加速到冲压喷射速度然后分离。

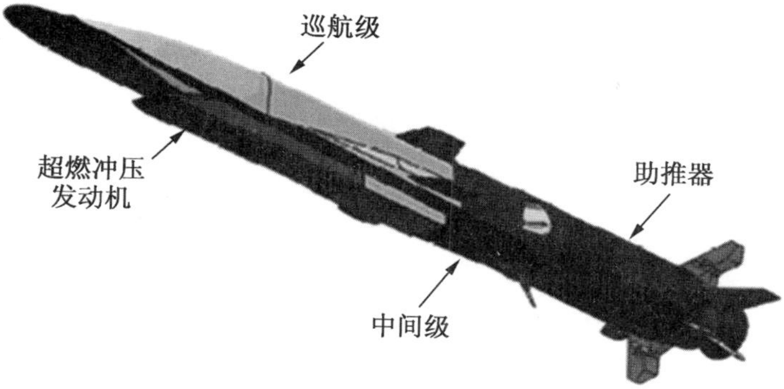

图 1-8 X-51A 飞行器主要组成

2010 年 5 月 26 日，X-51A 在南加州太平洋海岸实现了超音速冲压喷射动力飞行。这次试验中，X-51A 飞行器在吸气式冲压喷射发动机 143 s 的工作时间内被加速到 $Ma=4.87$，高度达 21 350 m。此后由于丢失遥感信号，因此穆古角海军航空中心海洋射击场的控制人员结束了 X-51A 的任务。2011 年 6 月 13 日进行了X-51A 第二次飞行试验，由于超燃冲压发动机的进气道未启动，第二次飞行试验终止，在操作人员的控制下，飞行器溅落加利福尼亚沿海。X-51A 飞行器性能飞行参数见表 1-2。

表 1-2 X-51A 飞行器性能飞行参数

序号	项目	参数或型号
1	发射平台	B-52B
2	飞行器总长/m	7.62
3	飞行器总质量/kg	1 780
4	巡航级长度/m	4.27
5	巡航级最大宽度/m	0.584
6	巡航级总质量/kg	671
7	巡航级主动力系统	超燃冲压发动机
8	射程/km	>700

续表 1-2

序号	项目	参数
9	巡航马赫数	≈6
10	巡航高度/km	≈30
11	燃料质量/kg	120
12	验证机最大宽度/m	0.58

X-51A 飞行器采用了普惠公司制造的吸热式超燃冲压发动机 SJY61，该发动机典型参数见表 1-3。

表 1-3 SJY61 发动机典型参数

序号	项目	参数
1	推力/kg	600
2	工作时间/s	240
3	比冲/($m \cdot s^{-1}$)	1 200
4	燃料质量/kg	120
5	巡航马赫数	6
6	巡航高度/km	30

X-51A 飞行器历次飞行情况见表 1-4。

表 1-4 X-51A 飞行器历次飞行情况

试飞次数	试飞时间	试飞结果	主要事件
第 1 次	2010 年 5 月 26 日	不完全成功	$Ma=4.87$，飞行时间 210 s 超燃冲压发动机工作 143 s
第 2 次	2011 年 6 月 13 日	失败	转换 JP-7 燃料时进气道未启动，试验提前终止
第 3 次	2012 年 8 月 14 日	失败	控制尾翼故障，飞行器坠毁
第 4 次	2013 年 5 月 1 日	成功	$Ma=5.1$

1.3.4 HTV-2 飞行器

2002 年 12 月，DARPA 和美国空军联合提出 FALCON 计划，旨在开发快速响应、从美国本土打击全球任何位置的快速全球打击能力。随着计划的不断深入，逐渐发展了 HTV－1、HTV－2 和 HTV－3 三种高超声速技术飞行器。其中，HTV－2飞行器使用了优化设计的乘波体外形(图 1－9)，以提高升阻比，在高超音速下的升阻比高达3 以上，远超相同速度下传统飞行器的升阻比，提高了飞行器的飞行能力，其最远航程可达到 16 677 km，横向机动范围达到 5 560 km。HTV－2飞行器于2010 年4 月 22 日首次发射，采用“米诺陶Ⅳ”运载火箭(Minotaur Ⅳ，也称“牛头怪Ⅳ”)助推，成功发射升空，实现了在大气层内 $Ma>20$ 的飞行控制，进入飞行试验9 min 后与地面失去联系。2011 年对 HTV－2 飞行器进行了第二次试验，起飞 10 min 后，飞行器进入滑翔阶段，约 26 min 后与地面失去联系，试验失败。

图 1－9 HTV－2 飞行器

HTV－2 的飞行过程包括发射、惯性飞行、再入、拉起、滑翔和俯冲几个阶段，如图 1－10 所示。首先，由牛头怪Ⅳ携带 HTV－2 飞行器，从美国加州范登堡空军基地发射升空，在到达约 40 km 的高度后，整流罩打开，HTV－2 与助推火箭分离；其次，HTV－2 继续惯性飞行，在爬升到最高点后，飞行器再入大气层，由于空气密度逐渐增大，飞行器受到的升力作用逐渐增大，通过实时调整飞行器的攻角，可以利用气动升力使飞行器进行跳跃/滑翔；最后，当高度下降至期望值，进入预定目标点附近时，飞行器进入末段下压阶段，最终落入太平洋夸贾林环礁附近海域。预计整个过程耗时 30 min，飞行距离可达上万千米。

HTV－2 采用高升阻比、尖缘大后掠外形设计，前缘为尖薄的低曲率多片式壳体。这种外形可以将激波后的高压气流限制在飞行器的下表面，从而使得气流无法绕过前缘边泄漏到飞行器上表面，具有比普通外形高得多的升阻比。助推火箭为牛头怪Ⅳ运载火箭(在和平保卫者洲际弹道导弹基础上改进)，保留了和平保卫者的前三级，去掉了 Orion38 第四级发动机。HTV－2 飞行器参数见表 1－5。

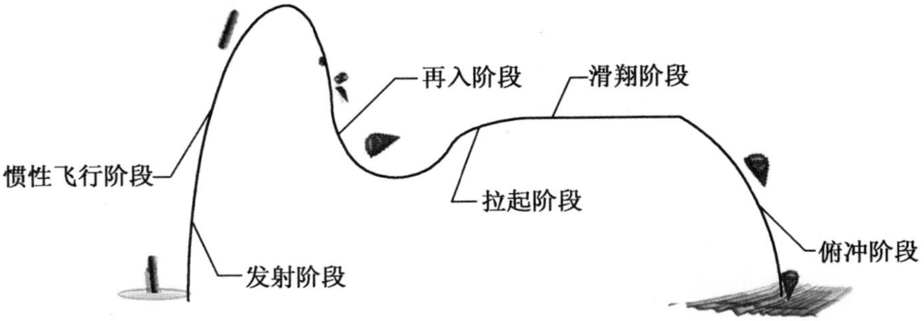

图 1-10　HTV-2 飞行过程示意图

表 1-5　HTV-2 飞行器参数

序号	项目	参数
1	机身长/m	3.66
2	升阻比	3.5 ~ 4.0
3	全机质量/kg	900
4	最大飞行马赫数	20
5	最大飞行高度/km	150
6	最大射程/km	16 668
7	横向机动距离/km	5 556
8	大气层内滑翔时间/s	3 000
9	表面最高温度/℃	1 982

1.3.5　AHW 飞行器

AHW 是美国常规快速全球打击体系下重点发展的一种助推滑翔武器方案，也是美国空军计划在 HTV-2 基础上发展的常规打击导弹的备选方案。2011 年 11 月 17 日，美国陆军空间与导弹防御司令部和陆军战略司令部完成了 AHW 的首次试飞。从夏威夷考爱岛到马绍尔群岛的夸贾林环礁，AHW 成功完成了预定的约 4 000 km 飞行，美国国防部宣布 AHW 计划首飞试验取得成功。此次试验是继 2010 年 4 月和 2011 年 8 月 HTV-2 项目 2 次试验失败之后，美国开展的第 3 次高速再入滑翔飞行试验。

这次试验的目的是测试飞行器的推进、滑翔及远程飞行能力，试飞任务关注的重点为气动力、导航制导、飞行控制以及热防护技术。飞行过程中，陆军位于海、陆、空的信息平台搜集了飞行器在空气动力学、导航和热保护等方面的数据。该试验的成功对于美国进一步发展和验证高超声速助推滑翔技术，推动常规快速全球打击体系的建设具有重要意义。实际上，美国目前进行的战术助推滑翔(Tactical Boost Glide，TBG)计划正是在AHW计划基础上发展而来。

1.3.6 战术助推滑翔计划

2012年美国的DARPA提出协同高超声速研究(Cooperative Hypersonic Research，CHR)项目。在该项目基础上，DARPA和美国空军于2014年联合发起TBG计划并投入试验。该计划的目的是发展和验证战术级空射型高超声速助推滑翔导弹所需的关键技术。该计划共分为两个阶段：第一阶段为2014—2016年，其中2014—2015年开展作战概念、导弹概念、演示验证方案等顶层研究和总体方案论证，2015—2016年开展方案初步设计；第二阶段为2016—2020年，主要开展样机的详细设计、试制和试飞。据《防务博客》网站2019年8月30日报道，美国著名防务承包商雷锡恩公司与DARPA已成功完成战术助推滑翔计划项目的基线设计评审，这表明该计划后续将进入武器系统关键设计评审和实用转化阶段。

1.3.7 俄罗斯"先锋"导弹

俄罗斯在高超声速领域有多个计划同时进行，包括高超声速导弹、高超声速轰炸机和高超声速飞行器。俄罗斯曾提出采用弹道导弹发射、可巡航的GLL-VK高超声速飞行器计划。该飞行器可以在26~50 km高度上，以马赫数8~14进行高超声速巡航。2018年3月，俄罗斯总统普京首度公开其高超声速导弹"匕首"和"先锋"的信息，见表1-6。

表1-6 俄罗斯高超声速导弹信息

名称	发射方式	最大飞行马赫数	最大射程/km	战斗值班时间
匕首	空基型	10	2 000	2017年12月
先锋	舰基型	27	10 000	2019年12月

"先锋"是俄罗斯研制的高超声速导弹(图1-11)，其使用两级火箭发动机助推，能以20倍声速滑翔机动飞行，由于其飞行轨迹的特殊性，可以突破美国现有的导弹防御系统。据称"先锋"导弹采用了乘波体外形，其助推装置采用RS-18洲际导弹。RS-18将"先锋"导弹助推到预定高度后与其分离，其后"先锋"导弹自由飞行一段后，再入大气层并依靠气动力进行远距离滑翔飞行，最大马赫数达到20以上。在此期间，导弹可以多次进行机动变轨，从而使得现有的导弹

拦截系统无法发现并对其进行跟踪。此外,由于弹道不是惯性弹道,因此其轨迹预测存在很大困难,难以对其进行有效拦截。

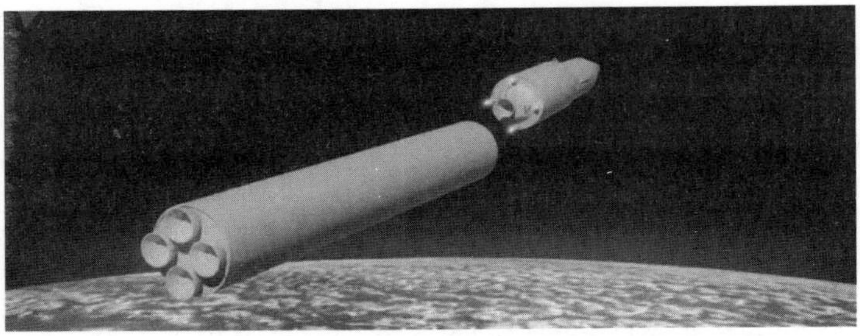

图1-11 “先锋”导弹示意图

1.4 助推滑翔飞行器制导控制技术难点

助推滑翔飞行器的制导阶段通常可分为助推爬升、再入、滑翔、俯冲下降等阶段或者更多制导阶段的组合,制导过程中需要考虑过载、热流、动压、攻角等多种复杂约束条件的限制。助推滑翔飞行器大多采用大升阻比的气动外形(如升力式或乘波体等),与传统飞行器相比存在着许多不同,体现在以下方面:

(1)飞行速度比传统飞行器快,速度变化明显;飞行空域比传统飞行器大,大气环境变化明显,因此系统参数变化剧烈。

(2)弹道与传统飞行器差别很大,其可达区域覆盖范围比传统飞行器广,航程长,侧向机动范围大。

(3)控制方式比传统飞行器复杂,由于具有面对称结构,大多采用倾斜转弯(Bank to Turn,BTT)控制方式,纵向通道与横侧向通道间耦合影响明显。

(4)考虑的约束条件比传统飞行器多,需要考虑过载、热流、动压、最大可用攻角,以及最大可用攻角和倾侧角转率等过程约束的限制,同时还需考虑终端位置、终端速度和终端角度等终端约束的限制。

(5)采用助推发射时,主动段飞行时需要解决弹道快速转弯、为滑翔飞行器建立高精度的起始滑翔条件的难题。

(6)目前助推滑翔飞行器发射后,通常无法进行目标更换,为应对更复杂的飞行器任务,需要其具有更强的灵活性。例如可以实现在线制导控制,在飞行过程中实现任务轨迹的在线规划;又如根据卫星信号改变飞行路径,从而规避地面禁飞区。

为更好地研究助推滑翔飞行器的制导控制问题，本书采用美国的米诺陶Ⅳ运载火箭作为助推滑翔飞行器中的助推飞行器，而滑翔飞行器则采用CAV作为实例，进行制导控制方法研究。本书假设采用米诺陶Ⅳ（参数见表1－7，去掉第四级）火箭运载CAV到预定高度，然后CAV与火箭分离，再入后建立滑翔飞行条件，继而远距离机动滑翔飞行，这个设计实例将在本书的各章中循序渐进地加以讨论。

表1－7 米诺陶Ⅳ火箭各级发动机参数

级数	名称	推力/kg	燃烧时间/s
第一级	SR118	220 000	81
第二级	SR119	146 500	54
第三级	SR120	32 900	62
第四级	Orion38	3 220	67.7

通用航空飞行器是20世纪90年代，美国空军航天司令部在论证军用太空飞机（Military Spaceplane，MSP）概念时所提出的一种新概念飞行器。如前所述，2003年6月，DARPA和美国空军联合制定了“猎鹰”计划。该计划除了研发CAV以外，还计划研发“空间作战飞行器（Space Operation Vehicle，SOV）”。SOV可以将CAV送入轨道高度，而后CAV与其分离，依靠惯性滑行到再入点，满足条件后远距离滑翔飞行。根据公开发表的资料可知，CAV采用升力体外形，具有很强的横向机动能力。除了SOV以外，备选的CAV发射平台还包括空基的飞马座火箭，或者陆基的米诺陶火箭。CAV的可能外形如图1－12所示。其可能的载荷包括图中的几种不同形式的弹药。

图1－12 CAV飞行器示意图

美国波音公司于 1998 年设计的 CAV 气动力数据见表 1-8~1-10。

表 1-8　CAV 升阻比(*L/D*)表

α	*Ma* = 3.5	*Ma* = 5	*Ma* = 8	*Ma* = 15	*Ma* = 20	*Ma* = 23
10°	1.850 0	2.200 0	2.400 0	2.330 0	2.280 0	2.250 0
15°	2.150 0	2.138 5	2.115 4	2.061 5	2.023 1	2.000 0
20°	1.500 0	1.888 5	1.865 4	1.811 5	1.773 1	1.750 0

表 1-9　CAV 升力系数表

α	*Ma* = 3.5	*Ma* = 5	*Ma* = 8	*Ma* = 15	*Ma* = 20	*Ma* = 23
10°	0.340 1	0.326 4	0.310 8	0.285 6	0.276 0	0.273 9
15°	0.578 6	0.535 8	0.488 3	0.449 1	0.434 9	0.431 9
20°	0.797 5	0.729 1	0.673 1	0.613 7	0.597 5	0.596 6

表 1-10　CAV 阻力系数表

α	*Ma* = 3.5	*Ma* = 5	*Ma* = 8	*Ma* = 15	*Ma* = 20	*Ma* = 23
10°	0.183 8	0.148 3	0.129 5	0.122 6	0.121 0	0.121 7
15°	0.269 1	0.250 5	0.230 8	0.217 8	0.215 0	0.215 9
20°	0.419 7	0.386 1	0.359 9	0.338 8	0.337 0	0.340 9

注:α 为攻角;*Ma* 为马赫数。

在高超声速飞行条件下,气动力系数可以简化为攻角的函数,即

$$C_L = C_L^{\alpha}\alpha$$

$$C_D = C_{D0} + C_D^{\alpha}\alpha^2$$

式中　α——攻角。

例如,取马赫数为 8,对气动力数据进行拟合,得到近似的升力和阻力曲线如图 1-13 所示。后续将采用拟合后的气动数据进行研究。

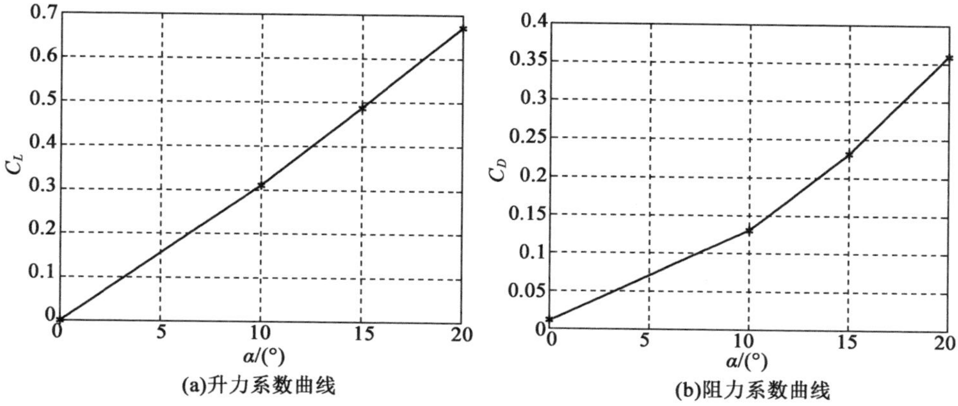

图 1－13　拟合的升力、阻力系数曲线

第2章

飞行器的运动模型

数学模型是飞行器制导控制研究、设计和分析的基础。众所周知,任何一种物体的运动都是相对的,助推滑翔飞行器的运动也不例外。为了分析助推滑翔飞行器的制导控制过程,必须把描述其运动的物理量放在相应的坐标系系统中去考察。本章首先介绍建模所需的常用坐标系及其转换关系;然后,建立助推滑翔飞行器的数学模型。

2.1 常用坐标系及其转换关系

2.1.1 坐标系的定义

1. 发射坐标系($O-x_g y_g z_g$)

考虑到助推滑翔飞行器的发射点在地面,因此可以相对于发射点描述其运动规律,为此,首先定义固连于地球表面,并随地球转动而运动的发射坐标系,以其为基准,描述飞行器的运动。发射坐标系的原点取为发射点在当地参考椭球体表面的投影点 O;Oy_g 轴与当地参考椭球体的法线一致且指向上方,它与赤道平面的夹角 B 定义为发射点的天文纬度,Oy_g 轴所在天文子午面与本初子午面(过英国格林尼治天文台的天文子午面)之间的夹角 λ 定义为发射点的天文经度；Ox_g 轴与 Oy_g 垂直且指向瞄准方向，它与发射点处正北方向的夹角 A_T 定义为天文瞄准方位角，也称发射方位角；Oz_g 轴与 Ox_g 轴、Oy_g 轴构成右手直角坐标系。x_gOy_g 平面也被称为射击平面，简称射面，如图 2－1 所示，图中 $\boldsymbol{R}_O$ 表示地心到发射点 O 的矢量。

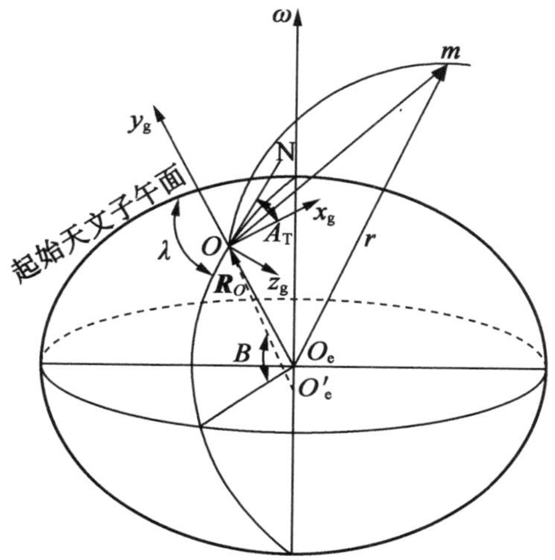

图 2－1　发射坐标系定义

2. 发射惯性坐标系（$O-x_Iy_Iz_I$）

在飞行器发射瞬间发射惯性坐标系与发射坐标系重合，飞行器发射后它在惯性空间定向。

3. 弹体坐标系（$O_1-x_1y_1z_1$）

弹体坐标系的坐标原点 O_1 位于飞行器质心上，O_1x_1 轴与飞行器纵对称轴一致且指向头部尖端，O_1y_1 轴垂直于 O_1x_1 轴且在弹体纵对称面内指向上方为正，O_1z_1 轴与 O_1x_1 轴、O_1y_1 轴构成右手直角坐标系。

4. 弹道坐标系（$O_2-x_2y_2z_2$）

弹道坐标系的坐标原点位于弹体质心上，O_2x_2 轴沿弹体运动的速度矢量方向指向前方，O_2y_2 轴在包含 O_2x_2 轴的地球铅垂面内并与 O_2x_2 轴垂直指向上方，O_2z_2 轴与 O_2x_2 轴、O_2y_2 轴构成右手直角坐标系。

5. 速度坐标系（$O_v-x_vy_vz_v$）

速度坐标系的坐标原点位于弹体质心上，O_vx_v 轴沿弹体运动的速度矢量方向指向前方，O_vy_v 轴与弹体法向对称平面平行且与 O_vx_v 轴垂直并指向上方，O_vz_v

轴与 $O_v x_v$ 轴、$O_v y_v$ 轴构成右手直角坐标系。

6. 地心大地直角坐标系($O_e - x_e y_e z_e$)

地心大地直角坐标系简称地心坐标系,其坐标原点 O_e 位于地球中心(即地心),$O_e z_e$ 轴沿地球自转轴指向北极,$O_e x_e$ 轴为本初子午面与地球赤道平面的交线且指向外方,$O_e y_e$ 轴指向东方且与 $O_e x_e$ 轴、$O_e z_e$ 轴构成右手直角坐标系。

7. 地心惯性坐标系($O_{eI} - x_{eI} y_{eI} z_{eI}$)

飞行器发射瞬间,地心惯性坐标系与地心坐标系重合,飞行器发射后它在惯性空间定向。

8. 视线坐标系($O_s - x_s y_s z_s$)

视线坐标系的坐标原点位于弹体质心上,$O_s x_s$ 轴沿弹体质心与目标质心的连线方向指向目标,$O_s y_s$ 轴在包含 $O_s x_s$ 轴的铅垂面内并与 $O_s x_s$ 轴垂直向上,$O_s z_s$ 轴与 $O_s x_s$ 轴、$O_s y_s$ 轴构成右手直角坐标系。

2.1.2 各坐标系间的关系及其转换

在此,不加推导地给出各坐标系间的转换关系,对推导过程感兴趣的读者可以参考文献[16]。

1. 发射坐标系至弹体坐标系的转换

采用3-2-1转序,发射坐标系至弹体坐标系的转换如图2-2所示,通常用三个姿态角来描述。

俯仰角 φ:飞行器纵轴在发射坐标系 $x_g O y_g$ 平面上的投影与 Ox_g 轴之间的夹角,偏向上为正,反之为负。

偏航角 ψ:飞行器纵轴与 $x_g O y_g$ 平面间的夹角。

滚转角 γ:飞行器绕 $O_1 x_1$ 轴的转动角度。

则发射坐标系至弹体坐标系的转换矩阵为

$$\boldsymbol{B}_g^1 = \begin{bmatrix} \cos\varphi\cos\psi & \cos\psi\sin\varphi & -\sin\psi \\ \sin\gamma\cos\varphi\sin\psi - \cos\gamma\sin\varphi & \sin\gamma\sin\psi\sin\varphi + \cos\gamma\cos\varphi & \sin\gamma\cos\psi \\ \cos\gamma\cos\varphi\sin\psi + \sin\gamma\sin\varphi & \cos\gamma\sin\psi\sin\varphi - \sin\gamma\cos\varphi & \cos\gamma\cos\psi \end{bmatrix} \tag{2-1}$$

2. 发射坐标系至弹道坐标系的转换

发射坐标系至弹道坐标系的转换如图2-3所示,通常用两个角度来描述。

弹道倾角 θ:速度方向在发射系中 $x_g O y_g$ 平面内的投影与 Ox_g 轴的夹角。

弹道偏角 σ：速度方向与发射系中 $x_g O y_g$ 平面的夹角。

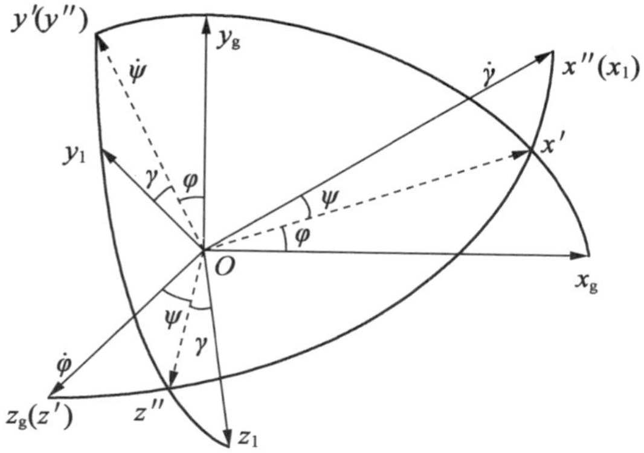

图 2－2　发射坐标系至弹体坐标系的转换

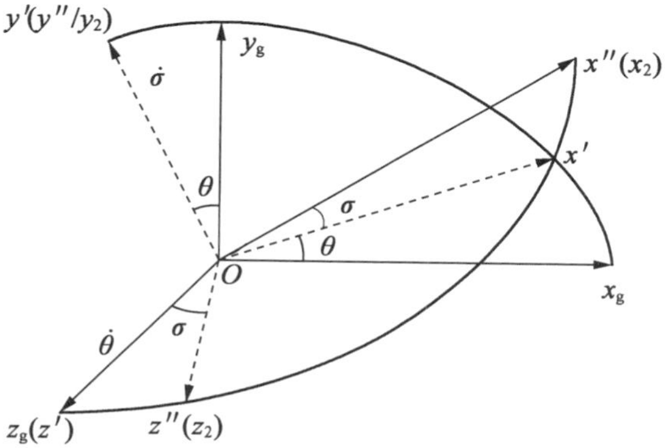

图 2－3　发射坐标系至弹道坐标系的转换

则发射坐标系至弹道坐标系的转换矩阵为

$$\boldsymbol{B}_g^2=\begin{bmatrix}\cos\theta\cos\sigma & \sin\theta\cos\sigma & -\sin\sigma\\ -\sin\theta & \cos\theta & 0\\ \cos\theta\sin\sigma & \sin\theta\sin\sigma & \cos\sigma\end{bmatrix} \tag{2-2}$$

3. 发射坐标系至速度坐标系的转换

发射坐标系至速度坐标系的转换与发射坐标系至弹体坐标系的转换类似，如图 2－4 所示（图中 γ_v 为速度滚转角），通常用弹道倾角、弹道偏角和倾侧角来描述，其中倾侧角 γ_c 的定义为：弹道坐标系中 O_2y_2 轴与速度坐标系中 O_vy_v 轴之间的夹角。

则发射坐标系至速度坐标系的转换矩阵为

$$
\boldsymbol{B}_{\mathrm{g}}^{\mathrm{v}}=\begin{bmatrix}\cos\theta\cos\sigma & \cos\sigma\sin\theta & -\sin\sigma\\ \sin\gamma_{\mathrm{c}}\cos\theta\sin\sigma-\cos\gamma_{\mathrm{c}}\sin\theta & \sin\gamma_{\mathrm{c}}\sin\sigma\sin\theta+\cos\gamma_{\mathrm{c}}\cos\theta & \sin\gamma_{\mathrm{c}}\cos\sigma\\ \cos\gamma_{\mathrm{c}}\cos\theta\sin\sigma+\sin\gamma_{\mathrm{c}}\sin\theta & \cos\gamma_{\mathrm{c}}\sin\sigma\sin\theta-\sin\gamma_{\mathrm{c}}\cos\theta & \cos\gamma_{\mathrm{c}}\cos\sigma\end{bmatrix}
\tag{2-3}
$$

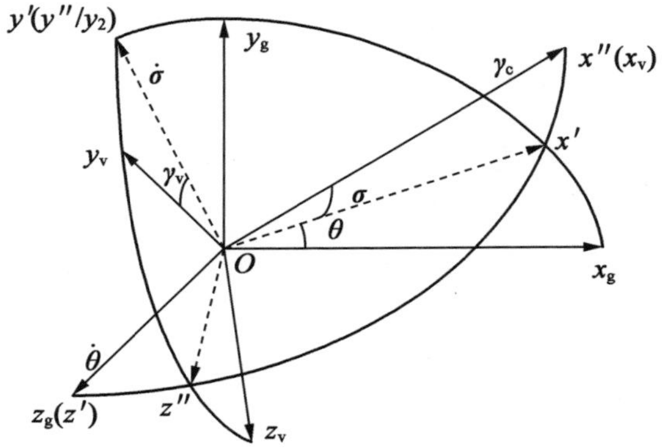

图 2-4　发射坐标系至速度坐标系的转换

4. 速度坐标系至弹体坐标系的转换

速度坐标系至弹体坐标系的转换如图 2-5 所示，通常用以下两个角度来描述。

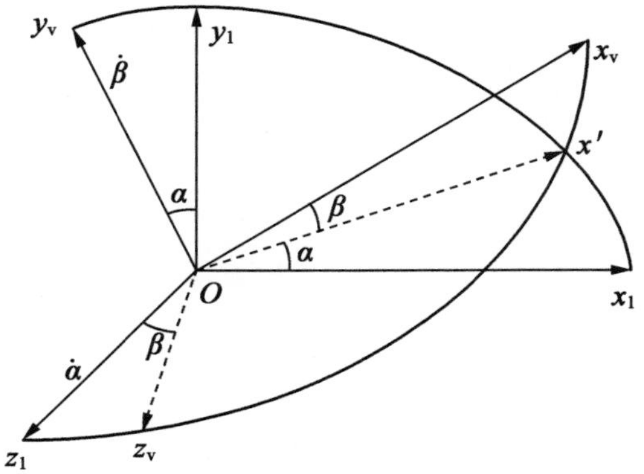

图 2-5　速度坐标系至弹体坐标系的转换

攻角 α：速度矢量在飞行器纵向对称平面内的投影与弹体轴 O_1x_1 的夹角。

侧滑角 β：速度矢量与弹体纵对称面的夹角。

则速度坐标系至弹体坐标系的转换矩阵为

$$\boldsymbol{B}_{\mathrm{v}}^{1}=\begin{bmatrix}\cos\alpha\cos\beta & \sin\alpha & -\cos\alpha\sin\beta\\ -\sin\alpha\cos\beta & \cos\alpha & \sin\alpha\sin\beta\\ \sin\beta & 0 & \cos\beta\end{bmatrix} \tag{2-4}$$

5. 发射坐标系至视线坐标系的转换

发射坐标系至视线坐标系的转换与发射坐标系至弹道坐标系的转换类似，通常用视线高低角和视线方位角来描述。

视线高低角 q_ε：视线轴 $O_\mathrm{s}x_\mathrm{s}$ 轴在发射坐标系 $x_\mathrm{g}Oy_\mathrm{g}$ 平面上的投影与 Ox_g 轴之间的夹角，当投影在 Ox_g 轴的上方时为正，反之为负。

视线方位角 q_β：视线轴 $O_\mathrm{s}x_\mathrm{s}$ 轴与 $x_\mathrm{g}Oy_\mathrm{g}$ 平面间的夹角，当视线轴在 $x_\mathrm{g}Oy_\mathrm{g}$ 平面左侧（顺 Ox_g 轴正方向看去）时为正，反之为负。

则发射坐标系至视线坐标系的转换矩阵为

$$\boldsymbol{B}_{\mathrm{g}}^{\mathrm{s}}=\begin{bmatrix}\cos q_\varepsilon\cos q_\beta & \sin q_\varepsilon\cos q_\beta & -\sin q_\beta\\ -\sin q_\varepsilon & \cos q_\varepsilon & 0\\ \cos q_\varepsilon\sin q_\beta & \sin q_\varepsilon\sin q_\beta & \cos q_\beta\end{bmatrix} \tag{2-5}$$

6. 弹道坐标系至速度坐标系的转换

弹道坐标系至速度坐标系的转换通常用倾侧角来描述。

倾侧角 γ_c：弹道坐标系中 O_2y_2 轴与速度坐标系中 $O_\mathrm{v}y_\mathrm{v}$ 轴之间的夹角。

则弹道坐标系至速度坐标系的转换矩阵为

$$\boldsymbol{B}_{2}^{\mathrm{v}}=\begin{bmatrix}1 & 0 & 0\\ 0 & \cos\gamma_\mathrm{c} & \sin\gamma_\mathrm{c}\\ 0 & -\sin\gamma_\mathrm{c} & \cos\gamma_\mathrm{c}\end{bmatrix} \tag{2-6}$$

7. 地心大地直角坐标系至发射坐标系的转换

地心大地直角坐标系至发射坐标系的坐标转换通常用发射点的经度 λ、纬度 B 和发射点射向角 A_T 来描述。则地心大地直角坐标系至发射坐标系的转换矩阵为

$$\boldsymbol{B}_{\mathrm{e}}^{\mathrm{g}}=\begin{bmatrix}-\sin A_\mathrm{T}\sin\lambda-\cos A_\mathrm{T}\sin B\cos\lambda & \sin A_\mathrm{T}\cos\lambda-\cos A_\mathrm{T}\sin B\sin\lambda & \cos A_\mathrm{T}\cos B\\ \cos B\cos\lambda & \cos B\sin\lambda & \sin B\\ -\cos A_\mathrm{T}\sin\lambda+\sin A_\mathrm{T}\sin B\cos\lambda & \cos A_\mathrm{T}\cos\lambda+\sin A_\mathrm{T}\sin B\sin\lambda & -\sin A_\mathrm{T}\cos B\end{bmatrix} \tag{2-7}$$

8. 发射惯性坐标系至发射坐标系的转换

发射惯性坐标系至发射坐标系的转换用发射点的纬度、发射点射向角来描述，同时还与地球自转角速度 $\bar{\omega}$ 有关。

则发射惯性坐标系至发射坐标系的转换矩阵为

$$\boldsymbol{B}_{\mathrm{I}}^{\mathrm{g}}=\begin{bmatrix} b_{11} & b_{12} & b_{13} \\ b_{21} & b_{22} & b_{23} \\ b_{31} & b_{32} & b_{33} \end{bmatrix} \tag{2-8}$$

其中各分量的表达式如下：

$$b_{11}=\cos^2 A_{\mathrm{T}}\cos^2 B+\sin^2 B\cos^2 A_{\mathrm{T}}\cos\bar{\omega}t+\sin^2 A_{\mathrm{T}}\cos\bar{\omega}t$$

$$b_{12}=\cos A_{\mathrm{T}}\cos B\sin B(1-\cos\bar{\omega}t)-\sin A_{\mathrm{T}}\cos B\sin\bar{\omega}t$$

$$b_{13}=\sin A_{\mathrm{T}}\cos A_{\mathrm{T}}\cos^2 B(\cos\bar{\omega}t-1)-\sin B\sin\bar{\omega}t$$

$$b_{21}=-\cos A_{\mathrm{T}}\sin B\cos B\cos\bar{\omega}t+\sin A_{\mathrm{T}}\cos B\sin\bar{\omega}t+\cos A_{\mathrm{T}}\sin B\cos B$$

$$b_{22}=\cos^2 B\cos\bar{\omega}t+\sin^2 B$$

$$b_{23}=\sin A_{\mathrm{T}}\sin B\cos B\cos\bar{\omega}t+\cos A_{\mathrm{T}}\cos B\sin\bar{\omega}t-\sin A_{\mathrm{T}}\sin B\cos B$$

$$b_{31}=\sin A_{\mathrm{T}}\cos A_{\mathrm{T}}\cos^2 B(\cos\bar{\omega}t-1)+\sin B\sin\bar{\omega}t$$

$$b_{32}=\sin A_{\mathrm{T}}\sin B\cos B(\cos\bar{\omega}t-1)-\cos A_{\mathrm{T}}\cos B\sin\bar{\omega}t$$

$$b_{33}=\sin^2 A_{\mathrm{T}}\sin^2 B\cos\bar{\omega}t+\cos^2 A_{\mathrm{T}}\cos\bar{\omega}t+\sin^2 A_{\mathrm{T}}\cos^2 B$$

2.2 发射坐标系下飞行器的数学模型

飞行器的运动包括了质心的移动和绕质心的转动，可以应用牛顿定律和动量矩定理来研究。在此，将助推滑翔飞行器视为整体，建立相应的数学模型。

2.2.1 质心动力学模型

作用在飞行器上的力主要包括火箭发动机的推力、重力和气动力，如果将飞行器数学模型建立在发射坐标系中，由于地面发射坐标系为一动参考系，其相对于惯性坐标系以角速度 $\boldsymbol{\omega}_{\mathrm{e}}$ 转动，还需引入由地球自转引起的牵连力和科氏惯性力。则飞行器质心动力学方程的矢量形式为

$$m\frac{\mathrm{d}^2\boldsymbol{r}}{\mathrm{d}t^2}=m\frac{\delta^2\boldsymbol{r}}{\delta t^2}+2m\boldsymbol{\omega}_{\mathrm{e}}\times\frac{\delta\boldsymbol{r}}{\delta t}+m\boldsymbol{\omega}_{\mathrm{e}}\times(\boldsymbol{\omega}_{\mathrm{e}}\times\boldsymbol{r}) \tag{2-9}$$

式中　$\boldsymbol{r}$——飞行器的位置矢量；

m——飞行器质量。

根据受力分析，可以建立相应的动力学方程为

$$m\frac{\mathrm{d}^2\boldsymbol{r}}{\mathrm{d}t^2}=\boldsymbol{P}+\boldsymbol{R}+\boldsymbol{F}_{\mathrm{c}}+m\boldsymbol{g}+\boldsymbol{F}'_k \tag{2-10}$$

式中　$m\boldsymbol{g}$——作用在飞行器上的重力矢量；

$\boldsymbol{R}$——作用在飞行器上的气动力矢量；

$\boldsymbol{P}$——发动机推力矢量；

$\boldsymbol{F}_{\mathrm{c}}$——作用在飞行器上的控制力矢量；

$\boldsymbol{F}'_k$——作用在飞行器上的附加科氏力矢量。

忽略作用在飞行器上的控制力矢量和附加科氏力矢量，将部分符号进一步改写，引入上角标 g 表示发射系，下角标 M 表示飞行器，将式（2-10）中各项在地面发射坐标系中分解，可得

$$m\frac{\mathrm{d}\boldsymbol{v}_{\mathrm{M}}^{\mathrm{g}}}{\mathrm{d}t}=\boldsymbol{P}^{\mathrm{g}}+\boldsymbol{R}^{\mathrm{g}}+\boldsymbol{G}^{\mathrm{g}}+\boldsymbol{F}_{\mathrm{c}}^{\mathrm{g}}+\boldsymbol{F}_{\mathrm{e}}^{\mathrm{g}} \tag{2-11}$$

式中　$\boldsymbol{v}_{\mathrm{M}}^{\mathrm{g}}$——飞行器质心在发射坐标系内的速度矢量；

$\boldsymbol{P}^{\mathrm{g}}$——在发射坐标系内的发动机推力矢量；

$\boldsymbol{R}^{\mathrm{g}}$——在发射坐标系内的空气动力矢量；

$\boldsymbol{F}_{\mathrm{c}}^{\mathrm{g}}$——发射坐标系内由地球旋转引起的科氏惯性力；

$\boldsymbol{F}_{\mathrm{e}}^{\mathrm{g}}$——发射坐标系内由地球旋转引起的牵连惯性力；

$\boldsymbol{G}^{\mathrm{g}}$——发射坐标系内地球引力；

m——飞行器质量。

其中飞行器受到的科氏惯性力及牵连惯性力计算模型如下：

$$\boldsymbol{F}_{\mathrm{e}}^{\mathrm{g}}=-m\boldsymbol{\omega}^{\mathrm{g}}\times(\boldsymbol{\omega}^{\mathrm{g}}\times\boldsymbol{r}_{\mathrm{M/oe}}^{\mathrm{g}}) \tag{2-12}$$

$$\boldsymbol{F}_{\mathrm{c}}^{\mathrm{g}}=-m\cdot 2\boldsymbol{\omega}^{\mathrm{g}}\times\boldsymbol{v}_{\mathrm{M}}^{\mathrm{g}} \tag{2-13}$$

式中　$\boldsymbol{\omega}^{\mathrm{g}}$——在发射坐标系内表示的地球自转角速度矢量；

$\boldsymbol{r}_{\mathrm{M/oe}}^{\mathrm{g}}$——在发射坐标系内表示的飞行器质心的地心矢径。

上式中 $\boldsymbol{\omega}^{\mathrm{g}}$ 的大小为 $\overline{\omega}=7.292\ 115\times10^{-5}$ rad/s，将其在发射系中表示为分量形式为

$$\boldsymbol{\omega}^{\mathrm{g}}=\begin{bmatrix}\omega_{xg}\\ \omega_{yg}\\ \omega_{zg}\end{bmatrix}=\begin{bmatrix}\overline{\omega}\cos B\cos A_{\mathrm{T}}\\ \overline{\omega}\sin B\\ -\overline{\omega}\cos B\sin A_{\mathrm{T}}\end{bmatrix} \tag{2-14}$$

式中　ω_{xg}、ω_{yg}、ω_{zg}——地球自转角速度沿发射坐标系各轴分量。

假设地球为椭球，若已知发射点的地心位置与飞行器在发射系中的位置，则有

$$\boldsymbol{r}_{\mathrm{M/oe}}^{\mathrm{g}}=\begin{bmatrix}R_{ox}+x\\R_{oy}+y\\R_{oz}+z\end{bmatrix}=\boldsymbol{B}_{\mathrm{e}}^{\mathrm{g}}\begin{bmatrix}\widetilde{R}\cos B\cos\lambda\\\widetilde{R}\cos B\sin\lambda\\\widetilde{R}\sin B\end{bmatrix}+\begin{bmatrix}x\\y\\z\end{bmatrix}\tag{2-15}$$

式中　$\widetilde{R}$——发射点所在纬度的地心半径；

(x,y,z)——飞行器质心在发射坐标系内的位置分量；

(R_{ox},R_{oy},R_{oz})——发射坐标系原点的地心矢径在发射系内的投影。

则飞行器受到的重力计算公式是

$$\boldsymbol{G}=m\begin{bmatrix}g_x\\g_y\\g_z\end{bmatrix}=\frac{g_{\mathrm{r}}}{r}\begin{bmatrix}R_{ox}+x\\R_{oy}+y\\R_{oz}+z\end{bmatrix}+\frac{g_{\omega}}{\omega}\begin{bmatrix}\omega_{xe}\\\omega_{ye}\\\omega_{ze}\end{bmatrix}\tag{2-16}$$

式中　g_x、g_y、g_z——重力加速度在惯性坐标系内的分量，且有

$$\begin{cases}g_{\mathrm{r}}=-\dfrac{fM}{r^2}+\dfrac{\mu}{r^4}(5\sin^2\varphi-1)\\g_{\omega}=-\dfrac{2\mu}{r^4}\sin\varphi\\r=\sqrt{(R_{ox}+x)^2+(R_{oy}+y)^2+(R_{oz}+z)^2}\end{cases}\tag{2-17}$$

式中　fM——地心引力常数，$fM=3.986\ 005\times10^{14}\ \mathrm{m^3/s^2}$；

φ——飞行器所在纬度；

μ——椭球体扁率常数，$\mu=26.332\ 81\times10^{24}\ \mathrm{m^5/s^2}$。

$\boldsymbol{R}$ 通常描述在弹体坐标系内，需要转换到发射坐标系中，有

$$\boldsymbol{R}^{\mathrm{g}}=\boldsymbol{B}_1^{\mathrm{g}}\begin{bmatrix}X_1\\Y_1\\Z_1\end{bmatrix}=\boldsymbol{B}_1^{\mathrm{g}}\begin{bmatrix}-C_{\mathrm{A}}qS_{\mathrm{t}}\\C_{\mathrm{N}}qS_{\mathrm{t}}\\C_{\mathrm{Z}}qS_{\mathrm{t}}\end{bmatrix}\tag{2-18}$$

式中　C_{A}、C_{N}、C_{Z}——轴向力系数、法向力系数和侧向力系数；

q——动压；

S_{t}——飞行器参考面积。

2.2.2 绕质心动力学模型

变质量质点的绕质心动力学方程为

$$\boldsymbol{J}\cdot\frac{\mathrm{d}\boldsymbol{\omega}_{\mathrm{T}}}{\mathrm{d}t}+\boldsymbol{\omega}_{\mathrm{T}}\times(\boldsymbol{J}\cdot\boldsymbol{\omega}_{\mathrm{T}})=\boldsymbol{M}_{\mathrm{st}}+\boldsymbol{M}_{\mathrm{c}}+\boldsymbol{M}'_{\mathrm{k}} \tag{2-19}$$

式中 $\boldsymbol{M}_{\mathrm{st}}$、$\boldsymbol{M}_{\mathrm{c}}$、$\boldsymbol{M}'_{\mathrm{k}}$——气动力矩、控制力矩和附加力矩；

$\boldsymbol{J}$——惯性张量；

$\boldsymbol{\omega}_{\mathrm{T}}$——旋轴角速度。

运载火箭为轴对称外形，可近似认为弹体坐标系是惯性主轴系，惯性张量可简化为

$$\boldsymbol{J}=\begin{bmatrix} J_x & 0 & 0\\ 0 & J_y & 0\\ 0 & 0 & J_z\end{bmatrix} \tag{2-20}$$

式中 J_x、J_y、J_z——飞行器对弹体坐标系各轴的转动惯量。

对于滑翔飞行器，由于其为面对称，惯性张量为

$$\boldsymbol{J}=\begin{bmatrix} J_x & -J_{xy} & -J_{xz}\\ -J_{xy} & J_y & -J_{yz}\\ -J_{xz} & -J_{yz} & J_z\end{bmatrix} \tag{2-21}$$

对于压心和质心在 x 轴方向不重合情况，气动力矩 $\boldsymbol{M}_{\mathrm{st}}$ 可表示如下：

$$\boldsymbol{M}_{\mathrm{st}}=\begin{bmatrix} C_{\mathrm{m}x}qS_{\mathrm{t}}l_{\mathrm{t}}+M_{\mathrm{zn},x1}\\ Z_1\cdot(x_{\mathrm{p}}-x_{\mathrm{g}})+C_{\mathrm{my}}qS_{\mathrm{t}}l_{\mathrm{t}}+M_{\mathrm{zn},y1}\\ -Y_1\cdot(x_{\mathrm{p}}-x_{\mathrm{g}})+C_{\mathrm{mz}}qS_{\mathrm{t}}l_{\mathrm{t}}+M_{\mathrm{zn},z1}\end{bmatrix} \tag{2-22}$$

$$\begin{bmatrix} -X_1\\ Y_1\\ Z_1\end{bmatrix}=\boldsymbol{B}_{\mathrm{v}}^{1}(\beta,\alpha)\begin{bmatrix} -D\\ L\\ Z\end{bmatrix} \tag{2-23}$$

式中 D、L、Z——气动力在速度坐标系下的分量；

X_1、Y_1、Z_1——气动力在弹体坐标系下的分量；

$C_{\mathrm{m}x}$、C_{my}、C_{mz}——滚动力矩系数、偏航力矩系数和俯仰力矩系数；

x_{p}、x_{g}——压心、质心的位置。

气动参数是马赫数 Ma、高度 H、攻角 α、侧滑角 β、俯仰通道舵偏角 δ_z、偏航通道舵偏角 δ_y 和滚动通道舵偏角 δ_x 的函数。在气动力矩模型建模过程中，还需要

考虑阻尼力矩的影响。在弹体坐标系下，气动阻尼力矩模型是

$$\begin{cases} M_{zn,x1} = C_{lp} \cdot q \cdot S_t \cdot l_t \cdot \bar{\omega}_x \\ M_{zn,y1} = C_{nr} \cdot q \cdot S_t \cdot l_t \cdot \bar{\omega}_y \\ M_{zn,z1} = C_{mq} \cdot q \cdot S_t \cdot l_t \cdot \bar{\omega}_z \end{cases} \tag{2-24}$$

式中　C_{lp}、C_{nr}、C_{mq}——滚动阻尼力矩系数、偏航阻尼力矩系数和俯仰阻尼力矩系数。

无量纲角速度的定义如下：

$$\bar{\omega}_x = \frac{\omega_x l_t}{v}, \quad \bar{\omega}_y = \frac{\omega_y l_t}{v}, \quad \bar{\omega}_z = \frac{\omega_z l_t}{v} \tag{2-25}$$

对于控制力矩 $\boldsymbol{M}_c$ 有

$$\boldsymbol{M}_c = \boldsymbol{L}_{Pi} \times \boldsymbol{P}^b \tag{2-26}$$

$$\boldsymbol{P}^b = [P_x^b \quad P_y^b \quad P_z^b]^T, \quad \boldsymbol{L}_{Pi} = [l_{pxi} - x_C \quad l_{pyi} - y_C \quad l_{pzi} - z_C]^T \tag{2-27}$$

式中　x_C、y_C、z_C——飞行器质心在弹体坐标系各轴的分量；

l_{pxi}、l_{pyi}、l_{pzi}——发动机推力作用点在弹体坐标系各轴的分量。

对于附加力矩 $\boldsymbol{M}_k'$ 有

$$\boldsymbol{M}_k' = -\begin{bmatrix} \dot{J}_x \omega_x \\ \dot{J}_y \omega_y \\ \dot{J}_z \omega_z \end{bmatrix} + \dot{m}\begin{bmatrix} 0 \\ -x_{1e}^2 \omega_y \\ -x_{1e}^2 \omega_z \end{bmatrix} \tag{2-28}$$

式中　$\dot{J}_x$、$\dot{J}_y$、$\dot{J}_z$——弹体坐标系下各轴转动惯量变化率；

x_{1e}——发动机推力作用点和质心之间的距离，$x_{1e} = l_{pxi} - x_C$；

$\dot{m}$——飞行器质量的变化率。

将式(2-20)、式(2-28)代入式(2-19)，整理可得助推滑翔飞行器(即运载火箭)在弹体坐标系下绕质心的动力学方程为

$$\begin{bmatrix} J_x \dot{\omega}_x \\ J_y \dot{\omega}_y \\ J_z \dot{\omega}_z \end{bmatrix} = -\begin{bmatrix} (J_z - J_y)\omega_z \omega_y \\ (J_x - J_z)\omega_x \omega_z \\ (J_y - J_x)\omega_y \omega_x \end{bmatrix} + \begin{bmatrix} C_{lp} \cdot q \cdot S_t \cdot l_t \cdot \bar{\omega}_x \\ C_{nr} \cdot q \cdot S_t \cdot l_t \cdot \bar{\omega}_y \\ C_{mq} \cdot q \cdot S_t \cdot l_t \cdot \bar{\omega}_z \end{bmatrix} - \begin{bmatrix} \dot{J}_x \omega_x \\ \dot{J}_y \omega_y \\ \dot{J}_z \omega_z \end{bmatrix} +$$

$$\dot{m}\begin{bmatrix} 0 \\ -x_{1e}^2 \omega_y \\ -x_{1e}^2 \omega_z \end{bmatrix} + \begin{bmatrix} C_{mx} q S_t l_t \\ Z_1 (x_p - x_g) + C_{my} q S_t l_t \\ -Y_1 (x_p - x_g) + C_{mz} q S_t l_t \end{bmatrix} +$$

$$\begin{bmatrix} P_z^{\mathrm{b}}(l_{\mathrm{pyi}}-y_{\mathrm{C}})-P_y^{\mathrm{b}}(l_{\mathrm{pzi}}-z_{\mathrm{C}}) \\ P_x^{\mathrm{b}}(l_{\mathrm{pzi}}-z_{\mathrm{C}})-P_z^{\mathrm{b}}(l_{\mathrm{pxi}}-x_{\mathrm{C}}) \\ P_y^{\mathrm{b}}(l_{\mathrm{pxi}}-x_{\mathrm{C}})-P_x^{\mathrm{b}}(l_{\mathrm{pyi}}-y_{\mathrm{C}}) \end{bmatrix} \tag{2-29}$$

区别于有动力助推滑翔飞行器(即运载火箭),无动力滑翔飞行器依靠气动力实现对目标的精确制导,其转动惯量、质量等结构参数可视为常值。忽略惯量积的影响,滑翔飞行器在弹体坐标系下绕质心的动力学方程可简化为

$$\begin{bmatrix} J_x\dot{\omega}_x \\ J_y\dot{\omega}_y \\ J_z\dot{\omega}_z \end{bmatrix} = -\begin{bmatrix} (J_z-J_y)\omega_z\omega_y \\ (J_x-J_z)\omega_x\omega_z \\ (J_y-J_x)\omega_y\omega_x \end{bmatrix} + \begin{bmatrix} C_{\mathrm{lp}}\cdot q\cdot S_{\mathrm{t}}\cdot l_{\mathrm{t}}\cdot\overline{\omega}_x \\ C_{\mathrm{nr}}\cdot q\cdot S_{\mathrm{t}}\cdot l_{\mathrm{t}}\cdot\overline{\omega}_y \\ C_{\mathrm{mq}}\cdot q\cdot S_{\mathrm{t}}\cdot l_{\mathrm{t}}\cdot\overline{\omega}_z \end{bmatrix} + \begin{bmatrix} C_{mx}qS_{\mathrm{t}}l_{\mathrm{t}} \\ Z_1(x_{\mathrm{p}}-x_{\mathrm{g}})+C_{my}qS_{\mathrm{t}}l_{\mathrm{t}} \\ -Y_1(x_{\mathrm{p}}-x_{\mathrm{g}})+C_{mz}qS_{\mathrm{t}}l_{\mathrm{t}} \end{bmatrix} \tag{2-30}$$

2.2.3 质心运动学模型

在发射坐标系内建立飞行器质心位置与速度之间的变化关系,可以得到

$$\begin{cases} \dfrac{\mathrm{d}x}{\mathrm{d}t}=v_x \\ \dfrac{\mathrm{d}y}{\mathrm{d}t}=v_y \\ \dfrac{\mathrm{d}z}{\mathrm{d}t}=v_z \end{cases} \tag{2-31}$$

式中 v_x、v_y、v_z——飞行器质心在发射坐标系内各坐标轴上的速度分量;

x、y、z——飞行器质心在地面坐标系内各坐标轴上的位置分量。

根据发射坐标系至弹体坐标系的旋转关系,在弹体坐标系内建立飞行器的绕质心运动学模型如下:

$$\begin{cases} \dfrac{\mathrm{d}\gamma}{\mathrm{d}t}=\omega_x+(\omega_y\sin\gamma+\omega_z\cos\gamma)\tan\psi \\ \dfrac{\mathrm{d}\psi}{\mathrm{d}t}=\omega_y\cos\gamma-\omega_z\sin\gamma \\ \dfrac{\mathrm{d}\varphi}{\mathrm{d}t}=(\omega_y\sin\gamma+\omega_z\cos\gamma)\dfrac{1}{\cos\psi} \end{cases} \tag{2-32}$$

式中 γ、ψ、φ——飞行器的滚转角、偏航角和俯仰角。

2.2.4 几何关系模型

根据转换矩阵的可传递性可以得到发射惯性坐标系与速度坐标系、弹体坐

标系与速度坐标系、惯性坐标系与弹体坐标系之间的转换矩阵满足如下关系：

$$\boldsymbol{B}_{\mathrm{I}}^{\mathrm{v}}=\boldsymbol{B}_{1}^{\mathrm{v}}\boldsymbol{B}_{\mathrm{I}}^{1} \tag{2-33}$$

将上式展开后，可以得到

$$\sin\beta=\cos\sigma\cos\gamma\sin\psi\cos(\theta-\varphi)-\cos\sigma\sin\gamma\sin(\theta-\varphi)-\sin\sigma\cos\gamma\cos\psi \tag{2-34}$$

$$\begin{cases}-\sin\alpha\cos\beta=\cos\sigma\sin\gamma\sin\psi\cos(\theta-\varphi)+\cos\sigma\cos\gamma\sin(\theta-\varphi)-\sin\sigma\sin\gamma\cos\psi\\ \cos\alpha\cos\beta=\cos\theta\cos\sigma\cos\varphi\cos\psi+\cos\sigma\sin\theta\cos\psi\sin\varphi+\sin\sigma\sin\psi\end{cases} \tag{2-35}$$

$$\begin{cases}\sin\gamma_{\mathrm{v}}=-\sin\alpha\sin\psi+\cos\alpha\sin\gamma\cos\psi\\ \cos\gamma_{\mathrm{v}}=(\cos\alpha\sin\beta\sin\psi+\sin\alpha\sin\beta\sin\gamma\cos\psi+\cos\beta\cos\gamma\cos\psi)/\cos\sigma\end{cases} \tag{2-36}$$

根据坐标系定义可知侧滑角的变化范围是(-90°,90°)，攻角和倾侧角的变化范围是[-180°,180°]，则根据式(2-34)利用反三角函数计算公式可以得到

$$\beta=\arcsin[\cos\sigma\cos\gamma\sin\psi\cos(\theta-\varphi)-\cos\sigma\sin\gamma\sin(\theta-\varphi)-\sin\sigma\cos\gamma\cos\psi] \tag{2-37}$$

若令

$$\Omega=\frac{\cos\sigma\sin\gamma\sin\psi\cos(\theta-\varphi)+\cos\sigma\cos\gamma\sin(\theta-\varphi)-\sin\sigma\sin\gamma\cos\psi}{-\cos\beta}$$

$$\Psi=-\sin\alpha\sin\psi+\cos\alpha\sin\gamma\cos\psi$$

则将式(2-37)代入式(2-35)和式(2-36)，利用反三角函数可以得到

$$\alpha=\begin{cases}\arcsin\Omega & (\cos\alpha\geqslant 0)\\ \pi-\arcsin\Omega & (\cos\alpha<0,\sin\alpha\geqslant 0)\\ -\pi-\arcsin\Omega & (\cos\alpha<0,\sin\alpha<0)\end{cases} \tag{2-38}$$

$$\gamma_{\mathrm{v}}=\begin{cases}\arcsin\Psi & (\cos\gamma_{\mathrm{v}}\geqslant 0)\\ \pi-\arcsin\Psi & (\cos\gamma_{\mathrm{v}}<0,\sin\gamma_{\mathrm{v}}\geqslant 0)\\ -\pi-\arcsin\Psi & (\cos\gamma_{\mathrm{v}}<0,\sin\gamma_{\mathrm{v}}<0)\end{cases} \tag{2-39}$$

式(2-38)和式(2-39)即为攻角和倾侧角的计算公式。

根据弹道坐标系的定义，可以得到

$$
\begin{cases}
\sin\,\theta = \dfrac{v_y}{\sqrt{v_x^2 + v_y^2}} \\
\cos\,\theta = \dfrac{v_x}{\sqrt{v_x^2 + v_y^2}} \\
\sin\,\sigma = -\dfrac{v_z}{\sqrt{v_x^2 + v_y^2 + v_z^2}}
\end{cases}
\tag{2-40}
$$

式中　v_x、v_y、v_z——飞行器质心速度在惯性坐标系内的分量。

如果令$\dfrac{v_y}{\sqrt{v_x^2 + v_y^2}} = Q$，则

$$
\theta = \begin{cases}
\arcsin\,Q & (\cos\,\theta \geqslant 0) \\
\pi - \arcsin\,Q & (\cos\,\theta < 0, \sin\,\theta \geqslant 0) \\
-\pi - \arcsin\,Q & (\cos\,\theta < 0, \sin\,\theta < 0)
\end{cases}
\tag{2-41}
$$

$$
\sigma = -\arcsin\,\frac{v_z}{\sqrt{v_x^2 + v_y^2 + v_z^2}}
\tag{2-42}
$$

式(2 -41)和式(2 -42)即是弹道倾角和弹道偏角的计算公式。

2.2.5　偏差和干扰模型

助推滑翔飞行器飞行过程中存在的偏差主要包括：气动力矩系数偏差、气动阻尼力矩系数偏差、转动惯量偏差和大气密度偏差。下面分别建立各偏差计算模型。

1. 俯仰、偏航、滚动通道气动力矩系数偏差模型

$$
\begin{cases}
C_{mx} = C_{mx,\text{new}0}(1 + k_1\Delta) \\
C_{my} = C_{my,\text{new}0}(1 + k_2\Delta) \\
C_{mz} = C_{mz,\text{new}0}(1 + k_3\Delta)
\end{cases}
\tag{2-43}
$$

式中　Δ——在[-1,1]之间均匀分布的随机数，$\Delta \sim U[-1,1]$；

$C_{mx,\text{new}0}$、$C_{my,\text{new}0}$、$C_{mz,\text{new}0}$——无偏差时考虑质心位置修正的气动力矩系数；

k_1、k_2、k_3——气动力矩系数的最大偏差变化范围。

2. 气动阻尼力矩系数偏差模型

$$
\begin{cases}
C_{\text{lp}} = C_{\text{lp}0}(1 + k_4\Delta) \\
C_{\text{nr}} = C_{\text{nr}0}(1 + k_5\Delta) \\
C_{\text{mq}} = C_{\text{mq}0}(1 + k_6\Delta)
\end{cases}
\tag{2-44}
$$

式中　C_{lp0}、C_{nr0}、C_{mq0}——无偏差时的阻尼力矩系数；

k_4、k_5、k_6——阻尼力矩系数的最大偏差变化范围。

3. 转动惯量偏差模型

$$\begin{cases} J_x = J_{x0}(1 + k_{\mathrm{J1}}\Delta) \\ J_y = J_{y0}(1 + k_{\mathrm{J2}}\Delta) \\ J_z = J_{z0}(1 + k_{\mathrm{J3}}\Delta) \end{cases} \tag{2-45}$$

式中　J_{x0}、J_{y0}、J_{z0}——无偏差时的转动惯量系数；

k_{J1}、k_{J2}、k_{J3}——转动惯量最大偏差变化范围。

4. 大气密度偏差模型

大气密度偏差随高度而变化，假设在不同高度下偏差模型满足均匀分布，则建立大气密度偏差模型如下：

$$\rho = \rho_0(1 + k_\rho\Delta) \tag{2-46}$$

式中　ρ_0——无偏差时的大气密度；

k_ρ——大气密度最大偏差变化范围，随高度的不同而不同。

5. 气动力系数偏差模型

$$\begin{cases} C_{\mathrm{A}} = C_{\mathrm{A0}}(1 + k_{\mathrm{A}}\Delta) \\ C_{\mathrm{N}} = C_{\mathrm{N0}}(1 + k_{\mathrm{N}}\Delta) \\ C_{\mathrm{Z}} = C_{\mathrm{Z0}}(1 + k_{\mathrm{Z}}\Delta) \end{cases} \tag{2-47}$$

式中　C_{A0}、C_{N0}、C_{Z0}——无偏差时的气动力系数。

k_{A}、k_{N}、k_{Z}——气动力系数最大偏差变化范围。

2.2.6　执行机构模型

假设滑翔飞行器的执行机构采用的布局为：当从弹身后方沿机体坐标系 x 轴正方向向前观察时，安装在右翼后缘的右侧升降舵记为 δ_1，安装在左翼后缘的左侧升降舵记为 δ_2，安装在垂尾后缘的方向舵记为 δ_3。左、右升降舵后缘下偏为正偏转，方向舵后缘右偏为正偏转。则三通道舵偏与三个舵面舵偏的关系如下：

$$\begin{cases} \delta_\varphi = (\delta_1 + \delta_2)/2 \\ \delta_\gamma = (\delta_1 - \delta_2)/2 \\ \delta_\psi = \delta_3 \end{cases} \tag{2-48}$$

式中　δ_φ——俯仰通道等效舵偏；

δ_γ——滚转通道等效舵偏；

δ_ψ——偏航通道等效舵偏。

2.3　其他坐标系下的飞行器运动方程组

前几节在发射坐标系中建立了助推滑翔飞行器的数学模型，本节不加推导地给出弹道坐标系和弹体坐标系内建立的飞行器运动方程组，为后续的方法研究奠定基础。具体推导过程可参考文献[16]。

根据坐标系的转换关系，将滑翔飞行器的运动分解在弹体坐标系内，得到飞行器的运动方程组为

$$\begin{cases} \dfrac{\mathrm{d}x}{\mathrm{d}t} = v_{x1}\cos\varphi\cos\psi + v_{y1}(\sin\gamma\cos\varphi\sin\psi - \cos\gamma\sin\varphi) + \\ \qquad v_{z1}(\cos\gamma\cos\varphi\sin\psi + \sin\gamma\sin\varphi) \\ \dfrac{\mathrm{d}y}{\mathrm{d}t} = v_{x1}\cos\psi\sin\varphi + v_{y1}(\sin\gamma\sin\psi\sin\varphi + \cos\gamma\cos\varphi) + \\ \qquad v_{z1}(\cos\gamma\sin\psi\sin\varphi - \sin\gamma\cos\varphi) \\ \dfrac{\mathrm{d}z}{\mathrm{d}t} = -v_{x1}\sin\psi + v_{y1}\sin\gamma\cos\psi + v_{z1}\cos\gamma\cos\psi \end{cases} \tag{2-49}$$

$$\begin{cases} \dfrac{\mathrm{d}v_{x1}}{\mathrm{d}t} = \dfrac{A}{m} + \omega_z v_{y1} - \omega_y v_{z1} - g\cos\psi\sin\varphi \\ \dfrac{\mathrm{d}v_{y1}}{\mathrm{d}t} = \dfrac{N}{m} + \omega_x v_{z1} - \omega_z v_{x1} - g(\sin\gamma\sin\psi\sin\varphi + \cos\gamma\cos\varphi) \\ \dfrac{\mathrm{d}v_{z1}}{\mathrm{d}t} = \dfrac{Z}{m} - \omega_x v_{y1} + \omega_y v_{x1} - g(\cos\gamma\sin\psi\sin\varphi - \sin\gamma\cos\varphi) \end{cases} \tag{2-50}$$

$$\begin{cases} \dfrac{\mathrm{d}\gamma}{\mathrm{d}t} = \omega_{x1} + (\omega_{y1}\sin\gamma + \omega_{z1}\cos\gamma)\tan\psi \\ \dfrac{\mathrm{d}\psi}{\mathrm{d}t} = \omega_{y1}\cos\gamma - \omega_{z1}\sin\gamma \\ \dfrac{\mathrm{d}\varphi}{\mathrm{d}t} = (\omega_{y1}\sin\gamma + \omega_{z1}\cos\gamma)\dfrac{1}{\cos\psi} \end{cases} \tag{2-51}$$

$$\begin{cases}\dfrac{\mathrm{d}\omega_x}{\mathrm{d}t}=\dfrac{qC_{mx}(Ma,\alpha,\beta,H,v,\omega_x,\delta_\varphi,\delta_\psi,\delta_\gamma)S_t l_t}{J_x}-\dfrac{J_z-J_y}{J_x}\omega_y\omega_z\\ \dfrac{\mathrm{d}\omega_y}{\mathrm{d}t}=\dfrac{qC_{my}(Ma,\alpha,\beta,H,v,\omega_y,\delta_\varphi,\delta_\psi,\delta_\gamma)S_t l_t}{J_y}+\dfrac{J_z-J_x}{J_y}\omega_x\omega_z\\ \dfrac{\mathrm{d}\omega_z}{\mathrm{d}t}=\dfrac{qC_{mz}(Ma,\alpha,\beta,H,v,\omega_z,\delta_\varphi,\delta_\psi,\delta_\gamma)S_t l_t}{J_z}+\dfrac{J_x-J_y}{J_z}\omega_x\omega_y\end{cases}\tag{2-52}$$

在弹道坐标系中建立飞行器的运动方程组如下所示：

$$\begin{cases}\dot{\boldsymbol{r}}=\boldsymbol{v}\sin\theta\\ \dot{\varphi}=\dfrac{\boldsymbol{v}}{\boldsymbol{r}}\cos\theta\cos\sigma\\ \dot{\lambda}=-\dfrac{\boldsymbol{v}\cos\theta\sin\sigma}{\boldsymbol{r}\cos\varphi}\end{cases}\tag{2-53}$$

$$\begin{cases}\dot{\boldsymbol{v}}=-\dfrac{D}{m}-g_0\left(\dfrac{R_0}{\boldsymbol{r}}\right)^2\sin\theta+\boldsymbol{\omega}^2\boldsymbol{r}\cos\varphi(\cos\varphi\sin\theta-\sin\varphi\cos\sigma\cos\theta)\\ \dot{\theta}=\dfrac{L\cos\gamma_c-Z\sin\gamma_c}{m\boldsymbol{v}}-\dfrac{g_0}{\boldsymbol{v}}\left(\dfrac{R_0}{\boldsymbol{r}}\right)^2\cos\theta-2\boldsymbol{\omega}\cos\varphi\sin\sigma+\\ \quad\dfrac{\boldsymbol{\omega}^2\boldsymbol{r}}{\boldsymbol{v}}\cos\varphi(\cos\varphi\cos\theta+\sin\varphi\cos\sigma\sin\theta)+\dfrac{\boldsymbol{v}}{\boldsymbol{r}}\cos\theta\\ \dot{\sigma}=-\dfrac{L\sin\gamma_c+Z\cos\gamma_c}{m\boldsymbol{v}\cos\theta}-2\boldsymbol{\omega}(\sin\varphi-\cos\varphi\tan\theta\cos\sigma)+\\ \quad\dfrac{\boldsymbol{\omega}^2\boldsymbol{r}}{\boldsymbol{v}\cos\theta}\cos\varphi\sin\varphi\sin\sigma+\dfrac{\boldsymbol{v}}{\boldsymbol{r}}\cos\theta\tan\varphi\sin\sigma\end{cases}\tag{2-54}$$

绕质心的动力学和运动学方程与弹体坐标系下的方程一致,在此不再赘述。

第3章

助推滑翔飞行器再入滑翔段制导

3.1 助推滑翔飞行器再入制导发展现状

助推滑翔飞行器再入滑翔飞行段的制导与传统的再入飞行器(如航天飞机、飞船、再入弹头等)有一定的相似之处。国际上关于再入飞行器制导理论与方法的研究始于20世纪50年代,到60年代末取得了初步成果。当时美国和苏联为了发展返回式航天器,对弹道式与弹道-升力式再入飞行器的数学建模、飞行力学等与制导相关的理论与方法进行了研究,在"水星号""阿波罗号"等飞行器研制计划的推动下,制导理论与方法得到了初步发展。1963年,Wingrove对当时的制导控制方法进行调查研究,从动力学、制导方法以及制导系统应用三个角度对此前的相关研究成果进行了总结,指出当时制导方法研究中有两大思路——基于预测能力的制导与基于标准轨迹的制导。由此可见,再入飞行器制导理论与方法中的两个主要研究方向,也即预测校正制导方法与基于标准轨迹制导方法,正是在当时奠定了基础。所谓基于预测能力的制导方法,也称基于落点预报的制导方法,是在飞行器计算机内存储对应理论落点的特征参数,根据导航系统测得的飞行器状态参数,实时进行落点计算并将计算结果与理论落点进行比较,形成误差控制信号输入到计算机制导方程中,按照设计的制导规律控制飞行器的姿态角,改变升力方向,从而实现轨迹控制。所谓基于标准轨迹的制导方法是在飞行器的计算机中预先装订标准轨迹参数,它们既可以是时间的函数,也可以是速度的函数或者其他变量的函数。在飞行器实际飞行中,由于受初始条件偏差、大气密度偏差、气动系数偏差等因素的影响，实际轨迹会偏离标准轨迹，此时飞行器上的导航设备会测出实际轨迹参数，将其与标准轨迹参数相比较，得到偏差信号，然后根据相应的轨迹跟踪控制律，计算得到轨迹跟踪控制量，作为姿态控制指令发送给飞行器姿态控制系统，由飞行器姿态控制系统执行姿态控制指令，通过调整飞行器的姿态角实现升力方向的改变，从而实现轨迹控制。

在上述理论研究的基础上，美国对高超声速飞行器的制导进行了工程化实践。20 世纪 70 年代末航天飞机的成功研制，标志着高超声速飞行器制导理论与方法已投入实用阶段。但是，受到当时计算机水平与相关理论水平的限制，航天飞机的制导需要在任务执行前耗费大量的人力与物力，需要提前进行大量的设计与计算，设计方法灵活性差，当任务更改后，需要重新进行烦琐的设计。另外，航天飞机的制导设计方法，对于具有较大侧向机动能力的近空间内高超声速飞行器（如新一代可重复使用运载器）并不适用，因此，在 20 世纪 80 年代至 90 年代中期不断有改进的航天飞机制导方法出现，但是，这些方法主要是针对航天飞机制导的缺点进行相应的改正，并没有脱离航天飞机制导的框架。

进入 20 世纪 90 年代中期，尽管冷战已经结束、美国“星球大战”计划业已停止，然而人类探索高超声速飞行器制导技术的步伐却没有停止。从 1996 年开始，在美国第二代可重复使用运载器计划的推动下，在 X－33、X－34 以及 X－37 等演示验证飞行计划的研制过程中，一些学者提出了不同于航天飞机制导思路的新的制导理论与方法，在新的计算机水平与相关技术得到长足发展的条件下，将制导理论与方法向前推进，提出了在一定程度上具有自主性、自适应性与鲁棒性的制导方法，提高了制导的灵活性。

在随后的十几年中，助推滑翔飞行器受到了世界各国的重视，其制导技术也得到了进一步的发展。

3.2 助推滑翔飞行器再入制导方法概述

如前所述，助推滑翔飞行器再入制导方法主要包括两类，一类是基于标准轨迹的制导方法，另一类是预测校正制导方法，随着研究的不断深入，这两类方法也在不断地被完善和丰富。

3.2.1 基于标准轨迹的制导方法

标准轨迹制导方法的思路是根据制导任务事先计算出一条标准轨迹，飞行过程中,根据实际飞行状态与标准轨迹之间的偏差,利用设计的轨迹跟踪算法,解算出相应的控制量修正偏差,使飞行器沿着标准轨迹飞行。标准轨迹制导的主要研究内容包括标准轨迹设计与标准轨迹跟踪。其中,标准轨迹设计按照完成方式又可分为离线标准轨迹设计与在线标准轨迹设计。离线标准轨迹设计是指执行制导任务前,在地面进行制导设计,执行任务时将标准轨迹装订到飞行器计算机中。在线标准轨迹设计是指无须地面支持,直接利用飞行器上的计算机进行相应的轨迹设计。离线标准轨迹设计在航天飞机的制导设计中被广泛采用,但是该方法需要耗费大量的人力物力且灵活性差,一旦任务更改,需要重新进行大量的设计工作,因此,目前的发展趋势是通过研究基于最优控制理论的制导方法,以提高制导设计效率,甚至达到在线设计的能力。在线标准轨迹制导的理想状态是能够实现在线实时轨迹设计,但是考虑到当前的硬件水平,目前可行的一条思路是,在执行任务之前,通过飞行器上的计算机在较短的时间内,解算出一条标准轨迹,然后跟踪标准轨迹。

按照标准轨迹设计原理的不同,可将标准轨迹制导方法分为航天飞机制导方法、基于最优控制理论的制导方法、基于准平衡滑翔原理的制导方法以及基于阻力 - 能量剖面的制导方法。其中,基于最优控制理论的制导方法主要是基于优化方法获得参考轨迹,本书不予介绍。

1. 航天飞机制导方法

航天飞机的制导是基于标准轨迹的制导,其制导设计主要包括以下几部分工作:

①根据任务需求与轨迹约束确定攻角 - 速度剖面。

②根据轨迹约束建立以阻力加速度 - 速度为坐标系描述的飞行走廊。

③在飞行走廊内,结合解析的航程预测公式,根据不同飞行阶段的任务需求,设计各个阶段的阻力加速度 - 速度剖面的形状与参数。

④沿设计的阻力加速度 - 速度剖面,计算期望升阻比。

⑤设计相应的轨迹跟踪控制律,跟踪期望升阻比。

⑥设计侧向制导逻辑,以消除侧向偏差。

⑦飞行过程中,定期在某些飞行阶段(如黑障区之后的飞行阶段)进行阻力加速度 - 速度剖面的调整,以消除航程误差。此时调整不更改剖面的形状,只是调整剖面参数,直观地讲就是将剖面在阻力加速度 - 速度剖面内上下或者左右移动。

图3 - 1 和图3 - 2 所示分别为航天飞机的攻角 - 速度剖面与飞行走廊。从

图 3 - 2 中可以看到,航天飞机的轨迹分为两个二次曲线段、虚拟平衡滑翔段、常值阻力段与线性能量段共五段。

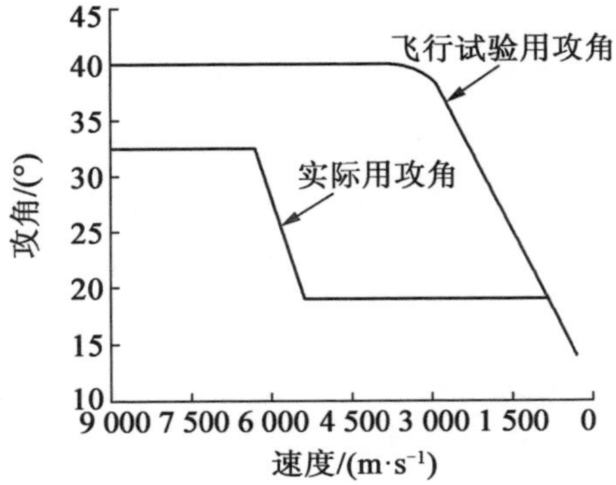

图 3 - 1　航天飞机攻角 - 速度剖面图

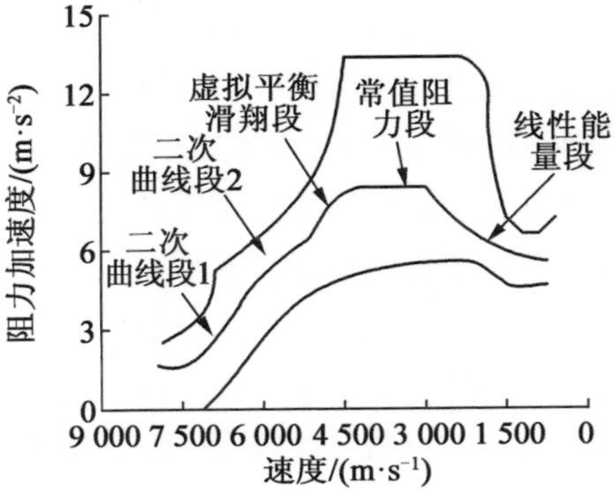

图 3 - 2　航天飞机飞行走廊

下面具体介绍航天飞机的制导设计内容,包括航程预测、航程调整、参考升阻比计算和参考升阻比跟踪,这些思想在后来的助推滑翔飞行器的制导过程中得到了继承与发展。

(1)航程预测公式。

航天飞机的航程预测仅考虑纵向轨迹的运动,因此,首先给出有量纲的忽略地球自转的纵向质心运动方程,即

$$\dot{v} = -D_{\mathrm{m}} - g\sin\gamma \tag{3-1}$$

$$v\dot{\gamma} = \left(\frac{v^2}{r} - g\right)\cos\gamma + L_{\mathrm{m}}\cos\sigma \tag{3-2}$$

$$v\cos\gamma\,\dot{\psi} = \frac{v^2}{r}\cos^2\gamma\sin\psi\tan\theta + L_{\mathrm{m}}\sin\sigma \tag{3-3}$$

式中　v——速度;

D_{m}——阻力加速度;

γ——弹道倾角;

L_{m}——升力加速度;

σ——倾侧角。

定义飞行器航程的变化率为

$$\dot{R} = v\cos\gamma \tag{3-4}$$

由速度变化率公式与航程变化率公式可得

$$R = -\int \frac{v\cos\gamma \mathrm{d}v}{D_{\mathrm{m}} + g\sin\gamma} \tag{3-5}$$

由于轨迹大部分处于轨迹倾角很小、速度较大的阶段，因此，简化式(3－5)后可得

$$R = -\int \frac{v\mathrm{d}v}{D_{\mathrm{m}}} \tag{3-6}$$

若已知阻力加速度与速度的关系，则航程 R 可以由式(3－6)确定。但是，在飞行速度较低时，弹道倾角较大，采用式(3－6)估计航程时误差较大，因此，可不采用速度作为阻力加速度的自变量，而是以机械能作为自变量，此时计算误差较小。

假设单位质量机械能为 E，则

$$E = gh + \frac{1}{2}v^2 \tag{3-7}$$

于是有

$$\frac{\mathrm{d}E}{\mathrm{d}h} = g + v\frac{\mathrm{d}v}{\mathrm{d}h} \tag{3-8}$$

而高度变化率为

$$\dot{h} = v\sin\gamma \tag{3-9}$$

将速度变化率公式与高度变化率公式结合有

$$\frac{\mathrm{d}v}{\mathrm{d}h} = \frac{-D_{\mathrm{m}}}{v\sin\gamma} - \frac{g}{v} \tag{3-10}$$

将式(3－10)代入能量对高度的微分公式，有

$$\frac{\mathrm{d}E}{\mathrm{d}h} = \frac{-D_{\mathrm{m}}}{\sin\gamma} \tag{3-11}$$

又根据几何关系有

$$\frac{\mathrm{d}h}{\mathrm{d}R} = \tan\gamma \tag{3-12}$$

于是

$$R = -\int \frac{\cos\gamma \mathrm{d}E}{D_{\mathrm{m}}} \tag{3-13}$$

即使对于较大的轨迹倾角(例如，10°左右)来说，$\cos\gamma = 1$ 近似成立，于是

$$R = -\int \frac{\mathrm{d}E}{D_{\mathrm{m}}} \tag{3-14}$$

于是，若已知 $D_{\mathrm{m}} = D_{\mathrm{m}}(E)$，则可以利用式(3－14)预测航程。

航天飞机轨迹设计中通常采用两段二次曲线(用于温度控制)、一段虚拟平衡滑翔、一段常值阻力段以及一段线性能量段,通过上述五段阻力加速度曲线的形状调整来实现航程的调整。这五种曲线的表达式及相应的航程预测解析公式可按照式(3－14)计算。

(2)航程调整方法。

航天飞机的轨迹设计是事先确定初始点距离目标点的航程,然后通过调整上述五段阻力加速度曲线来调整航程,实际的航程调整也可以在线根据当前状态进行。因此,航天飞机的制导本质上是标准轨迹制导与在线标准轨迹更新的结合。航程调整有两种方法:一种是调整整个阻力加速度－速度剖面,并重新根据航程预测公式进行航程设计;另一种是通过调整某一段的航程来实现最终航程目标的调整。

(3)参考升阻比的计算。

当设计好阻力加速度剖面后,就可以计算沿该剖面飞行时的升阻比。对于较小的轨迹倾角来说,有

$$\dot{h} = v\gamma \tag{3-15}$$

于是

$$\ddot{h} = v\dot{\gamma} + \gamma\dot{v} \tag{3-16}$$

假定 $\cos\gamma = 1$,$\gamma^2 = 0$,将轨迹运动方程代入有

$$\ddot{h} = -D_{\mathrm{m}}\frac{\dot{h}}{v} + \left(\frac{v_2}{r} - g\right) + (L/D)D_{\mathrm{m}} \tag{3-17}$$

假定大气密度为

$$\rho = \rho_0 \mathrm{e}^{-\frac{h}{h_{\mathrm{s}}}} \tag{3-18}$$

于是

$$\frac{\dot{\rho}}{\rho} = -\frac{\dot{h}}{h_{\mathrm{s}}} \tag{3-19}$$

而阻力加速度为

$$D_{\mathrm{m}} = \frac{1}{2}\rho v^2 \frac{C_{\mathrm{D}}S}{m} \tag{3-20}$$

式中　C_{D}——阻力系数。

于是

$$\frac{\dot{D}_{\mathrm{m}}}{D_{\mathrm{m}}} = \frac{\dot{\rho}}{\rho} + \frac{2\dot{v}}{v} + \frac{\dot{C}_{\mathrm{D}}}{C_{\mathrm{D}}} \tag{3-21}$$

由式(3－21)可得

$$\dot{h}=-h_{\mathrm{s}}\left(\frac{\dot{D}_{\mathrm{m}}}{D_{\mathrm{m}}}+\frac{2D_{\mathrm{m}}}{v}-\frac{\dot{C}_{\mathrm{D}}}{C_{\mathrm{D}}}\right) \tag{3-22}$$

再对式(3－22)微分有

$$\ddot{h}=-h_{\mathrm{s}}\left(\frac{2\dot{D}_{\mathrm{m}}}{v}+\frac{2D_{\mathrm{m}}^{2}}{v^{2}}+\frac{\ddot{D}_{\mathrm{m}}}{D_{\mathrm{m}}}-\frac{\dot{D}_{\mathrm{m}}}{D_{\mathrm{m}}}+\frac{\dot{C}_{\mathrm{D}}^{2}}{C_{\mathrm{D}}^{2}}-\frac{\dot{C}_{\mathrm{D}}}{C_{\mathrm{D}}}\right) \tag{3-23}$$

将高度的微分与二次微分代入式(3－23)，整理后可得

$$\ddot{D}_{\mathrm{m}}-\dot{D}_{\mathrm{m}}\left(\frac{\dot{D}_{\mathrm{m}}}{D_{\mathrm{m}}}-3\frac{D_{\mathrm{m}}}{v}\right)+\frac{4D_{\mathrm{m}}^{3}}{v^{2}}=-\frac{D_{\mathrm{m}}}{h_{\mathrm{s}}}\left(\frac{v_{2}}{r}-g\right)-\frac{D_{\mathrm{m}}^{2}}{h_{\mathrm{s}}}(L/D)-\frac{\dot{C}_{\mathrm{D}}D_{\mathrm{m}}}{C_{\mathrm{D}}}\left(\frac{\dot{C}_{\mathrm{D}}}{C_{\mathrm{D}}}-\frac{D_{\mathrm{m}}}{v}\right)+\frac{\ddot{C}_{\mathrm{D}}D_{\mathrm{m}}}{C_{\mathrm{D}}} \tag{3-24}$$

注意到上式右端出现升阻比 L/D，利用上式可以求出期望的升阻比。例如，对于阻力加速度－速度二次曲线

$$D_{\mathrm{m}}=C_{1}+C_{2}v+C_{3}v^{2} \tag{3-25}$$

来说，对其微分整理后有

$$\frac{\dot{D}_{\mathrm{m}}}{D_{\mathrm{m}}}=-C_{2}-2C_{3}v \tag{3-26}$$

而高度变化率为

$$\dot{h}_{0}=-\frac{h_{\mathrm{s}}}{v}\left(2C_{1}+C_{2}v-\frac{\dot{C}_{D_{\mathrm{m0}}}v}{C_{D_{\mathrm{m0}}}}\right) \tag{3-27}$$

同时

$$\frac{\ddot{D}_{\mathrm{m}}}{D_{\mathrm{m}}^{2}}=\frac{(C_{2}+2C_{3}v)^{2}}{D_{\mathrm{m}}}+2C_{3} \tag{3-28}$$

将式(3－26)～(3－28)代入含有升阻比 L/D 的式(3－24)中，可以得到，若要实现阻力加速度－速度二次曲线，应满足的参考升阻比为

$$(L/D)_{0}=-\frac{1}{D_{\mathrm{m0}}}\left(\frac{v^{2}}{r}-g\right)-\frac{4h_{\mathrm{s}}C_{1}}{v^{2}}-\frac{h_{\mathrm{s}}C_{2}}{v}-\frac{h_{\mathrm{s}}\dot{C}_{D_{\mathrm{m0}}}}{C_{D_{\mathrm{m0}}}D_{\mathrm{m0}}}\left(\frac{\dot{C}_{D_{\mathrm{m0}}}}{C_{D_{\mathrm{m0}}}}-\frac{D_{\mathrm{m0}}}{v}\right)+\frac{h_{\mathrm{s}}\ddot{C}_{D_{\mathrm{m0}}}}{C_{D_{\mathrm{m0}}}D_{\mathrm{m0}}} \tag{3-29}$$

(4)参考升阻比的跟踪。

航天飞机制导律设计的基本思想是，控制其升阻比在纵向平面的投影等于所选择的由阻力加速度剖面所确定的升阻比。从这种意义上说，航天飞机的参

考轨迹用参考升阻比来描述。利用小偏差线性化,结合比例微分积分控制方法,可以得到升阻比指令为

$$(L/D)_c = (L/D)_0 + f_1(D_m - D_{m0}) + f_2(\dot{h} - \dot{h}_0) + f_4\int(D_m - D_{m0}) \tag{3-30}$$

于是速度滚转角指令可以表示为

$$\sigma_c = \arccos\frac{(L/D)_c}{L/D} \tag{3-31}$$

考虑到攻角变化对轨迹高度的影响,给出如下的速度滚转角指令:

$$\sigma_c = \arccos\frac{(L/D)_c}{L/D} + f_{11}(\alpha - \alpha_0) \tag{3-32}$$

至此,完成了航天飞机的制导设计。从上面的过程可以看到,航天飞机的制导基于解析公式进行轨迹航程预测,存在较大的偏差,阻力加速度剖面设计完成后要转化为沿剖面的期望升阻比,然后设计制导律跟踪期望的升阻比。制导律中含有大量的根据经验确定的系数,需要大量的离线工作才能完成制导设计,缺乏灵活性且耗费人力物力。因此,后来的制导方法针对上述问题进行了相应的改进,主要集中在参考轨迹的设计与轨迹跟踪律的设计两方面。

2. 基于准平衡滑翔原理的制导方法

针对现有轨迹设计方法无法实现在线制导的缺点,通过分析可重复使用运载器轨迹的特点,美国爱荷华州立大学的 Shen Zuojun 和 Lu Ping 提出了基于准平衡滑翔原理的制导方法。该方法将可重复使用运载器的轨迹分为三段:初始下降段、准平衡滑翔段与前能量管理段。在纵向制导中通过引入准平衡滑翔条件,将轨迹约束条件(过载、热流、动压等)转化为对倾侧角的约束,建立倾侧角参数化模型,基于以待飞距离为自变量的轨迹预测公式,通过对倾侧角参数的搜索实现对终端状态的满足。该方法将纵向的轨迹设计问题转化为倾侧角的一维搜索问题,体现了所谓“降维”的设计思想。侧向制导沿用航天飞机的制导思路,采用滚转反向(Bank Reversal)策略,根据飞行器偏离目标点的方位角偏差进行倾侧角符号的判断,以便通过飞行器的滚转调整升力面方向,修正侧向偏差。

为了便于理解该方法,下面首先介绍准平衡滑翔的概念。当飞行器满足平衡滑翔条件后,飞行器轨迹大部分滑翔阶段的轨迹倾角及其变化率约为零。因此,在此假设条件下,忽略地球自转角速率(在此段飞行时,地球角速率已不再是影响轨迹倾角变化的主要因素),将轨迹运动方程组中关于轨迹倾角变化率的

方程

$$\dot{\gamma}=\frac{L_{\mathrm{m}}\cos\sigma}{v}+\left(v^{2}-\frac{1}{r^{2}}\right)\frac{\cos\gamma}{v} \tag{3-33}$$

的左端置零,可得到

$$\frac{L_{\mathrm{m}}\cos\sigma}{v}+\left(v^{2}-\frac{1}{r^{2}}\right)\cos\gamma=0 \tag{3-34}$$

其中,$L_{\mathrm{m}}=L_{\mathrm{m}}(v,r,\alpha(v,r))$是升力加速度。它是速度、地心距离与攻角的函数,而攻角通常可以由事先选定的攻角 - 马赫数剖面确定,马赫数是速度与地心距离的函数,因此,L 是速度与地心距离的函数,式(3 - 34)中仅含有速度、地心距离与倾侧角三个变量,若在飞行器滑翔阶段该等式成立,则给定三个变量中的任意两个变量可以确定第三个变量。由于式(3 - 34)是在一定假设条件下得出的,并非真正意义上的平衡滑翔,因此称其为准平衡滑翔条件。引入准平衡滑翔条件的好处在于可以利用该条件将约束条件(过载、热流、动压等)采用滚转角 - 速度坐标系描述,并基于由该条件引出的轨迹状态量预测公式,结合倾侧角约束设计倾侧角指令,从而得出滑翔参考轨迹。下面,首先介绍轨迹约束条件的倾侧角 - 速度坐标系描述。

飞行走廊通常用 $r-v$ 坐标系描述,而根据准平衡滑翔条件可知,在该条件的约束下,给定 r 与 v 可解算出相应的满足准平衡滑翔条件的 σ。因此,可以采用 $\sigma-v$ 坐标系描述原来的轨迹约束与额外附加的准平衡滑翔约束,即可以利用准平衡滑翔条件,将原本采用地心距离与速度描述的飞行状态约束条件,改写为由滚转角与速度描述的飞行状态约束条件。

采用倾侧角 - 速度坐标系描述轨迹约束的好处在于可直接对轨迹控制量进行约束,便于进行轨迹控制量的设计。尽管有上述好处,单独采用准平衡滑翔条件并不能完全解决轨迹生成问题,因为并非轨迹的所有阶段都满足准平衡滑翔条件。例如,再入窗口通常在再入走廊边界的上面,因此,这一飞行阶段不能借助准平衡滑翔条件来描述其运动特性与轨迹约束;终端能量管理(Terminal Area Energy Management,TAEM)点的轨迹也不能用准平衡滑翔条件来近似,这是因为某些特定的 TAEM 点不一定在再入走廊内,而且 TAEM 段的轨迹倾角不满足近似等于 0。换言之,无法使用准平衡滑翔条件进行全程轨迹的设计。为了解决这一问题,Shen 与 Lu 引入准平衡滑翔阶段的上段(称为初始下降段)及下段(称为前能量管理段),分别对这两段进行轨迹生成方法研究,再结合准平衡滑翔段的轨迹生成方法,即可完成全程的轨迹生成方法研究。下面,首先介绍基于准平衡滑翔原理的轨迹生成方法。

(1)轨迹生成方法。

基于准平衡滑翔原理生成的参考轨迹只是纵向参考轨迹,参考轨迹由参考速度、参考高度、参考轨迹倾角与参考倾侧角描述,上述各量通常表述为飞行器到航向校正圆锥距离 S_{togo}(定义见下文)的函数,而参考攻角由迎角 - 马赫数剖面给定。飞行器的侧向制导沿用航天飞机的制导思路,也即采用滚转反向策略,根据飞行器偏离目标点的方位角偏差进行倾侧角符号的判断,以便通过飞行器的滚转调整升力面的方向,从而修正侧向偏差。

定义飞行器到航向校正圆锥距离 S_{togo} 为飞行器当前位置到航向校正圆锥(Heading Align Cone,HAC)点的地球表面大圆距离,其变化率为

$$\dot{S}_{\text{togo}} = -\frac{v\cos\gamma\cos\Delta\psi}{r} \tag{3-35}$$

式中 $\Delta\psi$——轨迹偏角与飞行器到 HAC 点的视线角之间的偏差。

将飞行器运动方程组中关于速度变化率的方程除以 S_{togo} 的变化率,可得以 S_{togo} 为自变量的速度微分方程,即

$$\frac{\mathrm{d}v}{\mathrm{d}S_{\text{togo}}} = \frac{-1}{\cos\gamma\cos\Delta\psi}\frac{r}{v}\left(-D_{\text{m}} - \frac{\sin\gamma}{r^2}\right) \tag{3-36}$$

此处忽略了地球自转项。注意到 S_{togo} 递减,又由于轨迹的大部分阶段 $\Delta\psi\approx 0$,可以假定 $\Delta\psi=0$,再结合准平衡滑翔阶段轨迹倾角约为 0 的假设,式(3-36)可简化为

$$\frac{\mathrm{d}v}{\mathrm{d}S_{\text{togo}}} = D_{\text{m}}\frac{r}{v} \tag{3-37}$$

采用 $L_{\text{m}}(C_D/C_L)$ 代替式(3-37)中的 D_{m},再将准平衡滑翔条件中的 L_{m} 代入式(3-37),可得

$$\frac{\mathrm{d}v}{\mathrm{d}S_{\text{togo}}} = \left(\frac{1}{r} - v^2\right)\frac{C_D/C_L}{v\cos\sigma} \tag{3-38}$$

由式(3-38)可以发现 $r\approx 1$,C_D/C_L 通常对速度的变化不敏感,因此式(3-38)中 $\cos\sigma$ 是主导项。若倾侧角是速度的函数,给定 S_{togo} 的初值,积分式(3-38)直至前能量管理转移点处的 S_{togo},可以预测前能量管理转移点处的速度大小。换言之,通过调整倾侧角随速度变化的函数 $\sigma(v)$,可以改变在前能量管理转移点处的速度值。从式(3-38)可见,若倾侧角数值小,则速度大小变化得慢。于是,当我们根据前能量管理段的轨迹设计给出了倾侧角 σ_1,又根据初始下降段的轨迹设计给出了倾侧角 σ_2 后,可以采用一个参数来表征准平衡滑翔段的

倾侧角剖面 $\sigma(v)$。根据上面的分析,准平衡滑翔段结束时的终端速度随 σ_{mid} 单调变化,因此,只需调整 σ_{mid} 的数值即可完成准平衡滑翔阶段的轨迹控制量 $\sigma(v)$ 的设计。上述过程在具体操作时,方法如下:

①记初始下降段与前能量管理段为下角标 Dsnd 与 PreTM,记 σ_{mid} 为 v_{PreTM} 与 v_{Dsnd} 之间某个速度处的滚转角值,则 σ_{PreTM}、σ_{mid} 与 σ_{Dsnd} 可以确定一个分段线性的 $\sigma(v)$ 剖面。

②给定 v 与 $\sigma(v)$,可以由准平衡滑翔条件确定 r 的数值。

③根据攻角剖面 $\alpha(Ma)$ 与飞行器模型,可以计算得到 C_D/C_L。

④从 $S_{\mathrm{togo}_{\mathrm{Dsnd}}}$ 到 $S_{\mathrm{togo}_{\mathrm{PreTM}}}$ 对

$$\frac{\mathrm{d}v}{\mathrm{d}S_{\mathrm{togo}}}=\left(\frac{1}{r}-v^2\right)\frac{C_D/C_L}{v\cos\sigma} \tag{3-39}$$

进行积分,可以得到 $v_{\mathrm{PreTM}'}$。

⑤将 $v_{\mathrm{PreTM}'}$ 与 v_{PreTM} 比较,在下一次迭代时更新 σ_{mid} 的数值。由于速度 $v_{\mathrm{PreTM}'}$ 随 σ_{mid} 单调变化,因此,可以采用简单的切线算法对 σ_{mid} 进行迭代,直至满足速度差值的要求,公式如下:

$$\sigma_{\mathrm{mid}}^{i+1}=\sigma_{\mathrm{mid}}^{i}-\frac{\sigma_{\mathrm{mid}}^{i}-\sigma_{\mathrm{mid}}^{i-1}}{v_{\mathrm{PreTM}}^{i}-v_{\mathrm{PreTM}}^{i-1}}(v_{\mathrm{PreTM}}^{i}-v_{\mathrm{PreTM}}) \tag{3-40}$$

⑥轨迹倾角的值通过数值微分得到,给定 r^i 与 r^{i-1},则微分公式为

$$\gamma^i=\arctan\frac{r^i-r^{i-1}}{\mathrm{d}S} \tag{3-41}$$

式中　$\mathrm{d}S$——轨迹积分的步长。

一旦 σ_{mid} 确定,平衡滑翔段的轨迹便确定了。将平衡滑翔段轨迹与初始下降段、终端后向积分段轨迹连接就构成了全程的飞行轨迹。

攻角随航程的变化历程 $\alpha(S_{\mathrm{togo}})$ 可根据设计的 r 与 v,结合攻角剖面 $\alpha(Ma)$ 计算得出。

以上仅完成了纵向参考轨迹的设计,下面介绍纵向参考轨迹的跟踪。

(2)轨迹跟踪方法。

纵向参考轨迹相对于 S_{togo} 给出。因此,将系统微分方程采用 S_{togo} 作为自变量重新改写,以便获得跟踪控制律。

根据 S_{togo} 的定义易知

$$\dot{S}_{\mathrm{togo}}=-\frac{v\cos\gamma\cos\Delta\psi}{r} \tag{3-42}$$

或者

$$dS_{togo} = -\frac{v\cos\gamma\cos\Delta\psi}{r}d\tau \tag{3-43}$$

由于 $\Delta\psi$ 很小，简化式(3-43)，将系统动力学方程除以 $\dot{S}_{togo}$，可以得到

$$r' = r\tan\gamma \tag{3-44}$$

$$v' = -\frac{r}{v\cos\gamma}D_m - \frac{\tan\gamma}{rv} \tag{3-45}$$

$$\gamma' = -\frac{r}{v^2}\left[\frac{L_m\cos\sigma}{\cos\gamma} + \left(v^2 - \frac{1}{r}\right)\frac{1}{r}\right] \tag{3-46}$$

其中，上角标′表示相对于 S_{togo} 的导数。将上述模型线性化，可以得到系统的模型为

$$\begin{bmatrix}\dot{\delta}r' \\ \dot{\delta}v' \\ \dot{\delta}\gamma'\end{bmatrix} = \boldsymbol{A}(S_{togo})\begin{bmatrix}\delta r' \\ \delta v' \\ \delta\gamma'\end{bmatrix} + \boldsymbol{B}(S_{togo})\begin{bmatrix}\delta\alpha \\ \delta\sigma\end{bmatrix} \tag{3-47}$$

$$y = \boldsymbol{C}(S_{togo})\begin{bmatrix}\delta r' \\ \delta v' \\ \delta\gamma'\end{bmatrix} \tag{3-48}$$

式中

$$A(S_{togo}) = \begin{bmatrix} \tan\gamma & 0 & 0 \\ \frac{1}{v\cos\gamma}\left(-rD_r - D_m + \frac{\sin\gamma}{r^2}\right) & \frac{r}{v^2\cos\gamma}\left(-vD_v - D_m + \frac{\sin\gamma}{r^2}\right) & -\frac{1}{v\cos^2\gamma}\left(\frac{1}{r} + rD_m\sin\gamma\right) \\ \frac{1}{v\cos^2\gamma}\left((rL_v + L_m)\cos\sigma + \frac{\cos\gamma}{r^2}\right) & -\frac{r}{v\cos^2\gamma}\left((vL_m v - 2L)\cos\sigma + \frac{2\cos\gamma}{r^2}\right) & \frac{rL_m\cos\sigma\sin\gamma}{v^2\cos^2\gamma} \end{bmatrix} \tag{3-49}$$

$$\boldsymbol{B}(S_{togo}) = \begin{bmatrix} 0 & 0 \\ 0 & -rD_r/v\cos\gamma \\ -rL_m\sin\sigma/v^2\cos\gamma & rL_r\cos\sigma/v^2\cos\gamma \end{bmatrix} \tag{3-50}$$

其中，L_r、L_v、D_r 与 D_v 是升力与阻力加速度相对于 r 与 v 的导数，给定飞行器模型，其值很容易计算得出。

从上面的模型可以看出，系统输出矩阵是

$$\boldsymbol{C}(S_{togo}) = \begin{bmatrix} 1 & 0 & 0 \\ 0 & 1 & 0 \end{bmatrix} \tag{3-51}$$

也即设计控制律时，只显式跟踪 v 与 r。这是因为当二者被跟踪后，$\gamma(S_{togo})$ 可以被自动跟踪，即

$$\frac{dv}{dr} = -\frac{D_m}{v\sin\gamma} - \frac{1}{vr^2} \tag{3-52}$$

于是，轨迹跟踪控制律设计问题，转化为上述系统的镇定问题，可以采用相应的针对线性时变系统的设计方法进行设计。

以上进行了纵向轨迹的设计与跟踪，并没有考虑侧向偏差的修正。

(3)侧向制导方法。

侧向制导通常根据飞行器轨迹偏角与到目标的视线角之间的偏差来改变滚转角的符号，借此调整侧向位置偏差。通常采用一次滚转反向策略进行横向控制。控制量可以写为

$$\sigma_{com} = \text{BANK\_SIGN}(S_{togo}) \cdot [\sigma_{ref}(S_{togo}) + \delta\sigma] \tag{3-53}$$

$$\alpha_{com} = \alpha_{ref}(S_{togo}) + \delta\alpha \tag{3-54}$$

式中 $\delta\alpha$、$\delta\sigma$——轨迹跟踪控制律给出的控制量。

具体设计时，还要考虑滚转反向次数及反向对三维轨迹的影响。Shen 在滚转角符号函数 BANK_SIGN 的确定等方面做了大量的工作。

从上面关于基于准平衡滑翔原理的参考轨迹生成方法的论述可以看到，该方法实际上是对飞行轨迹强加了一个准平衡滑翔约束，然后利用该约束缩小了可行轨迹的范围，从而进一步确定了参考轨迹。在上述研究基础上，Shen 进一步发展了该方法，提出了新的侧向制导逻辑，采用侧程(Crossrange)作为侧向制导关注的变量，而不是以往侧向制导中的方位角(该方法用于航天飞机的制导)，降低了侧向制导误差。在轨迹跟踪方面，Shen 提出基于滚动时域优化的轨迹跟踪律设计方法，在美国航空航天局的可重复使用运载器制导控制仿真分析工具 MAVERIC 上的仿真结果表明了该方法的有效性。

(4)基于阻力加速度－能量剖面的制导方法。

针对航天飞机制导方法在轨迹设计时未考虑纵向与侧向耦合的空间运动特性、轨迹跟踪控制律设计过程与形式复杂、参数确定依赖于经验公式等缺点，Mease 及其合作者发展了航天飞机的制导方法，提出了改进的加速度制导逻辑(Evolved Acceleration Guidance Logic for Entry，EAGLE)。该方法是基于阻力加速度－能量剖面设计轨迹的制导方法，将运动方程进行适当变形，采用以飞行器单位质量能量为自变量的运动方程组进行轨迹设计，考虑三维空间轨迹设计问题，将轨迹设计分解为轨迹长度与轨迹曲率两个子问题。

基于阻力加速度－能量剖面的制导方法的设计过程可以概括为：在阻力－能量剖面定义的飞行走廊中，基于阻力－能量曲线给出轨迹预测公式；给定一个轨迹长度的初始估计值，在阻力－能量剖面内，设计满足该长度的阻力－能量曲线，也即求解轨迹长度子问题；利用该阻力－能量曲线，计算沿该曲线飞行时所需的侧向加速度指令，并得出轨迹偏角与侧程的预测值，也即求解轨迹曲率子问题；利用二者的预测值，同时结合已知的阻力－能量曲线预测飞行器的纵程，若纵程的预测值满足期望的纵程要求则停止算法并给出相应的阻力－能量曲线作为参考曲线，否则，调整轨迹长度的估计值，重复上述过程，直至满足要求为止。下面，具体介绍该方法的主要思想。

与基于准平衡滑翔原理的参考轨迹生成方法类似，基于阻力加速度－能量剖面的参考轨迹生成方法也不是采用质心运动方程直接进行轨迹设计，而是采用以单位质量飞行器的能量

$$E = v^2/2 - \mu/r \tag{3-55}$$

为自变量的运动方程组，即

$$\theta' = -\frac{\cos\gamma\cos\psi}{r\cos\varphi_s}\frac{1}{D_m} \tag{3-56}$$

$$\varphi' = -\frac{\cos\gamma\sin\psi}{r}\frac{1}{D_m} \tag{3-57}$$

$$r' = -\sin\gamma\frac{1}{D_m} \tag{3-58}$$

$$\psi' = -\frac{\cos\psi\tan\varphi_s\cos\gamma}{r}\frac{1}{D_m} + \frac{1}{v^2\cos\gamma}\frac{L_m\sin\sigma}{D_m} + C_\psi \tag{3-59}$$

$$\gamma' = \left(g - \frac{v^2}{r}\right)\frac{\cos\gamma}{v^2}\frac{1}{D_m} - \frac{1}{v^2}\frac{L_m\cos\sigma}{D_m} + C_\gamma \tag{3-60}$$

式中

$$L_m = \frac{1}{2}\rho(r)v^2\frac{A}{m}C_L(\alpha, Ma) \tag{3-61}$$

$$D_m = \frac{1}{2}\rho(r)v^2\frac{A}{m}C_D(\alpha, Ma) \tag{3-62}$$

假设大气密度满足下式：

$$\rho(r) = \rho_0 e^{-(r-r_0)/h_s} \tag{3-63}$$

地球自转引起的科氏力为

$$C_\psi = -\frac{2\Omega}{vD_m}(\tan\gamma\sin\psi\cos\varphi_s - \sin\varphi_s) \tag{3-64}$$

$$C_{\gamma} = -\frac{2\Omega}{vD_{\mathrm{m}}}\cos\psi\cos\varphi_{\mathrm{s}} \tag{3-65}$$

注意，此处为了设计的简便，该方法将地心大地直角坐标系按照自西向东的顺序旋转，使得纬度为 0 的大圆包含飞行器初始点与目标点，这样旋转后所得的坐标系称为制导坐标系，此时经度可以理解为纵程，而纬度可以理解为横程。

基于阻力加速度 - 能量的轨迹生成方法首先确定一个攻角 - 能量剖面，然后将轨迹生成问题转化为轨迹长度与轨迹曲率两个子问题。

①轨迹长度子问题。轨迹长度子问题中采用基于能量的航程预测公式

$$S = -\int \frac{1}{D_{\mathrm{m}}}\mathrm{d}E \tag{3-66}$$

进行航程的预测。该方法采用三段阻力加速度 - 能量线性函数来设计阻力加速度 - 能量曲线，从而调整飞行器轨迹的长度。然而实际飞行轨迹是一条曲线，有其曲率，因此，飞行器飞行的纵程

$$R = -\int \frac{\cos\psi}{D_{\mathrm{m}}\cos\varphi_{\mathrm{s}}}\mathrm{d}E \tag{3-67}$$

受轨迹偏角与横程（纬度）的影响，要比轨迹长度 S 短，故为满足纵程要求，需要修正 S 的预测值。于是，引出轨迹曲率子问题。

②轨迹曲率子问题。该问题旨在确定与轨迹长度子问题给出的阻力加速度剖面相协调的侧向加速度剖面，以便满足最终的期望横程。将阻力加速度方程

$$D_{\mathrm{m}} = \frac{1}{2}\rho(r)v^2\frac{A}{m}C_D(\alpha, M) \tag{3-68}$$

微分两次，整理后可得

$$(L/D)\cos\sigma = \frac{1}{b}(D'' - a) \tag{3-69}$$

式中

$$a = D_{\mathrm{m}}\left(\frac{C''_D}{C_D} - \frac{C'^2_D}{C^2_D}\right) + \left(\frac{C'^2_D}{C_D} + \frac{2}{v^2}\right) - \frac{4D_{\mathrm{m}}}{v^4} + \frac{1}{D_{\mathrm{m}}v^2}\left(\frac{1}{h_{\mathrm{s}}} + \frac{2g}{v^2}\right)\left(g - \frac{v^2}{r}\right) + \left(\frac{1}{h_{\mathrm{s}}} + \frac{2g}{v^2}\right)C_{\gamma} \tag{3-70}$$

$$b = -\frac{1}{v^2}\left(\frac{1}{h_{\mathrm{s}}} + \frac{2g}{v^2}\right) \tag{3-71}$$

考虑到攻角 - 能量剖面已事先确定，则升阻比随能量的变化已定。因此，为跟踪阻力加速度需要的滚转角为

$$\sigma = \arccos\left[\frac{D_{\mathrm{m}}}{bL_{\mathrm{m}}}(D'' - a)\right] \tag{3-72}$$

上式中，滚转角的范围是 $0 \leqslant \sigma \leqslant \pi$，这意味着侧向加速度 $L_m \sin\sigma$ 的幅值 $|L_m \sin\sigma|$ 由纵向参考阻力加速度确定，但是，符号却不由纵向制导决定。于是，滚转角的符号可以用来改变飞行器的航向与横程剖面（也即横向机动飞行）。滚转角符号的确定采用如下方法：积分关于航迹偏角与纬度的微分方程，搜索滚转角反号的能量点以消除横程（本方法中是指纬度 φ_s）偏差。在进行滚转角反号计算时，应考虑以最大允许滚转角速率进行反转，而不是假定瞬间转移。

由于轨迹是弯曲的，可能会有较大的横程机动，采用纵程来近似轨迹长度是不合适的。于是轨迹长度的确定需要采用迭代过程，步骤如下：

①假定 R_d 是飞行器当前位置与目标点之间的纵程，首先，选择一个轨迹长度的初始猜测值 S_1，求解轨迹长度子问题，获得初始阻力剖面，转第②步。

②利用①中所得阻力剖面，求解轨迹曲率子问题，给出轨迹偏角与纬度，同时计算在该阻力剖面作用下的纵程 R_1，转第③步。

③调整轨迹长度 $S_{i+1} = S_i + (R_d - R_i)$（$i$ 为进入循环的次数），求解轨迹长度子问题，更新阻力剖面，转第④步。

④如果 $R_d - R_1$ 足够小，也即轨迹长度无须再调整，则程序结束，否则跳至第②步。

以上介绍的是 Mease 等人在轨迹设计方面的工作。在轨迹跟踪方面，Mease 等人利用反馈线性化、滑动模态变结构以及非线性预测控制等方法，以滚转角为控制量设计相应的阻力 - 能量曲线跟踪控制律，在美国航空航天局的可重复使用运载器制导控制仿真分析工具 MAVERIC 上的仿真结果表明了该方法的有效性。

3.2.2 预测校正制导方法

与标准轨迹制导方法不同，预测校正制导方法不产生标准轨迹，而是着眼于每个制导周期内，轨迹的预测值与期望终端状态之间的偏差，利用该偏差产生相应的控制作用，控制飞行的终端状态满足期望要求，因其制导过程中需要预测飞行轨迹，控制作用通常是通过修正控制量参数而实现，故称之为预测校正制导方法。

预测校正制导方法的制导精度较标准轨迹制导方法高，但是该方法存在计算量大的缺点。对此，一些学者通过简化其设计模型、减少考虑的轨迹约束量等角度出发，对预测校正制导方法进行了相应的改进。预测校正制导方法的主要研究内容是轨迹控制量参数化模型的建立、轨迹状态及约束量的预测以及轨迹控制量参数化模型的校正。下面分别对上述内容进行介绍。

1. 轨迹控制量参数化模型的建立

通过分析近空间内高超声速飞行器运动方程可以发现，影响轨迹状态变化的关键量是轨迹控制量攻角与滚转角。因此，如果这两个量的变化历程已知，轨迹便确定了，于是轨迹设计问题便转换为如何设计攻角与滚转角剖面的问题。通常情况下，飞行器在高空高速飞行时应采用大攻角飞行以便实现尽快减速、降低防热系统的负担，而在后续速度降低之后的阶段再采用大攻角飞行会造成轨迹的振荡且不利于与后续飞行阶段的衔接，因此，通常将攻角剖面表示为如下的速度的函数，这样攻角剖面被参数化为三个参数（α_{N_1}，α_{N_2}，v_1）表示的攻角模型：

$$\alpha=\begin{cases}\alpha_{N_1} & (v\leqslant v_1)\\ \alpha_{N_2}+\dfrac{v-v_f}{v_1-v_f}(\alpha_{N_1}-\alpha_{N_2}) & (v>v_1)\end{cases}\tag{3-73}$$

式中　v_f——期望的终端速度。

当然，式（3-73）也不是攻角模型的唯一形式，可以根据具体问题对攻角的参数化模型进行设计。

与攻角参数化模型的建立方法同理，可以建立倾侧角的参数化模型。为简单起见，假定倾侧角参数化模型为倾侧角与速度的线性化模型，即

$$\sigma=\begin{cases}\sigma_d & (v\leqslant v_2)\\ \sigma_d\dfrac{v-v_2}{v_f-v_2} & (v>v_2)\end{cases}\tag{3-74}$$

式中　σ_d、v_2——待确定的参数。

值得指出的是，上述参考模型的建立可以有多种方式，自变量也不一定取为速度，也可以取为能量等，这要根据具体问题具体分析。

2. 轨迹状态及约束量的预测

轨迹状态预测精度直接影响预测器-校正器方法的制导精度。轨迹状态预测通常基于较为精确的质心运动方程。从初始状态开始，结合轨迹控制量的参数化模型及其初始设定值，对质心运动方程积分，直至期望的终端状态，这样就完成了一次轨迹状态预测。通常情况下，选取速度或者能量作为质心运动方程的自变量，因此，需要将质心运动微分方程组转化为随速度或者能量变化的微分方程组，然后对该方程组进行积分。利用轨迹状态的预测结果，可以结合轨迹约束量的预测公式，对各种轨迹约束量（如热流、过载等）进行预测。

3. 轨迹控制量参数化模型的校正

轨迹终端预测值与期望值之间的偏差校正采用校正轨迹控制量来实现。假定期望消除轨迹终端高度与航程偏差,主要通过改变滚转角参数化模型中的参数来实现。则轨迹控制量的校正步骤如下:

(1) 给定轨迹控制量参数化模型中参数的初始猜测值 v_{20} 与 σ_{d0},设定飞行器的初始状态。

(2) 从初始状态开始积分质心运动方程组,对轨迹状态进行预测,直至到达期望速度或者能量为止,存储此时的终端轨迹高度与航程数值,并计算二者与期望状态之间的偏差 h_{error} 与 R_{error}。若偏差在容许的范围内,则输出参考轨迹并结束程序,否则,继续下一步。

(3) 在轨迹控制量参数化模型中的各个参数的初始值基础上分别加入小的扰动 δv_2 与 $\delta\sigma_d$,然后分别预测在小的参数扰动作用下,终端轨迹高度与航程的数值。

(4) 将每个扰动作用后的终端轨迹高度与航程变化存储,并计算二者与未扰动时的终端轨迹高度与航程的偏差,分别记为$\dfrac{\delta h_{error}}{\delta v_2}$、$\dfrac{\delta h_{error}}{\delta\sigma_d}$、$\dfrac{\delta R_{error}}{\delta v_2}$与$\dfrac{\delta R_{error}}{\delta\sigma_d}$。

(5) 利用上述计算结果,构造如下线性方程组:

$$\begin{bmatrix} \dfrac{\delta h_{error}}{\delta v_2} & \dfrac{\delta h_{error}}{\delta\sigma_d} \\ \dfrac{\delta R_{error}}{\delta v_2} & \dfrac{\delta R_{error}}{\delta\sigma_d} \end{bmatrix} \begin{bmatrix} \Delta v_2 \\ \Delta\sigma \end{bmatrix} = \begin{bmatrix} -h_{error} \\ -R_{error} \end{bmatrix} \tag{3-75}$$

(6) 求解上述方程组,得出的 Δv_2 与 $\Delta\sigma$ 即为轨迹控制量模型参数的校正量。

(7) 将校正后的轨迹控制量 $v_{21}=v_{20}+\Delta v$ 与 $\delta\sigma_{d1}=\delta\sigma_{d0}+\Delta\sigma$ 作为输入,积分质心方程组,得到终端轨迹高度与航程的预测值,若二者与期望值的偏差 h_{error} 与 R_{error} 在容许的范围之内,则输出参考轨迹并结束程序,否则重新从(3)开始。

以上是预测-校正制导方法的主要思想。从中可以看到,采用该方法求解一次轨迹控制量参数化模型参数的校正量需要对全过程轨迹积分三次,而为消除最终的状态偏差,有时并非校正一次参数就行,因此,需要较大的运算量。另外,采用该方法时,为实现 n 个终端状态约束,需选取 n 个可校正的轨迹控制量的参数,这也限制了该方法所能处理的约束个数,因为约束越多意味着计算量越大。同时,该方法在进行滚转角参数化模型建立以及参数校正量求取的过程中,并未考虑轨迹的各种路径约束(如热流、过载等)。因而,预测校正方法能否有效的关键包括轨迹控制量参数化模型的建立、轨迹预测模型的建立及轨迹预测算法的有效性、参数校正算法的高效性及收敛性以及如何考虑路径约束。为此要将该方法推向实用,还需开展以下几方面的研究:

(1)轨迹预测模型的研究。

(2)轨迹预测算法的研究。

(3)轨迹控制量参数校正算法的研究。

(4)考虑路径约束的预测器－校正器方法研究。

3.3 可达区域计算方法

可达区域是指从再入初始状态点(指定的位置和速度)开始,在满足飞行过程约束(如过载、热流和动压)的条件下,当飞行状态满足终端条件要求(如高度和速度)时,飞行器的飞行轨迹终点在地面上所有可能的投影所组成的区域。期望终端轨迹只能在可达区域范围内,为进一步阐述可达区域的计算方法,给出三个与可达区域相关的定义:纵程、侧程与航程。假设地球为圆球,发射点为 O_g,目标点为 T,实际飞行结束点与地球表面的交点为 T'(称为终点),记上述三点的经纬度分别为 $T(\lambda_T,\varphi_T)$、$O_g(\lambda_g,\varphi_g)$ 与 $T'(\lambda_{T'},\varphi_{T'})$,如图 3－3 所示。

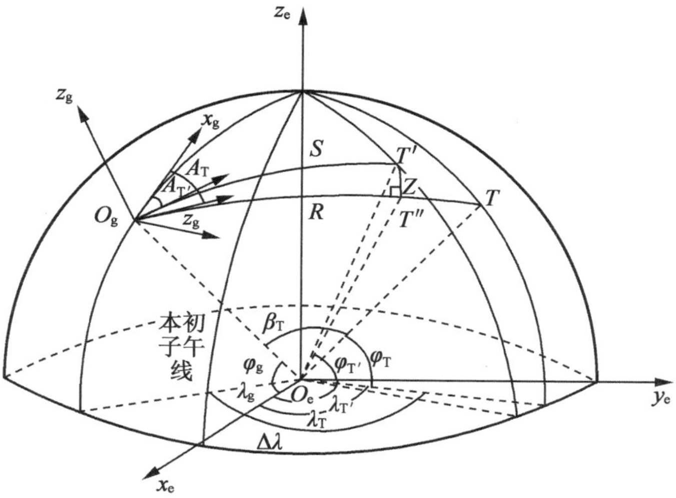

图 3－3 侧程的定义与计算

过点 T' 作 $T'T''$ 垂直于 O_gT，交点为 T''，称 O_gT'' 为从发射点 O_g 飞过的纵向距离，简称为纵程 R；称 $T'T''$ 为偏离射向 O_gT 的侧向距离，简称为侧程 Z；同时记沿大圆弧 O_gT' 的距离为 S，称为航程；$\Delta\lambda$ 表示目标点的经度；β_T 表示目标点与发射点间的圆弧角度。假设过点 O_g 的大圆弧 O_gT 的切线与发射点处正北方向的夹角为 A_T，过点 O_g 的大圆弧 O_gT' 的切线与发射点处正北方向的夹角为 $A_{T'}$，并且用地心矢径度量 Z、R 与 S，则根据球面几何学，侧程、纵程与航程的计算公式为

$$\begin{cases}\sin Z = \sin S\sin(A_{T'} - A_T)\\ \cos R = \dfrac{\cos S}{\cos Z}\\ \cos S = \sin\varphi_g\sin\varphi_{T'} + \cos\varphi_g\cos\varphi_{T'}\cos\Delta\lambda'\end{cases} \tag{3-76}$$

式中

$$\sin A_{T'} = \frac{\cos\varphi_{T'}\sin\Delta\lambda'}{\sin S}$$

$$\cos A_{T'} = \frac{\sin\varphi_{T'} - \sin\varphi_0\cos S}{\cos\varphi_0\sin S}$$

$$\sin A_T = \frac{\cos\varphi_T\sin\Delta\lambda}{\sin\beta_T}$$

$$\cos A_T = \frac{\sin\varphi_T - \sin\varphi_0\cos\beta_T}{\cos\varphi_0\sin\beta_T}$$

$$\cos\beta_T = \sin\varphi_g\sin\varphi_T + \cos\varphi_g\cos\varphi_T\cos\Delta\lambda$$

$$\Delta\lambda = \lambda_T - \lambda_g$$

$$\Delta\lambda' = \lambda_{T'} - \lambda_g$$

目前，关于可达区域计算的研究思路大多是将该问题转化为可达区域边界计算问题，再将问题转化为给定纵程条件下的最大侧程计算问题，通过求取最大侧程轨迹终点对应的地面投影获得可达区域边界上的点，然后将这些点连接后构成可达区域边界。然而，采用这种方法计算得到的可达区域并未覆盖到最大纵程和最小纵程所对应的轨迹终点的地面投影。由典型的可达区域可见，可达区域的边界包括最大纵程、最小纵程、最大侧程以及给定纵程条件下的最大侧程等四种轨迹终点所对应的地面投影，若在可达区域边界计算的过程中仅计算给定纵程条件下的侧程，则将忽略其他三种轨迹的投影，从而缩小了可达区域的范围。因此，可达区域的计算应包括四类边界点的计算，也就是多约束条件下的最大纵程、最大横程以及最小纵程的轨迹优化问题，也就是多约束条件下的最优轨

迹设计问题。其中,纵程最大轨迹设计问题的性能指标是飞行器飞行的纵向航程最大,其余类推。在此基础上,将轨迹优化问题转化为含轨迹约束的最优控制问题,采用数值解法给出最优解。通过建立控制量的参数化模型,进一步将最优控制问题转化为参数优化问题。得到最优轨迹后,将计算得到的轨迹终点连接到一起,所围成的区域即可认为是可达区域。

3.4 助推滑翔飞行器再入滑翔轨迹规划方法

3.4.1 基于 hp - 自适应伪谱法的再入轨迹优化

1. 最优控制问题的数学描述

最优控制问题通常包含系统的数学模型、系统的边界条件与目标集、容许控制和性能指标,下面分别予以介绍。

(1)系统的数学模型。

定义系统的运行时域为$[t_0,t_f]$,受控系统的数学模型可以描述为

$$\dot{\boldsymbol{x}}(t)=f[\boldsymbol{x}(t),\boldsymbol{u}(t),t] \quad (t\in[t_0,t_f]) \tag{3-77}$$

式中 $\boldsymbol{x}$——系统的状态向量,且$\boldsymbol{x}\in\mathbf{R}^n$;

$\boldsymbol{u}$——控制向量,且$\boldsymbol{u}\in\mathbf{R}^m$。

如若已经通过各种方式获得控制律$\boldsymbol{u}(t)$,则在已知确定的初始状态量的情况下,式(3-77)所示的状态方程将会获得唯一解$\boldsymbol{x}(t)$。

(2)系统的边界条件与目标集。

系统的运动是系统从状态方程的一个状态转移到另一个状态的过程,其运动的轨迹在状态空间中就会形成一条轨迹线$\boldsymbol{x}(t)$,则$\boldsymbol{x}(t)$上边界值为此受控制系统的初始状态和末端状态。可将目标集概括为

$$\boldsymbol{\psi}[\boldsymbol{x}(t_f),t_f]=0 \tag{3-78}$$

式中,$\boldsymbol{\psi}\in\mathbf{R}^r$,$r\leqslant n$;$\boldsymbol{x}(t_f)\in\boldsymbol{\psi}(\cdot)$。其中$\boldsymbol{x}(t_f)$代表系统的终端状态量,且$\boldsymbol{\psi}(\cdot)$根据其终端状态量是否固定有不同的表述形式,应具体问题具体分析。

(3)容许控制(控制约束)。

根据受控系统中控制量是否受限制可以将受控系统的控制量分为闭集与开集,若受控系统的控制域属于某一闭合集合,假设控制量是m维控制空间中的某一个闭点集,则凡是在闭点集中取值且连续的控制均为容许控制。

(4)性能指标。

性能指标即代价函数，是求解最优控制问题的重点所在。在实际最优控制问题中，不同的性能指标优化出的结果是完全不同的，并且性能指标直接决定了最优控制问题是否有最优解，因此针对不同的问题，应具体分析。

为更加直观地了解最优控制问题，将上述内容概括为

$$\dot{\boldsymbol{x}}(t)=f[\boldsymbol{x}(t),\boldsymbol{u}(t),t]\quad(t\in[t_0,t_{\mathrm{f}}]),\quad \boldsymbol{x}(t_0)=\boldsymbol{x}_0 \tag{3-79}$$

式中　$f(\boldsymbol{x},\boldsymbol{u},t)$——$\boldsymbol{x}(t)$、$\boldsymbol{u}(t)$和时间 t 的连续向量函数，$f(\boldsymbol{x},\boldsymbol{u},t)\in\mathbf{R}^n$，且对 $\boldsymbol{x}(t)$和时间 t 连续可微，控制量属于有界闭集。

则问题转化为求解控制向量 $\boldsymbol{u}^*(t)$使得受控系统从原始状态转移到终止状态，同时使目标函数

$$J=\varphi^*[\boldsymbol{x}(t_{\mathrm{f}}),t_{\mathrm{f}}]+\int_{t_0}^{t_{\mathrm{f}}}L^*[\boldsymbol{x}(t),\boldsymbol{u}(t),t]\mathrm{d}t \tag{3-80}$$

取得极值，并满足以下约束条件：

动力学约束

$$f_{\mathrm{l}}\leqslant f[\dot{\boldsymbol{x}}(t),\boldsymbol{x}(t),\boldsymbol{u}(t),t]\leqslant f_{\mathrm{u}} \tag{3-81}$$

如果上式中的上下边界值相等，则上述不等式约束就可以转换为等式约束

$$f[\dot{\boldsymbol{x}}(t),\boldsymbol{x}(t),\boldsymbol{u}(t),t]=0 \tag{3-82}$$

边界约束条件

$$B_{\mathrm{ol}}\leqslant B[\boldsymbol{x}(t_0),\boldsymbol{u}(t_0),t_0]\leqslant B_{\mathrm{ou}} \tag{3-83}$$

$$B_{\mathrm{fl}}\leqslant B[\boldsymbol{x}(t_{\mathrm{f}}),\boldsymbol{u}(t_{\mathrm{f}}),t_{\mathrm{f}}]\leqslant B_{\mathrm{fu}} \tag{3-84}$$

式中　B_{ol}、B_{ou}——初始时刻的上、下边界值；

B_{fl}、B_{fu}——终止时刻的上、下边界值。

路径约束

$$C_{\mathrm{l}}\leqslant C[\boldsymbol{x}(t),\boldsymbol{u}(t),t]\leqslant C_{\mathrm{u}} \tag{3-85}$$

式中　C_{l}、C_{u}——路径约束的上、下边界值。

控制变量与状态变量的边界约束

$$\begin{bmatrix}\boldsymbol{x}_{\mathrm{l}}\\ \boldsymbol{u}_{\mathrm{l}}\end{bmatrix}\leqslant\begin{bmatrix}\boldsymbol{x}(t)\\ \boldsymbol{u}(t)\end{bmatrix}\leqslant\begin{bmatrix}\boldsymbol{x}_{\mathrm{u}}\\ \boldsymbol{u}_{\mathrm{u}}\end{bmatrix} \tag{3-86}$$

2. 高斯伪谱法求解最优控制问题

采用高斯伪谱法求解最优控制问题时，通过将普通的连续最优控制问题转换为非线性规划问题(Nonlinear Programming，NLP)，再利用已经发展十分成熟的 SNOPT 和 IPOPT 软件来求解非线性规划问题。通过前面对最优控制问题的描

述，结合高斯伪谱法的取点与使用规则，可以得到高斯伪谱法求解最优控制问题的基本步骤大体分为两个部分来进行：首先进行时域的转换；之后将最优控制问题离散化，转换为 NLP 问题进行求解。

对于一般的最优控制问题，其基本描述如前所示，若受控系统的时域为 $t \in [t_0, t_f]$，而高斯伪谱法规定的时间区域为 $\tau \in [-1, 1]$，故必须进行时域转换，通过下式将原最优控制问题时间区域映射到伪谱法可使用的时域：

$$\tau = \frac{2t}{t_f - t_0} - \frac{t_f + t_0}{t_f - t_0} \tag{3-87}$$

$$t = \frac{t_f - t_0}{2}\tau + \frac{t_f + t_0}{2} \tag{3-88}$$

原最优控制问题经过转换后可表示为

$$J = \varphi[\boldsymbol{X}(t_f), t_f] + \frac{t_f - t_0}{2}\int_{-1}^{1} \zeta[\boldsymbol{X}(\tau), \boldsymbol{U}(\tau), \tau; t_0, t_f] \tag{3-89}$$

$$\frac{\mathrm{d}\dot{\boldsymbol{X}}}{\mathrm{d}\tau} = \frac{t_f - t_0}{2} F[\boldsymbol{X}(\tau), \boldsymbol{U}(\tau), \tau; t_0, t_f] \tag{3-90}$$

$$\boldsymbol{X}(\tau) = \boldsymbol{x}\left(\frac{t_f - t_0}{2}\tau + \frac{t_f + t_0}{2}\right) \tag{3-91}$$

$$\boldsymbol{U}(\tau) = \boldsymbol{u}\left(\frac{t_f - t_0}{2}\tau + \frac{t_f + t_0}{2}\right) \tag{3-92}$$

通过变换式(3-89)~(3-92)，同理可得到关于路径约束、状态约束、控制量约束等表示形式。

高斯伪谱法是利用全局多项式来近似逼近状态量与控制量的，首先利用 N 阶拉格朗日多项式的根$(\tau_1, \tau_2, \cdots, \tau_k)$和 $\tau_0 = 1$ 作为配置节点，为了进一步逼近受控系统的状态变量，需构造 $N+1$ 个拉格朗日插值多项式$L_i(\tau)$，有

$$\boldsymbol{X}(\tau) \approx \overline{\boldsymbol{X}}(\tau) = \sum_{i=0}^{N} L_i(\tau)\overline{\boldsymbol{X}}(\tau_i) \tag{3-93}$$

同理，可以构造 N 个拉格朗日插值多项式 $L_i(\tau)$来近似系统的控制变量，即

$$\boldsymbol{U}(\tau) \approx \overline{\boldsymbol{U}}(\tau) = \sum_{j=1}^{N} L_j(\tau)\overline{\boldsymbol{U}}(\tau_j) \tag{3-94}$$

可以对状态变量关于 τ 进行求导，得到状态变量的导数，即

$$\dot{\boldsymbol{X}}(\tau) \approx \dot{\overline{\boldsymbol{X}}}(\tau) = \sum_{i=0}^{N} \dot{L}_i(\tau)\overline{\boldsymbol{X}}(\tau_i) \tag{3-95}$$

则每个插值多项式在拉格朗日点上的导数均可由微分近似矩阵表示，即

$$D_{ki} = \dot{L}_i(\tau_k) = \sum_{i=0}^{N} \frac{\prod_{j=0,j\neq i,k}^{N} \tau_k - \tau_j}{\prod_{j=0,j\neq i}^{N} \tau_i - \tau_j} \quad (i,j,k = 0,1,2,\cdots,N) \tag{3-96}$$

则受控系统的动力学微分方程式在每个 τ_k 节点处可以离散转换为

$$\dot{X}(\tau_k) = \dot{\overline{X}}(\tau_k) = \sum_{i=0}^{N} \dot{L}_i(\tau_k)\overline{X}(\tau_i) = \sum_{i=0}^{N} D_{ki}\overline{X}(\tau_i) = \frac{t_f - t_0}{2}F[X(\tau_k), U(\tau_k), \tau_k] \tag{3-97}$$

综上所述,可将最优控制问题相应地转换为 NLP 问题。其中,微分方程约束如式(3-97)所示,目标函数为

$$J = \varphi[X(t_f), t_f] + \frac{t_f - t_0}{2}\sum_{k=0}^{N}\omega_k \zeta[X_k, U_k, \tau_k; t_0, t_f] \tag{3-98}$$

其他约束为

$$C_l \leqslant C[X_k, U_k, \tau_k; t_0, t_f] \leqslant C_u \quad (k=0,1,2,\cdots,N) \tag{3-99}$$

$$\begin{bmatrix} X_l \\ U_l \end{bmatrix} \leqslant \begin{bmatrix} X_k \\ U_k \end{bmatrix} \leqslant \begin{bmatrix} X_u \\ U_u \end{bmatrix} \quad (k=0,1,2,\cdots,N) \tag{3-100}$$

$$B_{ol} \leqslant B[X_0, X_N, t_f - t_0] \leqslant B_{ou} \tag{3-101}$$

3. hp - 自适应伪谱法

如前所述,伪谱法使用一系列的正交多项式函数将状态变量进行近似,在划分的时间区间和一定的配置点上将微分方程离散化,形成 NLP 问题,然后利用现有的求解 NLP 问题工具箱进行求解。比如使用最广泛的 hp - 自适应伪谱法,针对轨迹优化问题,使用 GPOPS - Ⅱ工具箱对带约束的轨迹优化问题进行离散化,之后使用 NLP 问题求解器 SNOPT 对离散后的问题进行求解。

早期对于直接配点法的研究是通过所谓的 h 方法求解最优控制问题。h 方法使用固定阶数(二阶或者三阶)的多项式函数对状态变量进行离散化,并将最优控制问题划分为多个时间网格区间,数值离散化的收敛性通过增加网格区间的数目来获得。

相对于 h 方法,高斯伪谱法和朗道伪谱法等伪谱法使用固定的网格区间,通过增加多项式的阶数 p 来收敛,因此被称为 p 方法。p 方法有以下缺点:①对于平滑问题,需要高阶的全局多项式来获取较高的近似精度,而对于非平滑问题,收敛速率较慢,即便是使用了高阶的全局多项式,近似效果也不好;②使用高阶全局多项式会导致离散化后的 NLP 问题维数激增,难以求解。

为了解决 p 方法伪谱法的缺点，产生了 hp－自适应伪谱法，它联合 h 方法和 p 方法的优点，首先将最优控制问题离散化，然后根据一定的判据来自主决定进行网格区间重新划分或是增加多项式的阶数来求解 NLP 问题。hp－自适应伪谱法允许被分区间的长度和基函数的阶次在迭代过程中进行自适应改变，以满足用户对精度的需求。本节主要在 Gauss 伪谱法的基础之上，讨论 hp－自适应伪谱法的迭代准则和迭代流程。

假设整个受控系统的飞行轨迹在时间间隔上被划分为 N 个单元，则任意单元 $n\in[1,2,\cdots,N]$ 所对应的时间区间应为 $[t_{n-1},t_n]$，并且 K_n 表示在单元 n 上的配点数目。hp－自适应伪谱法的迭代准则可以通过每两个配点之间中点 $\bar{t}_i$ 处状态变量和控制变量满足系统动力学方程的约束程度来决定，其中

$$\bar{t}_i=\frac{t_i+t_{i+1}}{2}\quad (i=1,2,\cdots,K_n-1) \tag{3-102}$$

在此基础上，可以通过拉格朗日插值多项式来近似得到每一个 $\bar{t}_i$ 处受控系统的状态变量与控制变量。假设

$$\bar{\boldsymbol{X}}=[\boldsymbol{X}(\bar{t}_1),\cdots,\boldsymbol{X}(\bar{t}_{K_n-1})]^{\mathrm{T}}\in\mathbf{R}^{(K_n-1)\times n} \tag{3-103}$$

$$\bar{\boldsymbol{U}}=[\boldsymbol{U}(\bar{t}_1),\cdots,\boldsymbol{U}(\bar{t}_{K_n-1})]^{\mathrm{T}}\in\mathbf{R}^{(K_n-1)\times m} \tag{3-104}$$

通过上式可以得到 n 个关于系统的状态变量和 m 个控制变量，再通过微分近似矩阵可以得到系统的中点残差矩阵应为

$$\boldsymbol{R}=\left|\bar{\boldsymbol{D}}\,\bar{\boldsymbol{X}}-\frac{t_n-t_{n-1}}{2}F(\bar{\boldsymbol{X}},\bar{\boldsymbol{U}},\boldsymbol{\tau};t_{n-1},t_n)\right|\in\mathbf{R}^{(K_n-1)\times n} \tag{3-105}$$

式中，$|\cdot|$ 表示对矩阵 $\boldsymbol{R}$ 中所有元素都取绝对值，则矩阵 $\boldsymbol{R}$ 中的每一个元素代表系统的动力学方程组在中点处的残差。进一步取矩阵 $\boldsymbol{R}$ 中每行最大的元素，并将其重新组成新的列向量，具体可表示为

$$\boldsymbol{r}=[r(\bar{t}_i),\cdots,r(\bar{t}_{K_n-1})]^{\mathrm{T}} \tag{3-106}$$

通过对式(3－106)取均值可得

$$\bar{r}=\frac{\sum_{i=1}^{K_n-1}r(\bar{t}_i)}{K_n-1} \tag{3-107}$$

进一步可得

$$\boldsymbol{\beta}=[\beta(\bar{t}_i),\cdots,\beta(\bar{t}_{K_n-1})]^{\mathrm{T}}=\left[\frac{r(\bar{t}_i)}{\bar{r}},\cdots,\frac{r(\bar{t}_{K_n-1})}{\bar{r}}\right]^{\mathrm{T}} \tag{3-108}$$

hp－自适应伪谱法的核心思想就是确定如何进行分段，分段的条件应该是什么，以及如何确定基函数阶次。不同的算法，其优化出的结果可能会存在些许不同，因此精度上也会出现差异。这里通过总结，并参考一些文献后，决定制定如下准则作为 hp－自适应伪谱法的迭代准则：如果向量 $\boldsymbol{\beta}$ 中所有元素的量级都基本相当，此时若精度不满足用户的需求，可以通过增加单元上配点数目即提高基函数阶次的方式来提高精度；与上述相反，如果向量 $\boldsymbol{\beta}$ 中某些元素的量级远大于或远小于其他元素，可以通过增加分段数来提高精度。故向量 $\boldsymbol{\beta}$ 为迭代准则的判断依据。

分析完迭代准则后，现将 hp－自适应伪谱法具体的迭代流程总结在图 3－4中。

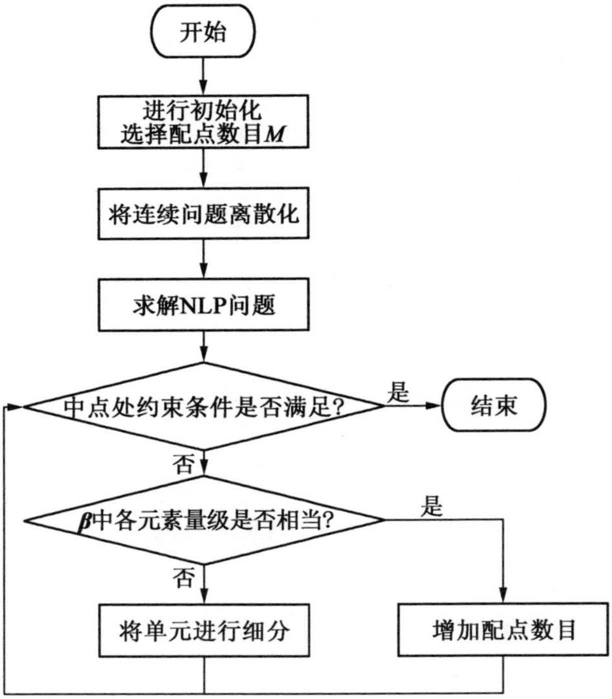

图 3－4　hp－自适应伪谱法的迭代流程图

在进行迭代之前，首先需要对初始配点数和分段数进行确定，之后进行迭代，如果精度满足需求，则不需要增加分段数目或增加配点数目。如果精度不满足规定的要求，则需要根据之前确定的迭代准则来进一步确定是选择将单元细分还是增加配点数目来提高解的精度。总而言之，迭代流程就是通过不断地进行迭代来得到精度满足规定的最优解。

4. 数学仿真与分析

如前所述，针对轨迹优化问题，使用 GPOPS－Ⅱ工具箱对带约束的轨迹优化问题进行离散化，之后使用 NLP 问题求解器 SNOPT 对离散后的问题进行求解。再入飞行器的初始飞行条件，也即再入飞行器再入段的起点位置，具体的数值为

$$\begin{cases} h(0)=100\ 000\ \text{m}, & v(0)=7\ 600\ \text{m/s} \\ \lambda(0)=0°, & \varphi(0)=0° \\ \theta(0)=-1°, & \psi(0)=90° \end{cases} \tag{3-109}$$

动压约束为

$$q \leqslant Q_{\text{barmax}},\quad Q_{\text{barmax}}=150\ 000\ \text{Pa} \tag{3-110}$$

过载约束为

$$n \leqslant n_{\max},\quad n_{\max}=12 \tag{3-111}$$

最大驻点热流约束为

$$Q_{\text{d}} \leqslant Q_{\text{dm}},\quad Q_{\text{dm}}=800\ \text{kW/m}^2 \tag{3-112}$$

末端约束条件，也即再入飞行器的终点位置，具体的数值为

$$\begin{cases} h(t_{\text{f}})=24\ 000\ \text{m}, & v(t_{\text{f}})=750\ \text{m/s} \\ \lambda(t_{\text{f}})=\text{Free}, & \theta(t_{\text{f}})=-5° \\ \varphi(t_{\text{f}})=\text{Free}, & \psi(t_{\text{f}})=\text{Free} \end{cases} \tag{3-113}$$

在此，以最大侧向航程为优化目标，假设初始条件经度值与纬度值均为零，则目标函数可以表示为

$$J=\min_{u} \varphi_{\text{s}}(t_{\text{f}}) \tag{3-114}$$

在 GPOS－Ⅱ中配置参数后，运行程序得到图 3－5 所示仿真结果。

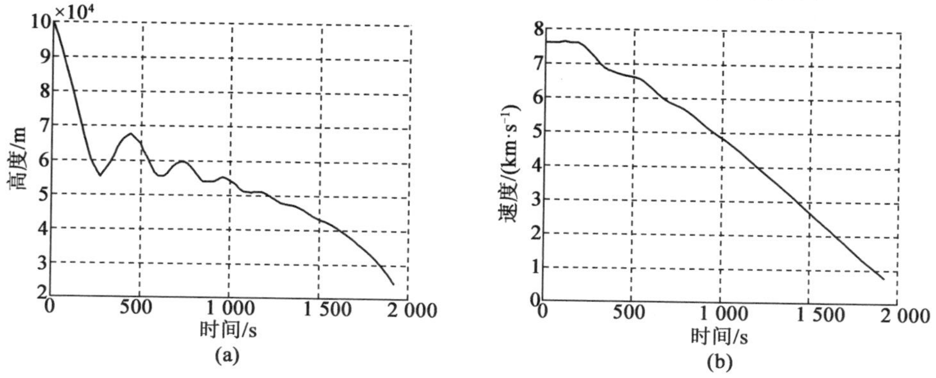

图 3－5 侧程最大时的轨迹优化结果

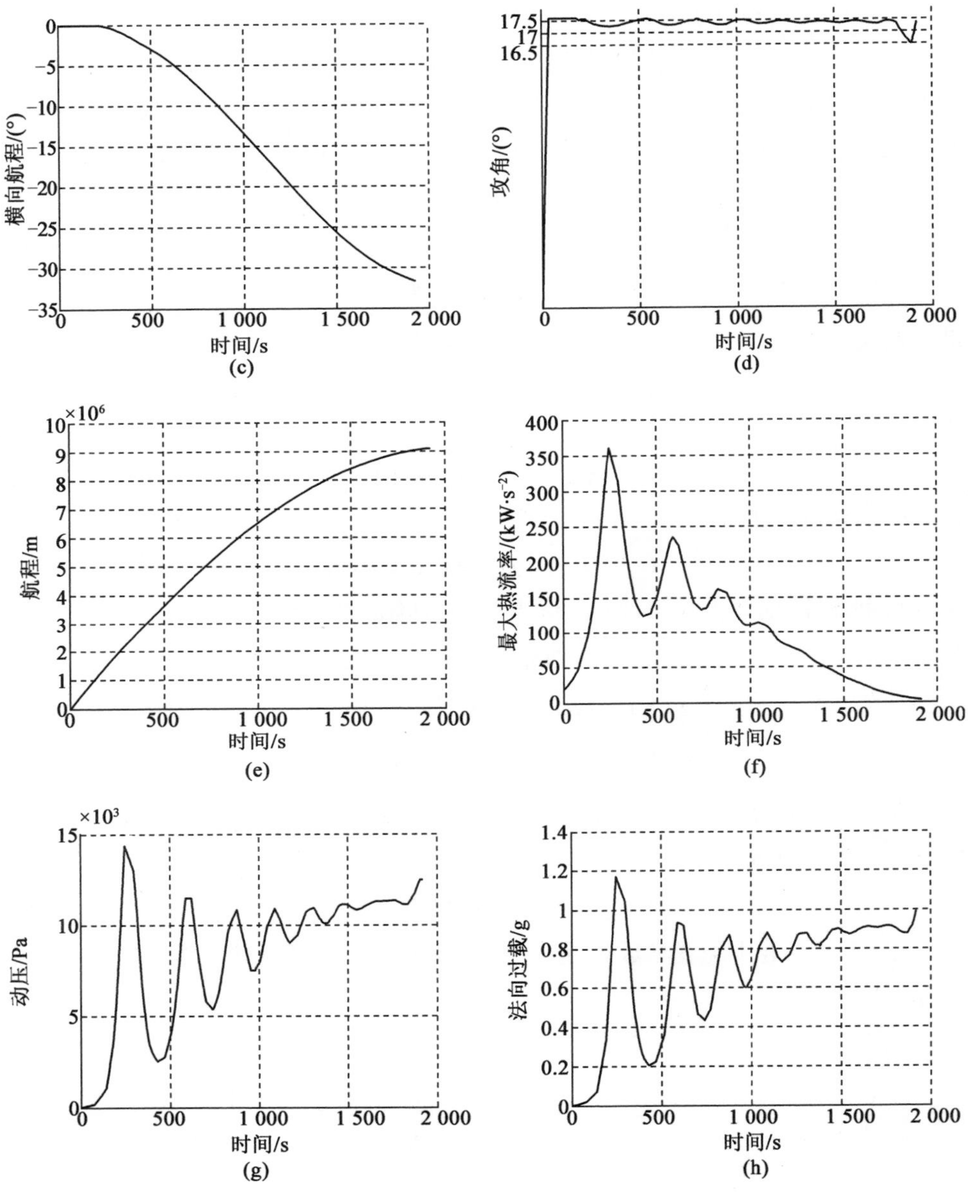

图 3－5（续）

从图 3－5 可以看到，采用 hp－自适应伪谱法对再入段轨迹优化的结果，全程中均满足过载、动压、热流的约束条件，实现了横向航程最大化。除此之外，还可以选取最大热流率最小等其他指标进行优化，在此不再赘述。

3.4.2 基于 B 样条的再入滑翔轨迹规划方法

如前所述，再入滑翔制导阶段，飞行轨迹要满足多种过程约束和终端约束。如果采用前述轨迹优化方法，由于采用优化方法得到参考轨迹，计算时间较长，因此只适合离线使用，这将导致飞行器发射准备时间过长、无法实现快速响应发射（典型的例子是航天飞机）。此外，离线生成的参考轨迹基于没考虑不确定性的模型得到，可能不符合实际飞行过程中飞行器的特性，从而导致生成的轨迹不合理，无法满足要求。针对飞行过程中飞行任务需求，采用离线生成轨迹也无法实现。针对上述问题，一些学者研究了快速参考轨迹生成方法，通过在线实现自主轨迹生成，提高轨迹的适应性，加快轨迹计算速度。不过目前大多数方法通常仅设计飞行器纵向平面内的参考轨迹，并未考虑飞行器的侧向运动，从而导致生成的参考轨迹不符合飞行器的运动特性，在需要进行大范围侧向机动的情况下生成的轨迹不合理，无法满足制导要求。

针对上述问题，本节介绍一种三维参考轨迹自适应生成方法，该方法能适应由不确定性引起的模型参数变化，满足大侧向机动的飞行任务需求。

1. 问题描述

考虑到滑翔飞行器通常采用面对称构型，在近空间飞行过程中所产生的侧向力相对较小，因此在滑翔段采用倾侧转弯（Bank - to - Turn，BTT）控制方式，以速度为自变量，得到用于三维参考轨迹生成的数学模型

$$\frac{\mathrm{d}\boldsymbol{x}(v)}{\mathrm{d}v}=f[\boldsymbol{x}(v),\boldsymbol{u}(v)] \tag{3-115}$$

$$\boldsymbol{x}(v)=[\theta\quad\sigma\quad h\quad\varphi_{\mathrm{s}}\quad\lambda]^{\mathrm{T}},\quad \boldsymbol{u}(v)=[\alpha\quad\gamma_{\mathrm{c}}]^{\mathrm{T}}$$

式中　$\boldsymbol{x}\in\mathbf{R}^5$——状态向量；

$\boldsymbol{u}\in\mathbf{R}^2$——控制向量；

$\boldsymbol{f}(\cdot,\cdot)$：$\mathbf{R}^5\times\mathbf{R}^2\to\mathbf{R}^5$——$\boldsymbol{x}$ 对 v 的变化率函数。

根据飞行器的运动方程有

$$\frac{\mathrm{d}\theta}{\mathrm{d}v}=\frac{L\cos\gamma_{\mathrm{c}}}{mv\dot{v}}+\frac{\cos\theta}{\dot{v}}\left(\frac{v}{r}-\frac{g_0R_0^2}{vr^2}\right)+$$
$$\frac{\omega\cos\varphi_{\mathrm{s}}}{\dot{v}}\left[\frac{\omega r(\cos\varphi_{\mathrm{s}}\cos\theta+\sin\varphi_{\mathrm{s}}\cos\sigma\sin\theta)}{v}-2\sin\sigma\right]$$

$$\frac{\mathrm{d}\sigma}{\mathrm{d}v}=\frac{-L\sin\gamma_c}{mv\dot{v}\cos\theta}+\frac{\omega}{\dot{v}}\left[\frac{\omega r\cos\varphi_s\sin\varphi_s\sin\sigma}{v\cos\theta}-2(\sin\varphi_s-\cos\varphi_s\tan\theta\cos\sigma)\right]+\frac{v\cos\theta\sin\sigma}{r\dot{v}\cot\varphi_s}$$

$$\frac{\mathrm{d}h}{\mathrm{d}v}=\frac{v\sin\theta}{\dot{v}}$$

$$\frac{\mathrm{d}\varphi_s}{\mathrm{d}v}=\frac{v\cos\theta\cos\sigma}{r\dot{v}}$$

$$\frac{\mathrm{d}\lambda}{\mathrm{d}v}=-\frac{v\cos\theta\sin\sigma}{r\dot{v}\cos\varphi_s}$$

且有

$$\dot{v}=-\frac{D}{m}-\frac{g_0R_0^2}{r^2}\sin\theta+\omega^2r\cos\varphi_s(\cos\varphi_s\sin\theta-\sin\varphi_s\cos\sigma\cos\theta)$$

上式中包含了纵向和侧向的状态变量，可作为三维参考轨迹生成的基础模型。

根据三角几何原理可知，过地面指定两点的地心矢径夹角可描述为

$$\psi(\varphi_1,\lambda_1,\varphi_2,\lambda_2)=\arccos[\sin\varphi_1\sin\varphi_2+\cos\varphi_1\cos\varphi_2\cos(\lambda_2-\lambda_1)] \tag{3-116}$$

式中 λ_1、φ_1——点 1 的经度、纬度；

λ_2、φ_2——点 2 的经度、纬度。

分别定义航程角 ψ_r 与剩余航程角 ψ_{tg} 为

$$\begin{cases}\psi_r=\psi(\varphi_0,\lambda_0,\varphi,\lambda)\\ \psi_{tg}=\psi(\varphi,\lambda,\varphi_T,\lambda_T)\end{cases} \tag{3-117}$$

式中 λ_0、φ_0——飞行起始点的经度、纬度；

λ_T、φ_T——目标点的经度、纬度。

过给定点(λ, φ_s)指向目标点(λ_T, φ_T)的地球大圆弧在(λ, φ_s)点处与正北的夹角为

$$\sigma_N(\varphi_s,\lambda,\varphi_T,\lambda_T)=-\arcsin\left\{\frac{\cos\varphi_T\sin(\lambda_T-\lambda)}{\sin[\psi(\varphi_s,\lambda,\varphi_T,\lambda_T)]}\right\} \tag{3-118}$$

定义航向偏差 $\Delta\sigma$ 为

$$\Delta\sigma(\varphi_s,\lambda,\varphi_T,\lambda_T)=\sigma_N(\varphi,\lambda,\varphi_T,\lambda_T)-\sigma \tag{3-119}$$

式中 σ——飞行器在点(λ, φ_s)处的速度方位角。

根据参考轨迹生成的数学模型式(3-115)，初始条件可表示为

$$\boldsymbol{x}(v_0)=[\theta_0 \quad \sigma_0 \quad h_0 \quad \varphi_0 \quad \lambda_0]^{\mathrm{T}} \tag{3-120}$$

式中的下标“0”代表状态的初始值。过程约束包括热流约束、动压约束、过载约束、攻角约束和倾侧角约束等。其中,热流约束、动压约束与过载约束分别为

$$\begin{cases} J=\rho^{0.5}v^{3.15}c_{\mathrm{J}}\leqslant J_{\max} \\ q=0.5\rho v^2\leqslant q_{\max} \\ N=\dfrac{\sqrt{L^2+D^2}}{mg}\leqslant N_{\max} \end{cases} \tag{3-121}$$

式中　c_{J}——常量;

N——气动力总过载;

$J_{\max}$——允许的最大驻点热流,单位为 W;

$q_{\max}$——允许的最大动压,单位为 Pa;

$N_{\max}$——允许的最大过载。

攻角约束、倾侧角约束分别为

$$\begin{cases} \alpha_{\min}\leqslant\alpha\leqslant\alpha_{\max} \\ \gamma_{\mathrm{cmin}}\leqslant|\gamma_{\mathrm{c}}|\leqslant\gamma_{\mathrm{cmax}} \end{cases} \tag{3-122}$$

式中　$\alpha_{\max}$、$\alpha_{\min}$——允许的最大攻角与最小攻角;

γ_{cmax}、γ_{cmin}——允许的最大倾侧角幅值与最小倾侧角幅值。

终端约束包含终端速度倾角约束、终端高度约束和终端航程约束等。分别为

$$\begin{cases} \theta(v_{\mathrm{f}})=\theta_{\mathrm{f}} \\ h(v_{\mathrm{f}})=h_{\mathrm{f}} \\ \psi_{\mathrm{tg}}(v_{\mathrm{f}})=\psi_{\mathrm{tgf}} \end{cases} \tag{3-123}$$

式中　ψ_{tg}——剩余航程角,单位为 rad;

ψ_{tgf}——期望的终端剩余航程角,单位为 rad;

下标“f”——期望的终端值。

终端航向约束为

$$|\Delta\sigma[\varphi(v_{\mathrm{f}}),\lambda(v_{\mathrm{f}}),\varphi_{\mathrm{T}},\lambda_{\mathrm{T}}]|\leqslant\Delta\sigma_{\mathrm{f}} \tag{3-124}$$

式中　σ_{f}——终端航向偏差阈值。

至此,三维参考轨迹生成问题可以描述为如下的问题:

问题 3.1(三维参考轨迹生成问题)　针对式(3-115)所描述的非线性系统

$\frac{\mathrm{d}\boldsymbol{x}(v)}{\mathrm{d}v}=f[\boldsymbol{x}(v),\ \boldsymbol{u}(v)]$，在给定的自变量范围$[v_{\mathrm{f}},\ v_0]$内，以初始条件$\boldsymbol{x}(v_0)=[\theta_0\quad \sigma_0\quad h_0\quad \varphi_0\quad \lambda_0]$为基础，求解$\boldsymbol{x}(v)$与$\boldsymbol{u}(v)$，在满足过程约束$J\leqslant J_{\max}$、$q\leqslant q_{\max}$、$N\leqslant N_{\max}$、$\alpha_{\min}\leqslant\alpha\leqslant\alpha_{\max}$、$\gamma_{\mathrm{cmin}}\leqslant|\gamma_{\mathrm{c}}|\leqslant\gamma_{\mathrm{cmax}}$的同时，使得$\boldsymbol{x}(v_{\mathrm{f}})$满足终端约束，也即$\boldsymbol{x}$中的元素满足$\theta(v_{\mathrm{f}})=\theta_{\mathrm{f}}$、$h(v_{\mathrm{f}})=h_{\mathrm{f}}$、$\psi_{\mathrm{tg}}(v_{\mathrm{f}})=\psi_{\mathrm{tgf}}$、$|\Delta\sigma(v_{\mathrm{f}})|\leqslant\Delta\sigma_{\mathrm{f}}$。

2. 参考轨迹高度－速度曲线设计

假设存在一条攻角－速度曲线，这里研究三维参考轨迹高度－速度曲线的设计方法。首先明确高度－速度曲线的约束条件，然后给出基于B样条的高度－速度曲线设计方法。

(1)参考轨迹高度－速度曲线的约束条件。

滑翔段飞行轨迹要满足多种约束，这些约束与参考轨迹的高度、速度相关，因此参考轨迹的高度－速度曲线是受约束的，这些约束可分为以下三类：

①可微条件。参考轨迹的高度－速度曲线至少是二阶可微的。速度倾角及其对速度的变化率与高度对速度的一阶及二阶导数相关，因此当高度－速度曲线的二阶导数存在时，速度倾角－速度曲线是连续可导的，且通过速度倾角对速度的变化率解析计算的倾侧角－速度曲线是连续的，这样就能保证参考轨迹的状态量曲线连续、光滑，并且控制量曲线是连续的。

②初始条件与终端约束。参考轨迹的高度－速度曲线两个端点的位置及斜率需符合初始条件及终端约束。根据初始条件及终端约束，在高度－速度平面内，参考轨迹高度－速度曲线起点位置应为$(v_0,\ h_0)$，终点位置应为$(v_{\mathrm{f}},\ h_{\mathrm{f}})$。飞行轨迹高度对速度的变化率$\mathrm{d}h/\mathrm{d}v$由参考轨迹数学模型式(3－115)给出，高度－速度曲线起点与终点处的斜率应近似为

$$\begin{cases}\left(\dfrac{\mathrm{d}h}{\mathrm{d}v}\right)_0=\dfrac{v_0\sin\theta_0}{-\dfrac{D_0}{m}-\dfrac{g_0R_0^2}{r_0^{\ 2}}\sin\theta_0}\\[2ex]\left(\dfrac{\mathrm{d}h}{\mathrm{d}v}\right)_{\mathrm{f}}=\dfrac{v_{\mathrm{f}}\sin\theta_{\mathrm{f}}}{-\dfrac{D_{\mathrm{f}}}{m}-\dfrac{g_0R_0^2}{r_{\mathrm{f}}^{\ 2}}\sin\theta_{\mathrm{f}}}\end{cases}\tag{3－125}$$

式中　$\left(\frac{\mathrm{d}h}{\mathrm{d}v}\right)_0$——高度－速度曲线起点处的斜率；

$\left(\frac{\mathrm{d}h}{\mathrm{d}v}\right)_{\mathrm{f}}$——高度－速度曲线终点处的斜率。

③轨迹约束。参考轨迹的高度－速度曲线应在由热流约束、动压约束、过载

约束等轨迹约束决定的再入走廊内。再入走廊是在给定的攻角－速度曲线下，将过程约束式(3－121)投影到高度－速度平面得到的带状区域。其下边界由热流约束、过载约束、动压约束等共同决定，这三项约束必须被严格遵守，因此也被称为“强约束”；而上边界可以由平衡滑翔条件确定，它代表能够维持滑翔飞行的最高的轨迹，但平衡滑翔条件不必严格遵守，它是一个“弱约束”。

(2)B样条曲线及其性质。

参考轨迹的高度－速度曲线应该是一条位于再入走廊内的、两端点位置及斜率固定的、连续光滑的曲线，可以借助B样条来设计这样一条曲线。B样条曲线的数学表达式为

$$P(u)=\sum_{i=0}^{n}P_iF_{i,k}(u)\quad(u\in[0,1])\tag{3-126}$$

式中　P——B样条曲线；

k——B样条的次数；

P_j——第j个控制顶点，$j=0,1,\cdots,n$，P_j顺连而成的折线称为控制多边形；

u——参数，$u\in\boldsymbol{U}:u_0\leqslant u_1\leqslant\cdots\leqslant u_{n+k}$，其中$u_i$称为节点，$\boldsymbol{U}$称为节点向量；

$F_{i,k}$——k次B样条基函数，$i=0,1,2,\cdots,n$，规定$0/0=0$，其定义为

$$F_{i,k}(u)=\frac{u-u_i}{u_{i+k}-u_i}F_{i,k-1}(u)+\frac{u_{i+k+1}-u}{u_{i+k+1}-u_{i+k}}F_{i+1,k-1}(u)$$

$$F_{i,0}(u)=\begin{cases}1 & (u_i\leqslant u<u_{i+1})\\0 & 其他\end{cases}\tag{3-127}$$

根据B样条曲线的数学描述可知，由$n+1$个控制顶点以及$n+1+k$个节点可定义k次B样条曲线。

B样条曲线具有很多性质，对于本节研究的参考轨迹高度－速度曲线设计问题，我们关注如下的性质：

性质3.1(可微性)　k次B样条曲线在节点区间内部无限次可微；在重复度为r的节点处$k-r$次可微。

性质3.2(磨光性)　除共线的控制顶点外，B样条曲线的次数越高，曲线距控制多边形越远，在控制顶点不变的情况下曲线越光滑。

性质3.3(局部调整性)　B样条曲线在某两节点间的形状只与相邻的控制顶点相关，如果只变动某一个控制顶点，曲线上只有局部形状发生变化。

性质3.4(端节点重复度的影响)　当k次B样条曲线的端节点重复度为k时，B样条曲线的端点与控制多边形相对应的顶点重合，且在端点处曲线与控制

多边形相切。

性质3.5(保凸性)　假设控制多边形是一个凸闭多边形,则由该控制多边形定义的 B 样条曲线是一条凸曲线。

性质3.6(凸包性)　B 样条曲线必在控制顶点构成的凸包中。

(3)基于 B 样条的高度 - 速度曲线设计。

利用 B 样条曲线的上述性质,研究基于 B 样条的参考轨迹高度 - 速度曲线设计方法。为使 B 样条曲线的两端与参考轨迹的端点重合且与控制多边形相切,设端节点的重复度 $r=3$。考虑如图 3 - 6 所示的一般的再入走廊下边界分段情况,取控制顶点数 $(n+1)=8$,控制顶点 $P_0 \sim P_n$的分布如图 3 - 6 所示。其中,P_0、P_1、P_{n-1}、P_n为固定的控制顶点,P_0在参考轨迹高度 - 速度曲线的起点(v_0, h_0),P_n在参考轨迹高度 - 速度曲线的终点(v_f, h_f),P_1与 P_{n-1}保证 B 样条曲线在 P_0与 P_n的斜率满足式(3 - 125);$P_2 \sim P_{n-2}$为可调的控制顶点,P_2在 P_1左侧,P_{n-2}在 P_{n-1}的右侧,P_1P_2与 $P_{n-1}P_{n-2}$构成两小段过渡段,而 $P_i, i=3, \cdots, n-3$ 位于再入走廊下边界三段的两个分界点处。可调控制顶点 $P_2 \sim P_{n-2}$距再入走廊下边界的距离占该处再入走廊宽度的 $\delta, \delta \in (0, 1)$。通过改变 δ,即可在不改变 B 样条曲线端点及端点斜率的条件下改变曲线的形状。

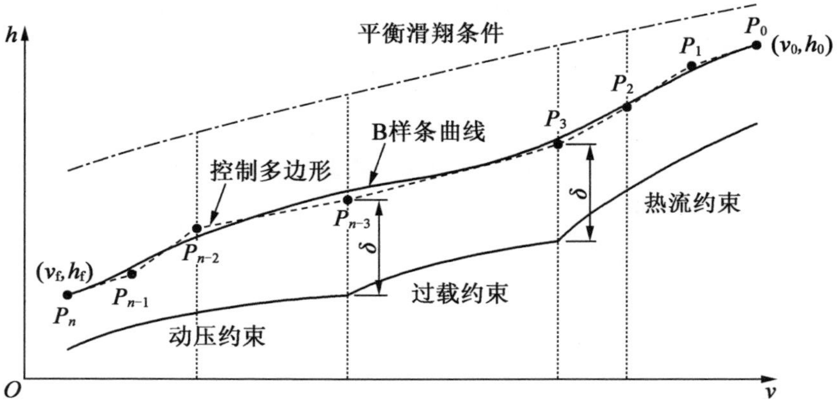

图 3 - 6　高度 - 速度平面内的再入走廊

将得到的 B 样条曲线作为参考轨迹的高度 - 速度曲线,由性质 3.1 与性质 3.2 保证高度 - 速度曲线的可微条件,由性质 3.3 与性质 3.4 保证高度 - 速度曲线的初始与终端条件,并由性质 3.5 与性质 3.6 保证高度 - 速度曲线满足轨迹约束条件。通过调整 δ 可改变高度 - 速度曲线在高度 - 速度平面内的高度。因此,通过上述方法得到的参考轨迹的高度－速度曲线具有给定的初始速度、高度、速度倾角,满足过程约束中的热流约束、过载约束、动压约束,且具有期望的终端速度、高度、速度倾角。调整 δ 可改变参考轨迹对应的终端航程角。

3. 攻角－速度曲线优化及可达区域计算

这里对参考轨迹的攻角－速度曲线设计方法进行研究,通过设计攻角－速度曲线,使参考轨迹具有到较大的终端航程角以及较大的终端航程角调整范围,保证一条攻角－速度曲线能适应多种飞行任务。在此基础上,给出可达区域的计算方法,计算参考轨迹能够达到的区域,为飞行任务规划提供依据。

根据参考轨迹高度－速度曲线设计方法,对于一条给定的攻角－速度曲线,通过调整参数 δ 改变参考轨迹高度－速度曲线的形状,可以调整参考轨迹的终端航程角。我们希望得到一条攻角－速度曲线,通过调整参考轨迹高度－速度曲线能够得到较大的终端航程角,同时终端航程角能在较大的范围内变化。这样,只需离线设计一条攻角－速度曲线并将其存储在机载计算设备中供制导算法调用,不增加制导算法的运算负担,同时保证对不同飞行任务的适应性。

取倾侧角幅值 $|\gamma_c|$ 为允许的最小幅值 γ_{cmin},假设改变倾侧方向能使速度方位角恒定,即 $\mathrm{d}\sigma/\mathrm{d}v=0$、$\sigma=\sigma_0=c$($c$ 为常数)。速度倾角及其对速度的变化率可表示为如下函数:

$$\begin{cases}\theta=f_1(v,h,\varphi,\alpha)\\ \dfrac{\mathrm{d}\theta}{\mathrm{d}v}=f_2(v,h,\theta,\varphi,\alpha)\end{cases}\tag{3-128}$$

并且,根据参考轨迹数学模型中纬度对速度的变化率 $\dfrac{\mathrm{d}\varphi}{\mathrm{d}v}$,记

$$\frac{\mathrm{d}\varphi}{\mathrm{d}v}=f_3(v,h,\theta,\varphi,\alpha)\tag{3-129}$$

考虑到高度、速度满足高度－速度曲线,而 φ 可以通过 $\dfrac{\mathrm{d}\varphi}{\mathrm{d}v}$ 在速度区间 $[v_f, v_0]$ 内积分得到,因此,速度倾角对速度的变化率是高度－速度曲线参数 δ 与攻角－速度曲线 $\alpha(v)$ 的函数,即

$$\frac{\mathrm{d}\theta}{\mathrm{d}v}=f_4[\delta,\alpha(v)]\tag{3-130}$$

同时,根据参考轨迹数学模型中的速度倾角对速度的变化率,有

$$\frac{\mathrm{d}\theta}{\mathrm{d}v}=f_5[\delta,\alpha(v),\gamma_{cmin}]\tag{3-131}$$

对区间$[v_f, v_0]$中的v,求解非线性方程

$$f_4[\delta,\alpha(v)]-f_5[\delta,\alpha(v),\gamma_{cmin}]=0 \tag{3-132}$$

可得$\alpha(v)$,通过数值积分得到参考轨迹对应的终端航程角。综上,攻角－速度曲线的设计问题可转化为如下的非线性优化问题:

问题 3.2(攻角－速度曲线优化) 取倾侧角恒为最小幅值倾侧角,求解以下问题:

$$\min_{\delta} J=\frac{1}{\psi_r(v_f)} \tag{3-133}$$

$$\text{s.t.} \begin{cases} 0\leqslant\delta\leqslant 1 \\ \alpha_{min}\leqslant\alpha\leqslant\alpha_{max} \end{cases}$$

式中 J——目标函数,当J最小化时参考轨迹的终端航程角最大;

δ——优化变量;

$0\leqslant\delta\leqslant 1$——线性不等式约束;

$\alpha_{max}\leqslant\alpha\leqslant\alpha_{min}$——非线性不等式约束。

得到最优解δ^*,同时得到对应的满足攻角约束的攻角－速度曲线$\alpha^*(v)$。上述非线性优化问题可借助 MATLAB 的 Optimization 工具箱求解,这里不再赘述。

基于求得的攻角－速度曲线$\alpha^*(v)$,可得最大终端航程角ψ_r^*。当在$[0,1]$范围内由δ^*减小参考轨迹高度－速度曲线的参数δ时,参考轨迹对应的终端航程角减小,倾侧角－速度曲线$\gamma_c(v)$的幅值增大。若在$[0,1]$范围内能找到一个δ_*,使得倾侧角－速度曲线$\gamma_c(v)$中存在某一速度v对应的倾侧角幅值等于允许的最大倾侧角幅值γ_{cmax},则可得到最小终端航程角ψ_{r*};若不存在前述的δ_*,则可取$\delta_*=0$。当参考轨迹的高度－速度曲线参数在$[\delta_*, \delta^*]$内调整时,参考轨迹满足攻角约束和倾侧角约束。

4. 三维参考轨迹快速计算

在前述内容的基础上,将离线攻角－速度曲线优化和在线高度－速度曲线设计相结合,提出一种三维参考轨迹快速计算方法。在参考轨迹计算中考虑飞行器的侧向运动,使其适用于进行大侧向机动的飞行任务;并且,利用参考轨迹各变量之间的解析关系以及高度－速度曲线对航程的影响,加快参考轨迹的计算速度,使其适合在线计算。

参考轨迹的高度－速度曲线设计方法和攻角－速度曲线设计方法实质上是

在再入走廊内确定一块区域，使在该区域内的高度－速度曲线对应的参考轨迹满足初始条件，过程约束，以及终端速度约束、终端高度约束与终端速度倾角约束等终端约束。首先，利用攻角－速度曲线设计方法可以得到满足攻角约束的攻角－速度曲线，由此可确定参考轨迹高度－速度曲线参数 δ 的范围 $[\delta_*, \delta^*]$，当 δ 在该范围内时能计算出满足倾侧角约束的倾侧角－速度曲线。然后，通过参考轨迹高度－速度曲线设计，可以使参考轨迹的高度－速度曲线具有给定的初始速度、初始高度与初始速度倾角，同时满足热流约束、过载约束、动压约束，且满足终端速度约束、终端高度约束与终端速度倾角约束。以攻角－速度曲线和高度－速度曲线为基础，以初始速度方位角、初始纬度、初始经度为初始条件，利用数值积分生成速度方位角、纬度、经度对速度的曲线。在此过程中，利用侧向制导逻辑确定倾侧角的符号、控制航向偏差，并解析求解倾侧角，最终得到三维参考轨迹的终端航程角。需要对高度－速度曲线的参数 δ 进行调整，使三维参考轨迹满足终端航程约束。这样，三维参考轨迹生成问题就转化为一个单参数搜索问题，可以通过数值方法求解这一问题。

这里给出三维参考轨迹的快速计算方法以及计算流程（图 3－7）。三维参考轨迹的期望终端航程角可按下式计算：

$$\psi_r^* = \psi(\varphi_0, \lambda_0, \varphi_T, \lambda_T) - \psi_{tgf} \tag{3-134}$$

式中 ψ_r^*——期望的终端航程角，单位为 rad；

$\psi(\cdot)$——起始点到目标点的地球大圆弧弧长，单位为 rad；

ψ_{tgf}——期望的终端剩余航程角，单位为 rad。

这里假设性质 3.4 成立，在前面的基础上给出如下的三维参考轨迹快速计算方法：

步骤 1，攻角－速度曲线设计。设计一条满足任务要求的攻角－速度曲线，该步骤可离线进行。

步骤 2，期望的终端航程角 ψ_r^* 计算。根据飞行任务，利用式（3－134）计算 ψ_r^*。

步骤 3，高度－速度曲线参数 δ 赋值，生成高度－速度曲线。其中，参数 δ 的初值在 $[\delta_*, \delta^*]$ 内选取。

步骤 4，三维参考轨迹计算。解析计算速度倾角－速度与倾侧角幅值－速度曲线。同时，引入侧向制导逻辑，利用数值积分计算速度方位角、经度、纬度对速度的曲线。基于经度、纬度曲线，计算终端速度对应的航程角 $\psi_r(v_f)$。

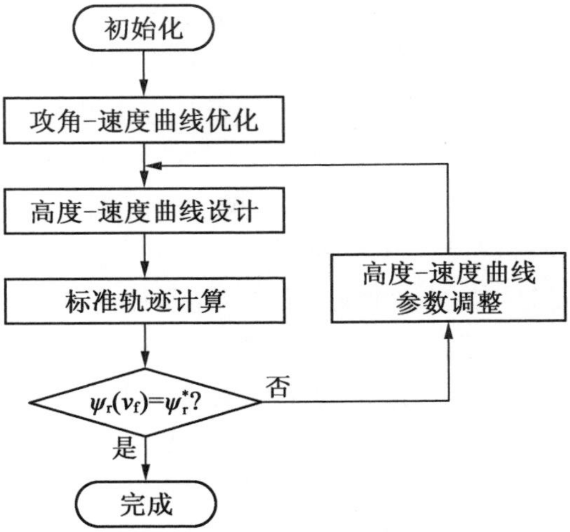

图 3-7　三维参考轨迹快速计算方法流程图

步骤 5，调整高度 - 速度曲线参数 δ。如果 $\psi_r(v_f) \neq \psi_r^*$，考虑到 δ 与 $\psi_r(v_f)$ 存在近似单调的关系，基于 $\psi_r(v_f)$ 与 ψ_r^* 间的偏差，通过数值算法调整 δ，转步骤 3；如果 $\psi_r(v_f) = \psi_r^*$，则转步骤 6。

步骤 6，完成三维参考轨迹计算，存储三维参考轨迹数据供制导算法调用。

5. 数值仿真与分析

下面通过数值仿真验证提出的三维参考轨迹自适应生成方法。设初始条件为飞行中某一时刻的飞行状态（表 3-1），目标点位置及参考轨迹的终端约束见表 3-2。攻角和倾侧角幅值约束分别为 $5° \leqslant \alpha \leqslant 25°$、$10° \leqslant |\gamma_c|_{max} \leqslant 85°$。设 $\Delta\sigma_{max0} = 5.0°$，$\Delta\sigma_{maxf} = 2.5°$。

表 3-1　参考轨迹的初始条件

速度 $v/(m \cdot s^{-1})$	速度倾角 $\theta/(°)$	速度方位角 $\sigma/(°)$	高度 h/km	纬度 $\varphi/(°)$	经度 $\lambda/(°)$
5 000.0	-0.15	-65.00	60.000	0.00	0.00

表 3-2　目标点位置及参考轨迹的终端约束

目标纬度 $\varphi_T/(°)$	目标经度 $\lambda_T/(°)$	速度 $v/(m \cdot s^{-1})$	速度倾角 $\theta/(°)$	高度 h/km	航向偏差 $\Delta\sigma/(°)$
10.0	72.0	1 800.0	-0.05	33.000	±2.50

高度－速度平面内的再入走廊如图3－8所示，优化得到的三维参考轨迹的攻角－速度曲线如图3－9所示，在此基础上计算的可达区域如图3－10所示（图中实线围成的区域）。在参考轨迹高度－速度曲线设计中，设B样条曲线次数为3，端节点的重复度为3，根据再入走廊的形状取控制顶点数为7（$P_0 \sim P_6$），节点数为10。在图3－11中，P_0、P_1、P_5、P_6是4个固定的控制顶点；P_0位于参考轨迹起点；P_1在P_0左侧使高度－速度曲线在起点处的斜率满足初始条件；P_6位于参考轨迹终点；P_5在P_6右侧使高度－速度曲线在终点处的斜率满足终端约束。P_2、P_3、P_4是3个高度可调的控制顶点，P_3的速度与再入走廊下边界两段交点处的速度相对应，P_2在P_1与P_3之间，P_4在P_3与P_5之间，P_2、P_3、P_4的高度由参数δ决定，$\delta \in (0,\ 1)$。

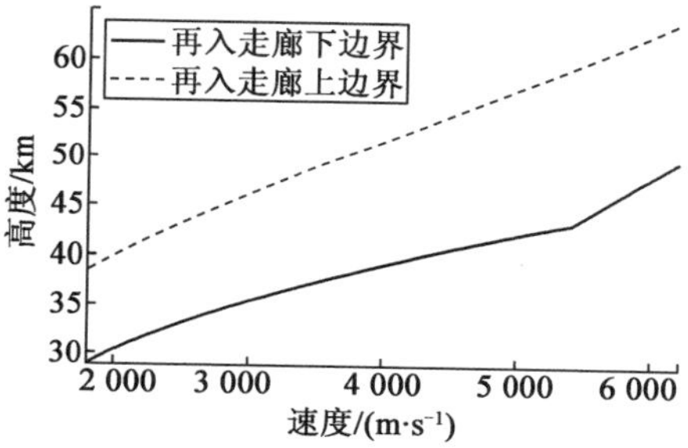

图3－8　高度－速度平面内的再入走廊

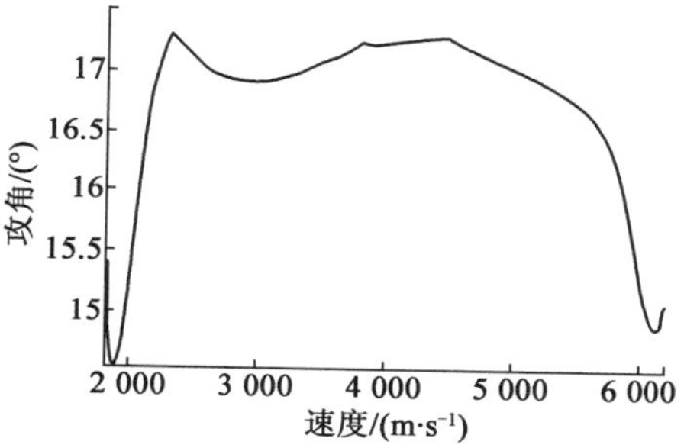

图3－9　三维参考轨迹的攻角－速度曲线

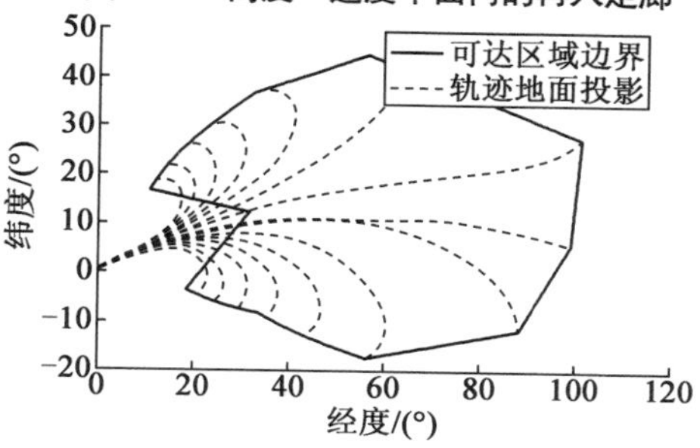

图3－10　飞行器的可达区域

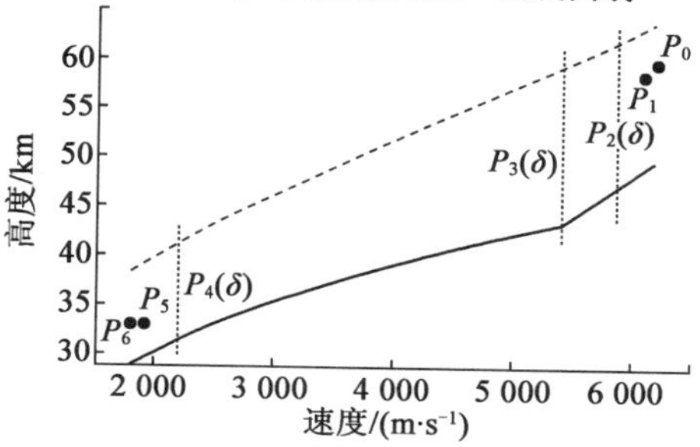

图3－11　B样条曲线的控制顶点

根据给定的飞行任务、再入走廊和攻角－速度曲线，计算得到满足约束条件的参考轨迹高度－速度曲线参数δ的范围为$\delta \in [\delta_*,\ \delta^*]$，其中$\delta_* = 1.855 \times 10^{-4}$、$\delta^* = 0.797\ 5$。根据任务计算得到期望的参考轨迹航程角为$\psi_r^* = 1.195\ 4$ rad。在参数δ的调整过程中，取航程角的阈值为期望剩余航程角的1%，即$\Delta\psi_r = 0.003\ 1$ rad。在仿真中，参考轨迹生成算法通过5次迭代得到满足全部约束的三维参考轨迹，每次迭代的计算结果见表3－3。得到的三维参考轨迹曲线如图3－12所示。

表 3-3　三维参考轨迹的迭代计算结果

迭代次数	高度-速度曲线参数 δ	航程角 ψ_r/rad
1	1.855×10^{-4}	0.570 2
2	0.797 5	1.431 3
3	0.579 0	1.146 3
4	0.616 7	1.219 6
5	0.604 3	1.194 9

由图 3-12(a)所示的三维参考轨迹可见,参考轨迹满足初始条件与终端约束,轨迹到达以目标"×"为中心的目标区域(圆柱)。由图 3-12(b)给出的参考轨迹地面投影可见,参考轨迹由起始点(圆点)到达目标区域。由图 3-12(c)所示的速度倾角-剩余航程角曲线可见,参考轨迹的速度倾角幅值较小,曲线满足初始条件与终端约束。由图 3-12(d)与图 3-12(e)所示的速度-剩余航程角曲线和高度-剩余航程角曲线可见,参考轨迹的速度曲线和高度曲线变化缓慢,且起点与终点分别满足初始条件与终端约束。上述平缓的速度曲线、高度曲线以及幅值较小的速度倾角曲线符合滑翔段的飞行特点。由图 3-12(f)中的攻角-剩余航程角曲线可见,三维参考轨迹的攻角满足攻角约束。同样,由图 3-12(g)所示的倾侧角-剩余航程角曲线可见,参考轨迹的倾侧角满足倾侧角约束。表 3-3 中结果表明,高度-速度曲线参数 δ 与航程角 ψ_r 之间存在良好的单调关系,这有助于加快参考轨迹的生成速度。由此可见,提出的参考轨迹生成方法能够在短时间内生成满足全部约束条件的三维参考轨迹。

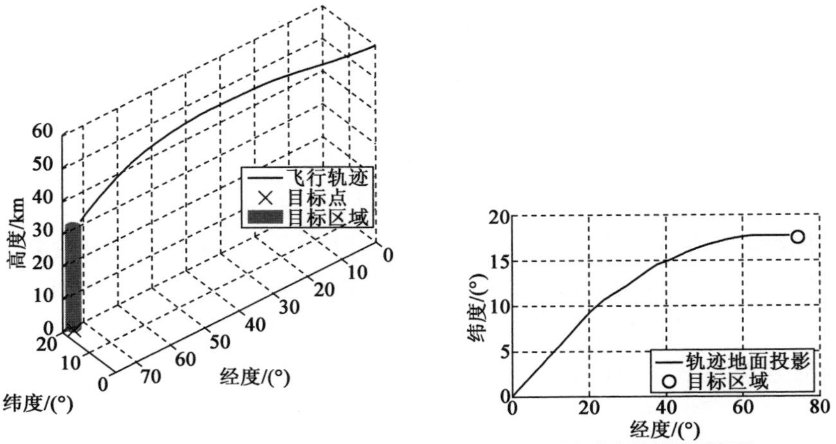

(a)三维参考轨迹　　(b)参考轨迹地面投影

图 3-12　三维参考轨迹曲线

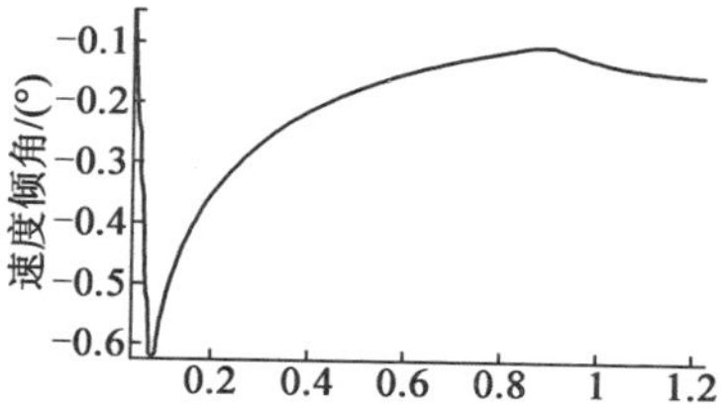

(c)速度倾角-剩余航程角

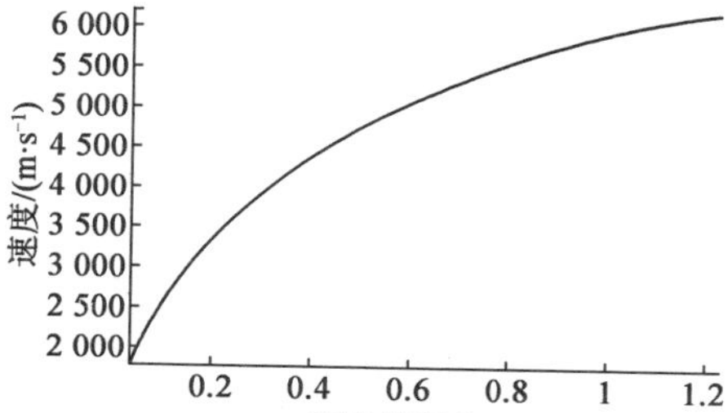

(d)速度-剩余航程角

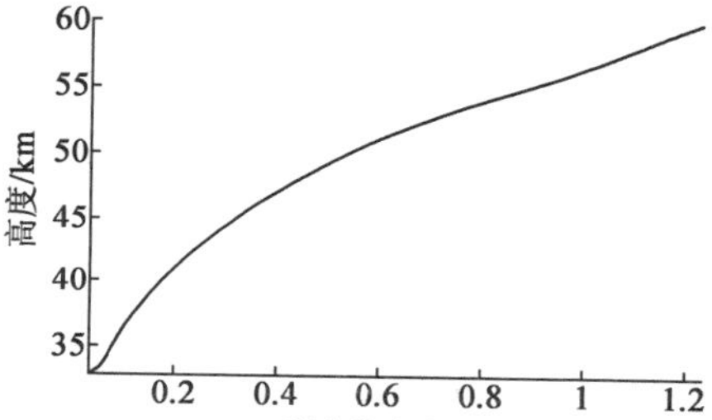

(e)高度-剩余航程角

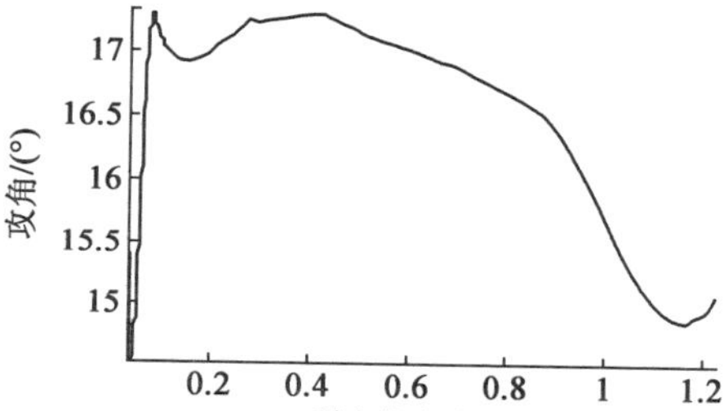

(f)攻角-剩余航程角

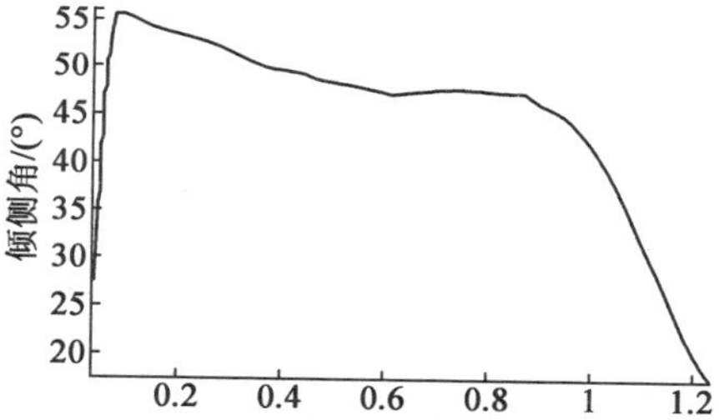

(g)倾侧角-剩余航程角

图3-12(续)

3.5 助推滑翔飞行器再入段轨迹跟踪方法

3.5.1 基于LQR的轨迹跟踪方法

假设地球是一个旋转速度恒定的标准椭球体，定义待飞航程 S_{togo} 为过飞行器质心的地心矢径与过目标的地心矢径间的地球大圆弧弧度，计算公式为

$$S_{togo}=\arccos[\sin\varphi_o\sin\varphi_T+\cos\varphi_o\cos\varphi_T\cos(\lambda_T-\lambda_o)] \tag{3-135}$$

式中　下标 o——飞行器质心；

下标 T——目标。

由 S_{togo} 的定义易知

$$\frac{dS_{togo}}{dt}=-\frac{v\sqrt{\cos^2\sigma\cos^2\theta+\sin^2\sigma}}{r}\cos\Delta\psi \tag{3-136}$$

式中　$\Delta\psi$——航向偏差，定义为飞行器速度矢量的地面投影与飞行器质心到目标点的视线的地面投影间的夹角。

利用小偏差线性化方法对飞行器纵向平面的质心运动方程进行处理，得到

$$\begin{bmatrix}\Delta\dot{v}\\\Delta\dot{\theta}\\\Delta\dot{r}\\\Delta\dot{\varphi}\end{bmatrix}=\boldsymbol{A}\begin{bmatrix}\Delta v\\\Delta\theta\\\Delta r\\\Delta\varphi\end{bmatrix}+\boldsymbol{B}\begin{bmatrix}\Delta\alpha\\\Delta\gamma_c\end{bmatrix} \tag{3-137}$$

其中

$$\boldsymbol{A}=\begin{bmatrix}\frac{\partial f_v}{\partial v}&\frac{\partial f_v}{\partial\theta}&\frac{\partial f_v}{\partial r}&\frac{\partial f_v}{\partial\varphi}\\\frac{\partial f_\theta}{\partial v}&\frac{\partial f_\theta}{\partial\theta}&\frac{\partial f_\theta}{\partial r}&\frac{\partial f_\theta}{\partial\varphi}\\\frac{\partial f_r}{\partial v}&\frac{\partial f_r}{\partial\theta}&\frac{\partial f_r}{\partial r}&\frac{\partial f_r}{\partial\varphi}\\\frac{\partial f_\varphi}{\partial v}&\frac{\partial f_\varphi}{\partial\theta}&\frac{\partial f_\varphi}{\partial r}&\frac{\partial f_\varphi}{\partial\varphi}\end{bmatrix},\quad \boldsymbol{B}=\begin{bmatrix}\frac{\partial f_v}{\partial\alpha}&\frac{\partial f_v}{\partial\gamma_c}\\\frac{\partial f_\theta}{\partial\alpha}&\frac{\partial f_\theta}{\partial\gamma_c}\\\frac{\partial f_r}{\partial\alpha}&\frac{\partial f_r}{\partial\gamma_c}\\\frac{\partial f_\varphi}{\partial\alpha}&\frac{\partial f_\varphi}{\partial\gamma_c}\end{bmatrix}$$

$$\Delta v=v_{ref}-v,\quad \Delta\theta=\theta_{ref}-\theta,\quad \Delta r=r_{ref}-r,\quad \Delta\varphi=\varphi_{ref}-\varphi$$

式中　下标 ref——参考轨迹的状态值。

首先计算得到待飞航程 S_{togo}，根据满足约束条件的参考轨迹，结合待飞航程，查询得出满足当前待飞航程要求的参考轨迹状态（包括参考速度 $v_{ref}(S_{togo})$、参考高度 $h_{ref}(S_{togo})$、参考弹道倾角 $\theta_{ref}(S_{togo})$ 及参考纬度 $\varphi_{ref}(S_{togo})$），结合当前飞行状态计算轨迹跟踪偏差，进一步计算跟踪标准轨迹所需的制导指令。

将轨迹状态代入到公式中，得到状态空间表达式的系统矩阵 $\boldsymbol{A}_{lon}$ 和控制矩阵 $\boldsymbol{B}_{lon}$。设计半正定的 4×4 权矩阵 $\boldsymbol{Q}$ 以及正定的 2×2 权矩阵 $\boldsymbol{R}$，取优化指标为

$$J=\int_0^\infty(\Delta\boldsymbol{x}^T\boldsymbol{Q}\Delta\boldsymbol{x}+\Delta\boldsymbol{u}^T\boldsymbol{R}\Delta\boldsymbol{u})dt \tag{3-138}$$

式中

$$\Delta \boldsymbol{x} = [\Delta v \quad \Delta \theta \quad \Delta r \quad \Delta \varphi]^{\mathrm{T}}, \quad \Delta \boldsymbol{u} = [\Delta \alpha \quad \Delta \gamma_{\mathrm{v}}]^{\mathrm{T}}$$

利用 LQR 理论设计状态调节器的状态反馈增益权矩阵 $\boldsymbol{K}_{\mathrm{LQR}}$。采用如下公式计算制导指令的修正量：

$$\Delta \boldsymbol{u} = \boldsymbol{K}_{\mathrm{LQR}} \Delta \boldsymbol{x} \tag{3-139}$$

修正后的制导指令为

$$\alpha = \alpha_{\mathrm{ref}} + \Delta \alpha, \quad |\gamma_{\mathrm{v}}| = |\gamma_{\mathrm{vref}} + \Delta \gamma_{\mathrm{v}}| \tag{3-140}$$

3.5.2　再入轨迹跟踪方法仿真分析

本节基于 3.4.1 节中给出的参考轨迹，采用 3.5.1 节中的制导方法，将式(3－140)设计的闭环控制律应用于制导模型之中，通过对控制量（攻角与倾侧角）进行控制来达到再入轨迹跟踪的目的，具体仿真结果如图 3－13 所示。

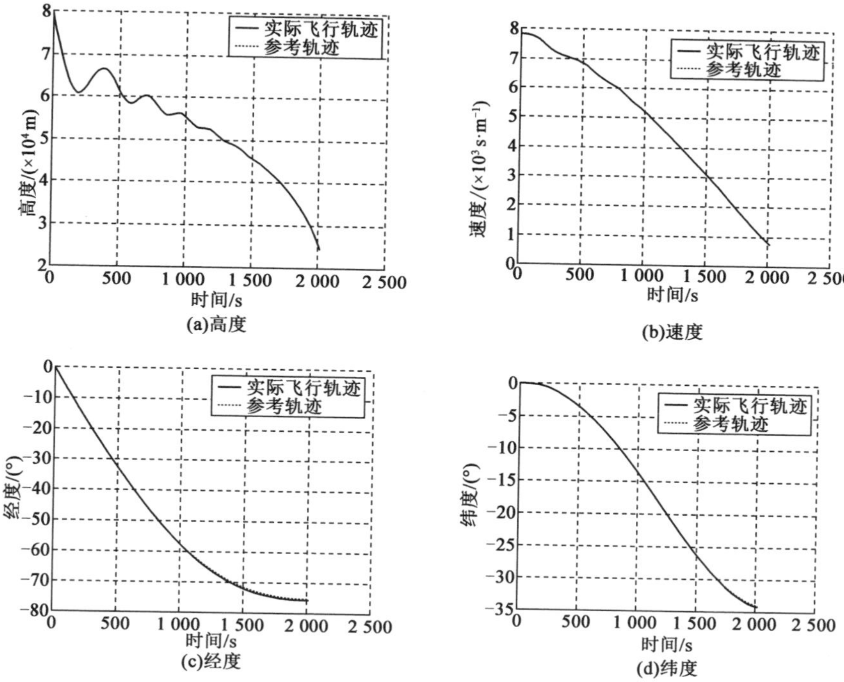

图 3－13　闭环制导跟踪仿真结果

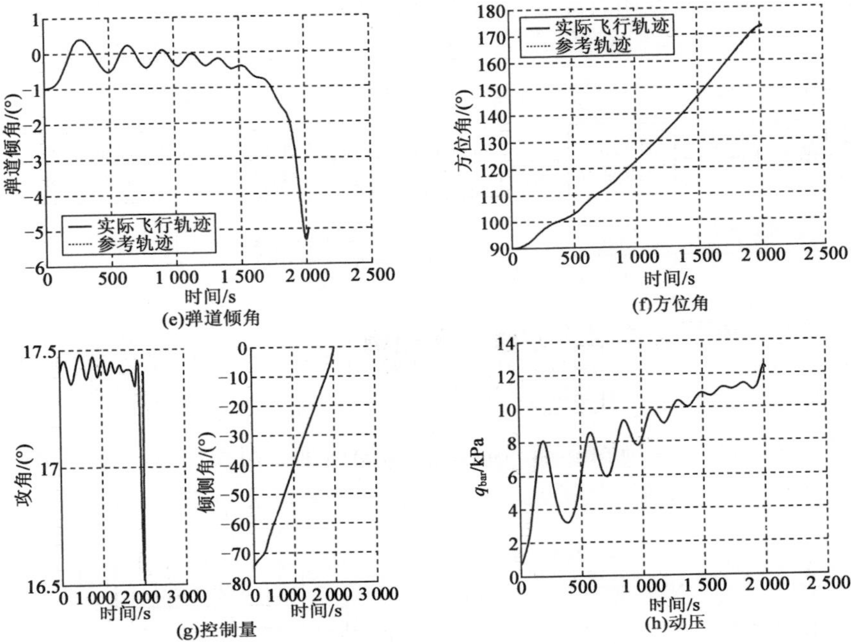

(e)弹道倾角　(f)方位角　(g)控制量　(h)动压

图 3-13(续)

由图 3-13 可见,再入过程中的各项指标和各种性能要求(如过载、动压、热流、横程等)均得到很好的满足。

第4章

助推滑翔飞行器俯冲段制导

助推滑翔飞行器在再入滑翔段结束后进入俯冲段(即末制导段),在末制导过程中,飞行器不仅需要满足各种过程约束,包括动压、过载、热流等,同时,还需要满足对终端速度、终端角度以及终端位置散布精度的要求。因此,助推滑翔飞行器的俯冲末制导过程也是一个多约束条件下的考虑落角落速要求的制导过程。本章首先建立弹目相对运动方程,然后给出考虑终端角度约束的制导方法,在此基础上给出终端速度大小的控制方法,最后介绍末制导段的制导控制一体化方法。

4.1 相对运动方程

4.1.1 目标模型

设目标空间位置所对应的地心纬度为 φ_T、地心经度为 χ_T,地心矢径为 r_T,其在地心大地直角坐标系下的坐标为

$$\begin{cases} x_{cT} = r_T \cos\varphi_T \cos\chi_T \\ y_{cT} = r_T \cos\varphi_T \sin\chi_T \\ z_{cT} = r_T \sin\varphi_T \end{cases} \tag{4-1}$$

再将其转到发射坐标系下,借助转换矩阵 $\boldsymbol{B}_g^e$,可以得出

$$\begin{cases} x_{o_eT} = (-\sin L_T \sin A_T - \sin B_T \cos A_T \cos L_T) x_{cT} + \\ \qquad (\cos L_T \sin A_T - \sin B_T \cos A_T \sin L_T) y_{cT} + \cos B_T \cos A_T z_{cT} \\ y_{o_eT} = \cos L_T \cos B_T x_{cT} + \sin L_T \cos B_T y_{cT} + \sin B_T z_{cT} \\ z_{o_eT} = (-\sin L_T \cos A_T + \sin B_T \sin A_T \cos L_T) x_{cT} + \\ \qquad (\cos L_T \cos A_T + \sin B_T \sin A_T \sin L_T) y_{cT} - \cos B_T \sin A_T z_{cT} \end{cases} \tag{4-2}$$

设发射点空间位置所对应的地心纬度为 φ_A、地心经度为 λ_A，地心矢径为 $\boldsymbol{r}_A$，其在地心大地直角坐标系下的坐标为

$$\begin{cases} x_{cA} = r_A \cos \varphi_A \cos \lambda_A \\ y_{cA} = r_A \cos \varphi_A \sin \lambda_A \\ z_{cA} = r_A \sin \varphi_A \end{cases} \tag{4-3}$$

再将其转到发射坐标系下，借助转换矩阵 $\boldsymbol{B}_g^e$，可以得出

$$\begin{cases} x_{o_eA} = (-\sin L_T \sin A_T - \sin B_T \cos A_T \cos L_T) x_{cA} + \\ \qquad (\cos L_T \sin A_T - \sin B_T \cos A_T \sin L_T) y_{cA} + \cos B_T \cos A_T z_{cA} \\ y_{o_eA} = \cos L_T \cos B_T x_{cA} + \sin L_T \cos B_T y_{cA} + \sin B_T z_{cA} \\ z_{o_eA} = (-\sin L_T \cos A_T + \sin B_T \sin A_T \cos L_T) x_{cA} + \\ \qquad (\cos L_T \cos A_T + \sin B_T \sin A_T \sin L_T) y_{cA} - \cos B_T \sin A_T z_{cA} \end{cases} \tag{4-4}$$

则目标在发射坐标系下的坐标为

$$\begin{cases} x_T = x_{o_eT} - x_{o_eA} \\ y_T = y_{o_eT} - y_{o_eA} \\ z_T = z_{o_eT} - z_{o_eA} \end{cases} \tag{4-5}$$

4.1.2 相对运动模型

弹目相对运动属三维运动，为了简化研究，这里将三维运动问题分为两个二维运动来描述，其一在 x_sMy_s 面内运动，称 x_sMy_s 面为俯冲平面；其二在 x_sMz_s 面内运动，称 x_sMz_s 面为转弯平面。

俯冲平面内的弹目相对运动关系如图 4-1 所示。

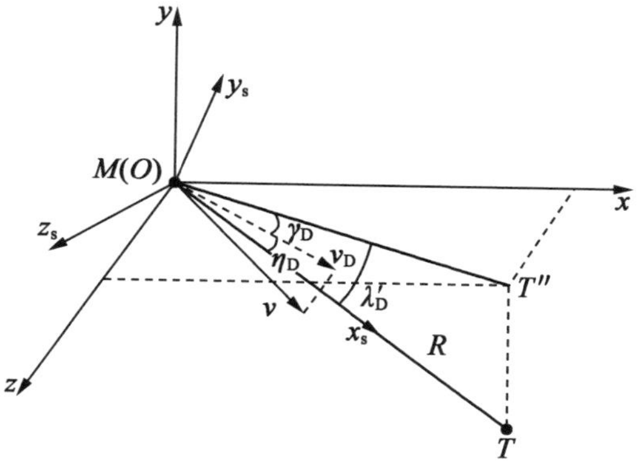

图 4－1　俯冲平面示意图

俯冲平面内的各角度定义如图 4－1 所示，其中 v_D 为速度 v 在俯冲平面内的分量；γ_D 为 v_D 的方位角，图中 γ_D 为负；η_D 为 v_D 与视线间的夹角，图中 η_D 为正；图中 $\lambda'_D<0$。则 $\eta_D-\gamma_D=-\lambda'_D$，即

$$\eta_D=\gamma_D-\lambda'_D \tag{4-6}$$

弹目距离逐渐减小，故 $\dot\rho_{MT}<0$。随着弹体逐渐接近垂直向下靠近目标，视线角的绝对值逐渐增大，而视线角逐渐减少，故 $\dot\lambda'_D<0$。由图 4－1 可知

$$\begin{cases}\dot\rho_{MT}=-v_D\cos\eta_D\\ \rho_{MT}\dot\lambda'_D=-v_D\sin\eta_D\end{cases} \tag{4-7}$$

将上式中的第二式两边对时间 t 求导，并将式(4－6)代入，有

$$\dot\rho_{MT}\dot\lambda'_D+\rho_{MT}\ddot\lambda'_D=-\dot v_D\sin\eta_D-v_D\cos\eta_D\cdot\dot\eta_D=\dot v_D\frac{\rho_{MT}\dot\lambda'_D}{v_D}+\dot\rho_{MT}\dot\eta_D$$

$$\rho_{MT}\ddot\lambda'_D=\frac{\dot v_D}{v_D}\rho_{MT}\dot\lambda'_D+\dot\rho_{MT}(\dot\gamma_D-\dot\lambda'_D)-\dot\rho_{MT}\dot\lambda'_D$$

即可得俯冲平面内的相对运动方程为

$$\ddot\lambda'_D=\left(\frac{\dot v_D}{v_D}-\frac{2\dot\rho_{MT}}{\rho_{MT}}\right)\dot\lambda'_D+\frac{\dot\rho_{MT}}{\rho_{MT}}\dot\gamma_D \tag{4-8}$$

转弯平面内的弹目相对运动关系如图 4－2 所示。

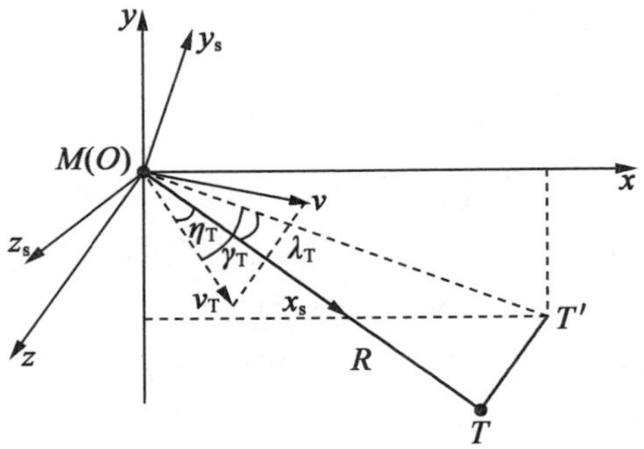

图 4-2　转弯平面示意图

转弯平面内的各角度定义见图 4-2，其中 v_T 为速度 v 在转弯平面内的分量；γ_T 为 v_T 的方位角，即 v_T 与 MT' 轴的夹角，为负；η_T 为 v_T 与视线在转弯平面上投影间的夹角，图中的 η_T 为负。由前述内容可知 $\lambda_T<0$，则可得 $-\eta_T-\lambda_T=-\gamma_T$，即

$$\eta_T=\gamma_T-\lambda_T \tag{4-9}$$

与俯冲平面中的关系类似可得

$$\begin{cases}\dot{\rho}_{MT}=-v_T\cos\eta_T\\ \rho_{MT}\dot{\lambda}_T=-v_T\sin\eta_T\end{cases} \tag{4-10}$$

即可得转弯平面内的相对运动方程为

$$\ddot{\lambda}_T=\left(\frac{\dot{v}_T}{v_T}-\frac{2\dot{\rho}_{MT}}{\rho_{MT}}\right)\dot{\lambda}_T+\frac{\dot{\rho}_{MT}}{\rho_{MT}}\dot{\gamma}_T \tag{4-11}$$

综上所述，可得弹目相对运动方程为

$$\begin{cases}\ddot{\lambda}'_D=\left(\dfrac{\dot{v}_D}{v_D}-\dfrac{2\dot{\rho}_{MT}}{\rho_{MT}}\right)\dot{\lambda}'_D+\dfrac{\dot{\rho}_{MT}}{\rho_{MT}}\dot{\gamma}_D\\ \ddot{\lambda}_T=\left(\dfrac{\dot{v}_T}{v_T}-\dfrac{2\dot{\rho}_{MT}}{\rho_{MT}}\right)\dot{\lambda}_T+\dfrac{\dot{\rho}_{MT}}{\rho_{MT}}\dot{\gamma}_T\end{cases} \tag{4-12}$$

式中

$$\begin{cases}v_D=v\cos\eta_T\\ v_T=v\cos\eta_D\end{cases} \tag{4-13}$$

考虑到 η_T、η_D 都比较小，故可将 v_T、v_D 近似为 v。即得出如下弹目运动方程：

$$\begin{cases} \ddot{\lambda}'_D = \left(\dfrac{\dot{v}}{v} - \dfrac{2\dot{\rho}_{MT}}{\rho_{MT}}\right)\dot{\lambda}'_D + \dfrac{\dot{\rho}_{MT}}{\rho_{MT}}\dot{\gamma}_D \\ \ddot{\lambda}_T = \left(\dfrac{\dot{v}}{v} - \dfrac{2\dot{\rho}_{MT}}{\rho_{MT}}\right)\dot{\lambda}_T + \dfrac{\dot{\rho}_{MT}}{\rho_{MT}}\dot{\gamma}_T \end{cases} \tag{4-14}$$

为方便设计，定义 $T_g = -\dfrac{\rho_{MT}}{\dot{\rho}_{MT}}(\rho_{MT} \neq 0)$，将其代入到式(4－14)，可得

$$\begin{cases} \ddot{\lambda}'_D = \left(\dfrac{\dot{v}}{v} - \dfrac{2}{T_g}\right)\dot{\lambda}'_D + \dfrac{1}{T_g}\dot{\gamma}_D \\ \ddot{\lambda}_T = \left(\dfrac{\dot{v}}{v} - \dfrac{2}{T_g}\right)\dot{\lambda}_T + \dfrac{1}{T_g}\dot{\gamma}_T \end{cases}$$

同时定义状态变量 $\boldsymbol{X} = (x_1, x_2, x_3)^T = (\lambda'_D - \gamma_{DF}, \dot{\lambda}'_D, \dot{\lambda}_T)^T$，定义控制变量 $\boldsymbol{U} = (u_1, u_2) = (\dot{\gamma}_D, \dot{\gamma}_T)$，则弹目相对运动数学模型可用状态空间来描述，即

$$\begin{cases} \dot{x}_1 = x_2 \\ \dot{x}_2 = \left(\dfrac{\dot{v}}{v} - \dfrac{2}{T_g}\right)x_2 + \dfrac{1}{T_g}u_1 \\ \dot{x}_3 = \left(\dfrac{\dot{v}}{v} - \dfrac{2}{T_g}\right)x_3 + \dfrac{1}{T_g}u_2 \end{cases} \tag{4-15}$$

考虑到终端角度约束条件，同时为使视线转率趋近于零，则终端约束条件可描述为

$$\begin{cases} \lambda'_D(t_f) = \gamma_{DF} \\ \dot{\lambda}'_D(t_f) = 0 \\ \dot{\lambda}_T(t_f) = 0 \end{cases} \tag{4-16}$$

式中　t_f——$\rho_{MT} = \rho_{MTf}$时的时间，其中 ρ_{MTf}为不等于零的小量。

根据状态变量定义，则式(4－16)可改写为

$$\boldsymbol{X}(t_f) = (x_1(t_f), x_2(t_f), x_3(t_f))^T = \boldsymbol{0} \tag{4-17}$$

将上述的状态空间模型分写在两个平面内，即可得俯冲平面内的状态空间描述及终端约束条件为

$$\begin{cases} \dot{x}_1 = x_2 & (x_1(t_f) = 0) \\ \dot{x}_2 = \left(\dfrac{\dot{v}}{v} - \dfrac{2}{T_g}\right)x_2 + \dfrac{1}{T_g}u_1 & (x_2(t_f) = 0) \end{cases} \tag{4-18}$$

转弯平面内的状态空间描述及终端约束条件为

$$\dot{x}_3=\left(\frac{\dot{v}}{v}-\frac{2}{T_g}\right)x_3+\frac{1}{T_g}u_2\quad (x_3(t_f)=0) \tag{4-19}$$

4.2 考虑终端角度约束的制导方法

4.2.1 多约束条件下的最优制导律

带终端角度约束的制导律设计问题的本质是在已知系统状态空间模型的条件下，求取控制量使状态变量趋近于零。考虑到对制导系统提出的最优性要求，提出最优性能指标，将该问题作为一类典型的最优控制问题来处理。

1. 俯冲平面内的最优制导律设计

为得到显式解，假设式(4-18)中的 $\dot{v}/v\approx 0$，此时，状态方程简化成

$$\begin{cases}\dot{x}_1=x_2\\ \dot{x}_2=\dfrac{2}{T_g}x_2-\dfrac{1}{T_g}u_1\end{cases} \tag{4-20}$$

记

$$\boldsymbol{A}=\begin{bmatrix}0 & 1\\ 0 & 2/T_g\end{bmatrix},\quad \boldsymbol{B}=\begin{bmatrix}0\\ -1/T_g\end{bmatrix},\quad \boldsymbol{x}=(x_1,x_2)^{\mathrm{T}} \tag{4-21}$$

则状态方程改写为

$$\begin{cases}\dot{\boldsymbol{x}}=\boldsymbol{Ax}+\boldsymbol{Bu}\\ \boldsymbol{x}(t_f)=\boldsymbol{0}\end{cases} \tag{4-22}$$

考虑到最优性要求，即使速度损失尽量小，同时速度大小很大程度上取决于诱导阻力的大小，而诱导阻力的大小与 α^2 成正比，攻角又与 $\dot{\gamma}_D$ 成正比，因此最优制导律的性能指标设计为

$$J=\boldsymbol{x}^{\mathrm{T}}(t_f)\boldsymbol{Fx}(t_f)+\frac{1}{2}\int_0^{t_f}\dot{\gamma}_D^2\mathrm{d}t \tag{4-23}$$

式中　$\boldsymbol{x}^{\mathrm{T}}(t_f)\boldsymbol{Fx}(t_f)$——补偿函数，$\boldsymbol{F}$ 为一个对称半正定常值矩阵，因为要求终端时刻 $\boldsymbol{x}(t_f)=\boldsymbol{0}$，故 $\boldsymbol{F}\to\infty$。

这是一个典型的二次型性能指标的最优控制问题。根据极大值原理，线性系统二次型性能指标的最优控制为

$$u_1^*=-R^{-1}\boldsymbol{B}^{\mathrm{T}}\boldsymbol{Px} \tag{4-24}$$

性能指标为式(4－23)时，$R=1, u_1^*=\dot{\gamma}_D$，于是得

$$\dot{\gamma}_D=-\boldsymbol{B}^T\boldsymbol{P}\boldsymbol{x} \tag{4-25}$$

此时，$\boldsymbol{P}$ 满足边界条件 $\boldsymbol{P}(t_f)=\boldsymbol{F}\rightarrow\infty$ 的微分 Riccati 方程，对其求解需要将其变换为逆 Riccati 方程，即

$$\begin{cases}\dot{\boldsymbol{P}}^{-1}-\boldsymbol{A}\boldsymbol{P}^{-1}-\boldsymbol{P}^{-1}\boldsymbol{A}^T+\boldsymbol{B}\boldsymbol{B}^T=\boldsymbol{0}\\ \boldsymbol{P}^{-1}(t_f)=\boldsymbol{F}^{-1}=\boldsymbol{0}\end{cases} \tag{4-26}$$

为书写方便，令 $\boldsymbol{E}=\boldsymbol{P}^{-1}$，则式(4－26)改写为

$$\begin{cases}\dot{\boldsymbol{E}}-\boldsymbol{A}\boldsymbol{E}-\boldsymbol{E}\boldsymbol{A}^T+\boldsymbol{B}\boldsymbol{B}^T=\boldsymbol{0}\\ \boldsymbol{E}(t_f)=\boldsymbol{0}\end{cases} \tag{4-27}$$

将该式展开得

$$\begin{bmatrix}\dot{E}_{11} & \dot{E}_{12}\\ \dot{E}_{21} & \dot{E}_{22}\end{bmatrix}=\begin{bmatrix}0 & 1\\ 0 & 2/T_g\end{bmatrix}\begin{bmatrix}E_{11} & E_{12}\\ E_{21} & E_{22}\end{bmatrix}+\begin{bmatrix}E_{11} & E_{12}\\ E_{21} & E_{22}\end{bmatrix}\begin{bmatrix}0 & 1\\ 0 & 2/T_g\end{bmatrix}-\begin{bmatrix}0 & 0\\ 0 & 1/T_g^2\end{bmatrix} \tag{4-28}$$

由对称性知 $E_{12}=E_{21}$，代入到式(4－28)中经整理可得

$$\begin{cases}\dot{E}_{11}=E_{12}+E_{12}\\ \dot{E}_{12}=E_{22}+\dfrac{2}{T_g}E_{12}\\ \dot{E}_{22}=\dfrac{4}{T_g}E_{22}-\dfrac{1}{T_g^2}\end{cases} \tag{4-29}$$

终端条件可改写为 $E_{11}(t_f)=E_{12}(t_f)=E_{22}(t_f)=0$。

ρ_{MTf}代表了要求的终端精度，即当 $\rho_{MT}=\rho_{MTf}$时默认到达目标点，飞行器停飞，t_f 为飞行器的总飞行时间。式(4－29)中 T_g 是分母不能为零，故 ρ_{MTf}不能取为零。为求取 T_g 与积分变量 t 间的关系，对其做如下变换：

$$T_g=-\frac{\rho_{MT}}{\dot{\rho}_{MT}}=-\frac{\rho_{MT}-\rho_{MTf}+\rho_{MTf}}{\dot{\rho}_{MT}}=T_{gf}+\Delta t_f \tag{4-30}$$

式中　$T_{gf}=(\rho_{MT}-\rho_{MTf})/(-\dot{\rho}_{MT})$，$\rho_{MT}-\rho_{MTf}$代表了从时间 t 开始，飞行器还需飞行的距离；

$-\dot{\rho}_{MT}$——近似表征飞行速度；

T_{gf}——近似表征从任一时刻到飞行器停飞时刻所需的时间，即 t_f-t；

$-\rho_{\mathrm{MTf}}/\rho$——弹目距离从 ρ_{MTf} 到 0 所飞行的时间，用 Δt_{f} 来表示。

故待飞时间 T_{g} 表示成

$$T_{\mathrm{g}} = t_{\mathrm{f}} - t + \Delta t_{\mathrm{f}} \tag{4-31}$$

对式(4-31)求导，即可得 $\mathrm{d}t = -\mathrm{d}T_{\mathrm{g}}$。积分可得

$$\boldsymbol{E} = \begin{bmatrix} \frac{1}{3}T_{\mathrm{g}} - \frac{\Delta t_{\mathrm{f}}^3}{3T_{\mathrm{g}}^2} + \frac{\Delta t_{\mathrm{f}}^2}{T_{\mathrm{g}}} - \Delta t_{\mathrm{f}} & -\frac{1}{6} - \frac{\Delta t_{\mathrm{f}}^3}{3T_{\mathrm{g}}^3} + \frac{\Delta t_{\mathrm{f}}^2}{2T_{\mathrm{g}}^2} \\ -\frac{1}{6} - \frac{\Delta t_{\mathrm{f}}^3}{3T_{\mathrm{g}}^3} + \frac{\Delta t_{\mathrm{f}}^2}{2T_{\mathrm{g}}^2} & \frac{1}{3T_{\mathrm{g}}} - \frac{\Delta t_{\mathrm{f}}^3}{3T_{\mathrm{g}}^4} \end{bmatrix} \tag{4-32}$$

当 $t = t_{\mathrm{f}}$ 时，$T_{\mathrm{gf}} = 0$，$T_{\mathrm{g}} = \Delta t_{\mathrm{f}}$，可以证明 $\boldsymbol{E}(t_{\mathrm{f}}) = \boldsymbol{0}$，满足终端条件。同时可以求得

$$|\boldsymbol{E}| = \frac{1}{12} - \frac{\Delta t_{\mathrm{f}}}{3T_{\mathrm{g}}} + \frac{\Delta t_{\mathrm{f}}^2}{2T_{\mathrm{g}}^2} - \frac{\Delta t_{\mathrm{f}}^3}{3T_{\mathrm{g}}^3} + \frac{\Delta t_{\mathrm{f}}^4}{12T_{\mathrm{g}}^4}$$

当 $|\boldsymbol{E}| \neq 0$ 时，求逆可得

$$\boldsymbol{P} = \begin{bmatrix} \frac{1}{3T_{\mathrm{g}}} - \frac{\Delta t_{\mathrm{f}}^3}{3T_{\mathrm{g}}^4} & \frac{1}{6} + \frac{\Delta t_{\mathrm{f}}^3}{3T_{\mathrm{g}}^3} - \frac{\Delta t_{\mathrm{f}}^2}{2T_{\mathrm{g}}^2} \\ \frac{1}{6} + \frac{\Delta t_{\mathrm{f}}^3}{3T_{\mathrm{g}}^3} - \frac{\Delta t_{\mathrm{f}}^2}{2T_{\mathrm{g}}^2} & \frac{1}{3}T_{\mathrm{g}} - \frac{\Delta t_{\mathrm{f}}^3}{3T_{\mathrm{g}}^2} + \frac{\Delta t_{\mathrm{f}}^2}{T_{\mathrm{g}}} - \Delta t_{\mathrm{f}} \end{bmatrix} \frac{1}{|\boldsymbol{E}|} \tag{4-33}$$

若 Δt_{f} 为小量，$\boldsymbol{P}$ 矩阵可简化为

$$\boldsymbol{P} = 12 \begin{bmatrix} \frac{1}{3T_{\mathrm{g}}} & \frac{1}{6} \\ \frac{1}{6} & \frac{T_{\mathrm{g}}}{3} \end{bmatrix} = \begin{bmatrix} \frac{4}{T_{\mathrm{g}}} & 2 \\ 2 & 4T_{\mathrm{g}} \end{bmatrix} \tag{4-34}$$

可得

$$\dot{\gamma}_{\mathrm{D}} = -\boldsymbol{B}^{\mathrm{T}}\boldsymbol{P}\boldsymbol{x} = -\begin{bmatrix} 0 & -\frac{1}{T_{\mathrm{g}}} \end{bmatrix} \begin{bmatrix} \frac{4}{T_{\mathrm{g}}} & 2 \\ 2 & 4T_{\mathrm{g}} \end{bmatrix} \begin{bmatrix} \lambda_{\mathrm{D}}' - \gamma_{\mathrm{DF}} \\ \dot{\lambda}_{\mathrm{D}}' \end{bmatrix} \tag{4-35}$$

即可重复使用飞行器在俯冲平面内的最优再入机动制导律为

$$\dot{\gamma}_{\mathrm{D}} = 4\dot{\lambda}_{\mathrm{D}}' + 2\frac{\lambda_{\mathrm{D}}' - \gamma_{\mathrm{DF}}}{T_{\mathrm{g}}} \tag{4-36}$$

2. 转弯平面内的最优制导律设计

类似俯冲平面，可得状态方程

$$\begin{cases} \dot{x}_3 = Ax_3 + Bu_2 \\ x_3(t_{\mathrm{f}}) = 0 \end{cases} \tag{4-37}$$

式中

$$A=\frac{2}{T_g},\quad B=-\frac{1}{T_g}$$

性能指标

$$J=x_3(t_f)Fx_3(t_f)+\frac{1}{2}\int_0^{t_f}\dot{\gamma}_T^2\mathrm{d}t \tag{4-38}$$

要求 $x_3(t_f)=0$,故 $F\to\infty$,可直接由二次型性能指标得最优控制为

$$u_2=\dot{\gamma}_T=-BPx_3 \tag{4-39}$$

式中 P 由逆黎卡提方程

$$\dot{P}^{-1}-AP^{-1}-P^{-1}A+B^2=0 \tag{4-40}$$

得出。

由 $\mathrm{d}t=-\mathrm{d}T_g$,$T_g=T_{gf}+\Delta t_f$,可解得

$$P=(P^{-1})^{-1}=\frac{3T_g}{1-\dfrac{\Delta t_f^3}{T_g^3}} \tag{4-41}$$

当 $T_{gf}\neq0$ 且 Δt_f 为小量时,有 $P=3T_g$。则得到转弯平面内的最优制导律为

$$\dot{\gamma}_T=3\dot{\lambda}_T \tag{4-42}$$

3. 需用指令计算

通过制导律设计得到了速度转率指令 $\dot{\gamma}_T$、$\dot{\gamma}_D$,为得到飞行器的控制指令,需将其转换成过载和倾侧角指令。

$\dot{\gamma}_T$、$\dot{\gamma}_D$ 代表了飞行器速度方向转动绝对角速度 Ω 在视线坐标系 y_s、z_s 轴上的投影,而 Ω 在发射坐标系各轴上的投影 Ω_{xg}、Ω_{yg}、Ω_{zg} 可以用 $\dot{\theta}$、$\dot{\sigma}$ 来描述,即

$$\begin{bmatrix}\Omega_{xg}\\ \Omega_{yg}\\ \Omega_{zg}\end{bmatrix}=\begin{bmatrix}\cos\theta & -\sin\theta & 0\\ \sin\theta & \cos\theta & 0\\ 0 & 0 & 1\end{bmatrix}\begin{bmatrix}0\\ \dot{\sigma}\\ 0\end{bmatrix}+\begin{bmatrix}0\\ 0\\ \dot{\theta}\end{bmatrix}=\begin{bmatrix}-\dot{\sigma}\sin\theta\\ \dot{\sigma}\cos\theta\\ \dot{\theta}\end{bmatrix} \tag{4-43}$$

则可知 $\dot{\theta}$、$\dot{\sigma}$ 和 $\dot{\gamma}_T$、$\dot{\gamma}_D$ 的关系是

$$\begin{bmatrix}\dot{\gamma}_{x_s}\\ \dot{\gamma}_T\\ \dot{\gamma}_D\end{bmatrix}=\boldsymbol{B}_s^g\cdot\begin{bmatrix}-\dot{\sigma}\sin\theta\\ \dot{\sigma}\cos\theta\\ \dot{\theta}\end{bmatrix} \tag{4-44}$$

式中 $\boldsymbol{B}_s^g$——发射坐标系到视线系的转换矩阵,将其代入可得

$$\begin{cases}\dot{\gamma}_{\mathrm{T}}=\dot{\sigma}\cos(\lambda_{\mathrm{D}}-\theta)\\ \dot{\gamma}_{\mathrm{D}}=\dot{\sigma}\sin\lambda_{\mathrm{T}}\sin(\lambda_{\mathrm{D}}-\theta)+\dot{\theta}\cos\lambda_{\mathrm{T}}\end{cases}\tag{4-45}$$

从中可以解出

$$\begin{cases}\dot{\theta}=\dfrac{1}{\cos\lambda_{\mathrm{T}}}[\dot{\gamma}_{\mathrm{D}}-\dot{\gamma}_{\mathrm{T}}\sin\lambda_{\mathrm{T}}\tan(\lambda_{\mathrm{D}}-\theta)]\\ \dot{\sigma}=\dfrac{\dot{\gamma}_{\mathrm{T}}}{\cos(\lambda_{\mathrm{D}}-\theta)}\end{cases}\tag{4-46}$$

另外,利用弹道坐标系下过载的计算公式可以计算得铅垂面内的指令过载 $n_{y_{\mathrm{d}}}$ 和水平面的指令过载 $n_{z_{\mathrm{d}}}$,即

$$\begin{cases}n_{y_{\mathrm{d}}}^{*}=\dfrac{v\dot{\theta}\cos\sigma}{g}\\ n_{z_{\mathrm{d}}}^{*}=\dfrac{-v\dot{\sigma}}{g}\end{cases}\tag{4-47}$$

上述末制导段的制导律仅给出了铅垂面与水平面的过载需求,在采用倾斜转弯方式进行飞行器控制时,需将两个平面内的过载指令转换为相应的总过载指令与倾侧角指令。对倾斜转弯飞行器末制导段的制导控制采用极坐标方式,即需用法向(弹体坐标系下)过载指令等于铅垂面与水平面上的过载指令 $n_{y\mathrm{d}}$ 与 $n_{z\mathrm{d}}$ 的平方和开方。该信号经正限幅器后,给出单极性法向过载控制信号 $n_{y_{\mathrm{b}}}^{*}$,即

$$n_{y_{\mathrm{b}}}^{*}=\begin{cases}\sqrt{(n_{z_{\mathrm{d}}}^{*})^{2}+(n_{y_{\mathrm{d}}}^{*})^{2}} & \left(\sqrt{(n_{z_{\mathrm{d}}}^{*})^{2}+(n_{y_{\mathrm{d}}}^{*})^{2}}<n_{y\mathrm{bmax}}\right)\\ n_{y\mathrm{bmax}} & \left(\sqrt{(n_{z_{\mathrm{d}}}^{*})^{2}+(n_{y_{\mathrm{d}}}^{*})^{2}}\geqslant n_{y\mathrm{bmax}}\right)\end{cases}\tag{4-48}$$

倾侧角指令信号按如下公式确定:

$$\tan\gamma_{\mathrm{c}}^{*}=\frac{n_{z_{\mathrm{d}}}^{*}}{n_{y_{\mathrm{d}}}^{*}}\tag{4-49}$$

倾侧角的角度范围 $\gamma_{\mathrm{c}}\in(-180°,180°)$。

4.2.2 基于 L_2 的最优末制导方法

在最优制导律的设计之初,假定了 $\dot{v}/v\approx0$,同时最优制导律是在假设的精确数学模型基础上进行的设计,虽然考虑了系统的最优性却没有考虑到系统的鲁棒性。本节考虑了系统的不确定性以及存在的误差干扰等,在原有的数学模型基础上,研究鲁棒制导方法。

1. 俯冲平面内的鲁棒制导律设计

据状态方程描述的线性时变系统，考虑到量测误差和系统不确定性的影响，可将状态方程系数写成 $a_0+\Delta$ 的形式，其中 $a_0=1/T_g>0$ 是标称参数，Δ 代表了 a_0 相对于真值的误差。将 $\dot{v}/v$ 作为系数的误差，则状态方程可写成

$$\begin{cases}\dot{x}_1=x_2\\ \dot{x}_2=(2a_0+\Delta_1)x_2+(-a_0+\Delta_2)u_1=2a_0x_2-a_0u_1+\omega\end{cases}\tag{4-50}$$

式中

$$\omega=\Delta_1x_2+\Delta_2u_1$$

选取制导规律的性能评价信号

$$z_1=r_1(t)x_2\tag{4-51}$$

式中　$r_1(t)$——输出加权系数，选择适当的 $r_1(t)$ 可以让视线角速率足够小，以满足精度要求。

鲁棒制导律设计问题就是寻求控制指令 u，使闭环系统满足以下 L_2 增益性能准则：

①当 $\omega=0$ 时，闭环系统渐近稳定；

②对任意给定的 $T>0$ 和给定的标量常数 ε，当初始状态 $x(0)=0$ 时，满足

$$\frac{\int_0^T z_1^2\mathrm{d}t}{\int_0^T\omega^2\mathrm{d}t}\leqslant\varepsilon^2\quad(\forall\omega\in L_2[0,T])\tag{4-52}$$

即要求在控制作用下使外部干扰 ω 对评价输出 z_1 的影响小于给定的范围，反映了系统对不确定性的抑制水平。

为了设计满足上述指标的制导律，令

$$u_1=2x_2-v_1\tag{4-53}$$

将其代入式(4-50)，得到

$$\dot{x}_2=a_0v_1+\omega$$

式中　v_1——待定的辅助信号。

考虑终端角度约束，可选择 Lyapunov 函数如下：

$$v=\frac{k_1a_0^2x_1^2}{2}+\frac{k_2x_2^2}{2}\tag{4-54}$$

式中　$k_1>0,k_2>0$。

将 Lyapunov 函数 v 关于时间进行微分，并将 $\dot{x}_2=a_0v_1+\omega$ 代入，配平方可得

$$\begin{aligned}\dot{v} &= k_1 a_0^2 x_1 x_2 + k_2 x_2 \dot{x}_2 \\ &= k_1 a_0^2 x_1 x_2 + k_2 x_2 (a_0 v_1 + \omega) \\ &= k_1 a_0^2 x_1 x_2 + k_2 a_0 x_2 v_1 + \frac{k_2^2}{2\varepsilon^2} x_2^2 + \frac{\varepsilon^2 \omega^2}{2} - \frac{1}{2}\left(\frac{k_2}{\varepsilon} x_2 - \varepsilon\omega\right)^2\end{aligned} \tag{4-55}$$

式中 $\varepsilon > 0$。

对式(4-55)缩放可得

$$\begin{aligned}\dot{v} &= -\frac{z_1^2}{2} + \frac{r_1^2(t)}{2} x_2^2 + k_1 a_0^2 x_1 x_2 + k_2 a_0 x_2 v_1 + \frac{k_2^2}{2\varepsilon^2} x_2^2 + \frac{\varepsilon^2\omega^2}{2} - \frac{1}{2}\left(\frac{k_2}{\varepsilon} x_2 - \varepsilon\omega\right)^2 \\ &\leqslant -\frac{z_1^2}{2} + \frac{\varepsilon^2\omega^2}{2} + k_1 a_0^2 x_1 x_2 + k_2 a_0 x_2 v_1 + \frac{k_2^2}{2\varepsilon^2} x_2^2 + \frac{r_1^2(t)}{2} x_2^2\end{aligned} \tag{4-56}$$

令式(4-56)中的后一部分 $k_1 a_0^2 x_1 x_2 + k_2 a_0 x_2 v_1 + \frac{k_2^2}{2\varepsilon^2} x_2^2 + \frac{r_1^2(t)}{2} x_2^2 = 0$,可以解得

$$v_1 = -\left[\frac{k_1}{k_2} a_0 x_1 + \frac{k_2}{2\varepsilon^2 a_0} x_2 + \frac{r_1^2(t)}{2k_2 a_0} x_2\right] \tag{4-57}$$

将其代入式(4-53),可得终端角度约束制导律为

$$u_1 = \left[2 + \frac{k_2}{2\varepsilon^2 a_0} + \frac{r_1^2(t)}{2k_2 a_0}\right] x_2 + \frac{k_1}{k_2} a_0 x_1 \tag{4-58}$$

此时,有

$$\dot{v} \leqslant -\frac{z_1^2}{2} + \frac{\varepsilon^2\omega^2}{2} \tag{4-59}$$

当外部干扰 $\omega = 0$ 时,$\dot{v} \leqslant -z_1^2/2$,$\forall x \neq 0$ 时,$\dot{v} < 0$,即系统是渐近稳定的,当 $t \to \infty$ 时,$x_1 \to 0$,$x_2 \to 0$。

当外部干扰 $\omega \neq 0$ 时,对式(4-59)两边积分可得

$$\frac{1}{2}\int_0^t (\varepsilon^2\omega^2 - z_1^2)\,\mathrm{d}\tau \geqslant v(x) - v(x_0) \tag{4-60}$$

当初始状态 $x(0) = x_0 = 0$ 时,$v(x_0) = 0$,则式(4-60)可写成

$$\frac{1}{2}\int_0^t (\varepsilon^2\omega^2 - z_1^2)\,\mathrm{d}\tau \geqslant v(x) \geqslant 0 \tag{4-61}$$

据此可以看出,式(4-61)与式(4-52)等价。即制导律式(4-58)能满足前面给出的 L_2 性能指标,只要选择合适的加权系数 r_1 和系数 ε,就能使视线角在终端满足约束条件,并让视线角速率在终端足够小。不失一般性,可令 $r_1(t) =$

$\sqrt{k_3 a_0}$，于是，可得俯冲平面内终端角度约束的鲁棒制导律为

$$\dot{\gamma}_{\mathrm{D}}=\left(2+\frac{k_2}{2\varepsilon^2}T_{\mathrm{g}}+\frac{k_3}{2k_2}\right)\dot{\lambda}'_{\mathrm{D}}+\frac{k_1}{k_2}\frac{1}{T_{\mathrm{g}}}(\lambda'_{\mathrm{D}}-\gamma_{\mathrm{DF}}) \tag{4-62}$$

2. 转弯平面内的鲁棒制导律设计

由前述的转弯平面内状态方程形式，将 $a_0=1/T_{\mathrm{g}}>0$ 代入式(4－37)，与俯冲平面类似可得出

$$\dot{x}_3=(2a_0+\Delta_1)x_3+(-a_0+\Delta_2)u_2=2a_0x_3-a_0u_2+\omega \tag{4-63}$$

式中

$$\omega=\Delta_1x_3+\Delta_2u_2$$

选取制导规律的性能评价信号 $z_2=r_2(t)x_3$。

为了设计满足 L_2 性能指标的制导律，令

$$u_2=2x_3-v_2 \tag{4-64}$$

将其代入式(4－63)，得到

$$\dot{x}_3=a_0v_2+\omega$$

式中　v_2——待定的辅助信号。

可选择 Lyapunov 函数如下：

$$v=\frac{k_4x_3^2}{2}$$

并对 v 关于时间进行微分，代入 $\dot{x}_3=a_0v_2+\omega$，得到

$$\begin{aligned}\dot{v}&=k_4x_3\dot{x}_3\\&=k_4x_3(a_0v_2+\omega)\\&=k_4a_0x_3v_2+\frac{k_4^2}{2\varepsilon^2}x_3^2+\frac{\varepsilon^2\omega^2}{2}-\frac{1}{2}\left(\frac{k_4}{\varepsilon}x_3-\varepsilon\omega\right)^2\end{aligned} \tag{4-65}$$

式中　$\varepsilon>0$。

式(4－65)经缩放可得

$$\begin{aligned}\dot{v}&=-\frac{z_2^2}{2}+\frac{r_2^2(t)}{2}x_3^2+k_4a_0x_3v_2+\frac{k_4^2}{2\varepsilon^2}x_3^2+\frac{\varepsilon^2\omega^2}{2}-\frac{1}{2}\left(\frac{k_4}{\varepsilon}x_3-\varepsilon\omega\right)^2\\&\leqslant-\frac{z_2^2}{2}+\frac{\varepsilon^2\omega^2}{2}+k_4a_0x_3v_2+\frac{k_4^2}{2\varepsilon^2}x_3^2+\frac{r_2^2(t)}{2}x_3^2\end{aligned} \tag{4-66}$$

令式(4－66)中的后一部分 $k_4a_0x_3v_2+\frac{k_4^2}{2\varepsilon^2}x_3^2+\frac{r_2^2(t)}{2}x_3^2=0$，可以解得

$$v_2=-\left[\frac{k_4}{2\varepsilon^2a_0}+\frac{r_2^2(t)}{2k_4a_0}\right]x_3 \tag{4-67}$$

将其代入式(4-64),可得转弯平面内的制导律为

$$u_2=\left[2+\frac{k_4}{2\varepsilon^2 a_0}+\frac{r_2^2(t)}{2k_4 a_0}\right]x_3 \tag{4-68}$$

此时,有

$$\dot{v}\leqslant-\frac{z_2^2}{2}+\frac{\varepsilon^2\omega^2}{2} \tag{4-69}$$

可以类似证得所设计的制导律满足 L_2 性能指标。令 $r_2(t)=\sqrt{k_5 a_0}$,同时将 a_0、u_2 代入到式(4-68),可得转弯平面内的鲁棒制导律为

$$\dot{\gamma}_{\mathrm{T}}=\left(2+\frac{k_4}{2\varepsilon^2}T_{\mathrm{g}}+\frac{k_5}{2k_4}\right)\dot{\lambda}_{\mathrm{T}} \tag{4-70}$$

与最优制导律类似,也需将速度转率指令转换为过载和倾侧角指令,具体见上节。

4.2.3 变结构末制导方法

由于三维导引问题可分为两个互相垂直的二维导引问题来研究,因此首先研究纵向平面内带末端攻击角度约束的制导问题。

末端攻击角度约束是对导弹命中目标时刻的弹道倾角(弹道偏角)有一个限制。为了定义这个约束,这里提出一个函数 $\theta_{\mathrm{d}}(t)$。令函数 $\theta_{\mathrm{d}}(t)$ 是导弹锁定目标时导弹的期望弹道倾角(弹道偏角)。当目标在整个作战范围内不再机动时,$\theta_{\mathrm{d}}(t)$ 是一个常数;而当目标机动时,$\theta_{\mathrm{d}}(t)$ 就是随时间变化的。通过定义 $\theta_{\mathrm{d}}(t)$ 函数,导弹的末端弹道倾角(弹道偏角)可以表示为

$$\theta_{\mathrm{m}}(t_{\mathrm{f}})=\theta_{\mathrm{d}}(t_{\mathrm{f}}) \tag{4-71}$$

在实际应用中通常用目标倾角(目标偏角)来描述 $\theta_{\mathrm{d}}(t)$,因此对于垂直攻击的情况,末端攻击角度约束变成 $\theta_{\mathrm{m}}(t_{\mathrm{f}})=\theta_{\mathrm{t}}(t_{\mathrm{f}})\pm\pi/2$;同理,对于迎面攻击情况,末端攻击角度约束变成 $\theta_{\mathrm{m}}(t_{\mathrm{f}})=\theta_{\mathrm{t}}(t_{\mathrm{f}})-\pi$。

令 σ_{d} 为目标不再逃逸时导弹与目标的期望视线角,则有

$$v_{\mathrm{t}}\sin(\sigma_{\mathrm{d}}-\theta_{\mathrm{t}})-v_{\mathrm{m}}\sin(\sigma_{\mathrm{d}}-\theta_{\mathrm{d}})=0 \tag{4-72}$$

$$|\sigma_{\mathrm{d}}-\theta_{\mathrm{d}}|<\arccos\rho \tag{4-73}$$

通过式(4-72)和式(4-73)可知:对于给定的 θ_{t} 和 θ_{d},存在唯一的 σ_{d} 满足式(4-72)和不等式(4-73);同样,若给定 θ_{t} 和 σ_{d},也存在唯一的 θ_{d} 满足式(4-72)和不等式(4-73)。

通过上面的分析可知,通过 $\sigma_{\mathrm{d}}(t_{\mathrm{f}})$ 可以计算出 $\theta_{\mathrm{d}}(t_{\mathrm{f}})$,即如果导弹命中目标

时弹目视线角度为 $\sigma_{\mathrm{d}}(t_{\mathrm{f}})$，则可以满足末端攻击角度约束。考虑如下条件：

$$\lim_{t\to t_{\mathrm{f}}} r(t)\dot{\sigma}(t)=0 \tag{4-74}$$

$$\lim_{t\to t_{\mathrm{f}}} \sigma(t)=\sigma_{\mathrm{d}}(t_{\mathrm{f}}) \tag{4-75}$$

$$|\lambda_{\mathrm{m}}(t)|\leqslant \Phi<\arccos\rho \quad (t\geqslant 0) \tag{4-76}$$

式中　Φ——一个正常数。

如果式(4-71)和(4-72)成立，那么下式成立：

$$\begin{aligned}\lim_{t\to t_{\mathrm{f}}} r\dot{\sigma} &=\lim_{t\to t_{\mathrm{f}}} v_{\mathrm{m}}\{\rho\sin[\sigma(t)-\theta_{\mathrm{t}}(t)]-\sin[\sigma(t)-\theta_{\mathrm{m}}(t)]\}\\ &=v_{\mathrm{m}}\{\rho\sin[\sigma_{\mathrm{d}}(t_{\mathrm{f}})-\theta_{\mathrm{t}}(t_{\mathrm{f}})]-\sin[\sigma_{\mathrm{d}}(t_{\mathrm{f}})-\lim_{t\to t_{\mathrm{f}}}\theta_{\mathrm{m}}(t)]\}=0\end{aligned} \tag{4-77}$$

通过式(4-77)和式(4-72)的对比，以及 $\sigma_{\mathrm{d}}(t_{\mathrm{f}})$ 的定义，可得

$$\lim_{t\to t_{\mathrm{f}}}\theta_{\mathrm{m}}(t)=\theta_{\mathrm{d}}(t_{\mathrm{f}})$$

因此，当满足条件式(4-74)～(4-76)时，就可以满足导弹的末端攻击角度约束。现在研究一下这些条件的物理意义。第一个条件式(4-74)是两个具有常值速度的飞行器碰撞时的条件；第二个条件式(4-75)表示当导弹快接近目标时，弹目视线角度变成 $\sigma_{\mathrm{d}}(t_{\mathrm{f}})$；第三个条件式(4-76)保证在整个交战过程中，导弹能够捕获目标，即目标在导弹探测的视场范围内。

若已知 $\theta_{\mathrm{t}}(t_{\mathrm{f}})$ 和期望攻击角度 θ_0^*，由式(4-72)可以确定

$$\sigma_{\mathrm{d}}(t_{\mathrm{f}})=\theta_{\mathrm{t}}(t_{\mathrm{f}})+\arctan\frac{\sin\theta_0^*}{\cos\theta_0^*-\rho} \tag{4-78}$$

当目标固定时，有 $\rho=0$，式(4-78)可化成 $\sigma_{\mathrm{d}}(t_{\mathrm{f}})=\theta_{\mathrm{d}}(t_{\mathrm{f}})=\theta_0^*$，即末端视线角与导弹末端弹道倾角(弹道偏角)在数值上相等；当目标机动时，末端视线角与导弹末端弹道倾角(弹道偏角)在数值上不再相等。

由上面的分析可知，通过 $\theta_{\mathrm{t}}(t_{\mathrm{f}})$ 和 $\sigma_{\mathrm{d}}(t_{\mathrm{f}})$ 可唯一确定导弹的末端弹道倾角 $\theta_{\mathrm{d}}(t_{\mathrm{f}})$，则带末端攻击角度约束的制导问题便可通过控制末端视线角得到解决。

以弹目视线角和弹目视线角转率为状态变量，建立了带末端攻击角度约束的制导模型，为带末端攻击角度约束的制导律设计奠定了基础。

首先取下面两个状态：

$$v_1(t)=[\theta_{\mathrm{m}}(t)-\theta_{\mathrm{t}}(t)]-\theta_0^* \tag{4-79}$$

$$v_2(t)=\dot{\sigma}(t) \tag{4-80}$$

式中　$v_1(t)$——攻击角度误差；

$v_2(t)$——视线转率;

θ_0^*——期望攻击角度。

如果在末制导结束时刻 $v_2(t)$ 变成零,则表示导弹能够命中目标;若同时 $v_1(t)$ 也变成零,则表示导弹能以期望攻击角度命中目标。因此带末端攻击角度约束的制导律设计就是对于给定的期望攻击角度 θ_0^*,该制导律能够使状态变量 $v_1(t)$ 和 $v_2(t)$ 同时达到零。例如,当导弹尾追攻击目标时,希望 $\theta_0^*=0°$;当导弹垂直攻击地面目标时,希望 $\theta_0^*=-90°$;当导弹迎面拦截目标时,希望 $\theta_0^*=-180°$。

对式(4-79)和式(4-80)相对时间进行微分,得到

$$\begin{cases}\dot{v}_1(t)=A_c(t)-A_t(t)\\ \dot{v}_2(t)=c_0v_2+c_1A_c(t)+c_2A_t(t)\end{cases} \tag{4-81}$$

式中

$$c_0=-\frac{2\dot{r}(t)}{r(t)}$$

$$c_1=-\frac{v_m\cos[\sigma(t)-\theta_m(t)]}{r(t)}$$

$$c_2=\frac{v_t\cos[\sigma(t)-\theta_t(t)]}{r(t)}$$

$A_t(t)$ 对于时变系统式(4-81)来说可认为是干扰量。式(4-79)和式(4-80)清楚地表示了攻击角误差和视线转率,状态 $v_2(t)$ 趋近于零表示导弹能够命中目标;状态 $v_1(t)$ 趋近于零表示满足末端攻击角度约束。但式(4-81)中的 $\dot{v}_1(t)$ 与 $\dot{v}_2(t)$ 除具有相同的控制输入 $A_c(t)$ 和干扰项 $A_t(t)$ 外再没有其余的联系,所以式(4-81)可看作是具有相同控制输入的解耦系统。

因此重新定义如下两个状态变量:

$$\begin{cases}x_1(t)=\sigma(t)-\sigma_d(t)\\ x_2(t)=\dot{\sigma}(t)\end{cases} \tag{4-82}$$

由式(4-82)可知,若状态 $x_2(t)$ 趋于零,则能够满足导弹命中目标;若状态 $x_1(t)$ 趋于零,则能够实现以期望攻击角度命中目标。对式(4-82)相对时间进行微分,同时取 $x_1(t)$ 和 $x_2(t)$ 作为系统的输出,得到

$$\begin{cases}\begin{bmatrix}\dot{x}_1(t)\\ \dot{x}_2(t)\end{bmatrix}=\begin{bmatrix}0 & 1\\ 0 & a_1(t)\end{bmatrix}\begin{bmatrix}x_1(t)\\ x_2(t)\end{bmatrix}+\begin{bmatrix}0\\ a_2(t)\end{bmatrix}u(t)+\begin{bmatrix}0\\ a_3(t)\end{bmatrix}A_{ty}(t)\\ \boldsymbol{Y}(t)=[x_1(t)\quad x_2(t)]^{\mathrm{T}}\end{cases}\tag{4-83}$$

式中　$u(t)=A_{cy}(t)$——导弹的制导命令在 OY 上的分量；

$A_{ty}(t)=f(t)$——目标的加速度在 OY 上的分量；

$a_1(t)=-\dfrac{2\dot{r}(t)}{r(t)},a_2(t)=-\dfrac{1}{r(t)},a_3(t)=\dfrac{1}{r(t)}$；

$A_{cy}(t)=A_c(t)\cos[\sigma(t)-\theta_m(t)],A_{ty}(t)=A_t(t)\cos[\sigma(t)-\theta_t(t)]$。

与式(4－81)相比,式(4－83)的优势在于考虑了两个状态变量之间的相互影响。因此带末端攻击角度约束制导律的设计任务是使式(4－83)的输出 $x_1(t)$ 和 $x_2(t)$ 在有限时间内趋近于零。

当目标固定时 $A_t(t)=0$,式(4－83)可化成

$$\begin{cases}\begin{bmatrix}\dot{x}_1(t)\\ \dot{x}_2(t)\end{bmatrix}=\begin{bmatrix}0 & 1\\ 0 & a_1(t)\end{bmatrix}\begin{bmatrix}x_1(t)\\ x_2(t)\end{bmatrix}+\begin{bmatrix}0\\ a_2(t)\end{bmatrix}A_{cy}(t)\\ \boldsymbol{Y}(t)=[x_1(t)\quad x_2(t)]^{\mathrm{T}}\end{cases}\tag{4-84}$$

对于带攻击角度的约束问题,制导律设计目的是同时获得零脱靶量和期望视线角 $\sigma_d(t)$,即使式(4－84)的输出 $x_1(t)$ 和 $x_2(t)$ 在有限时间内趋近于零。

在经典导弹末制导问题中,视线转率为零代表着理想状态时导弹能最终命中目标;通过上面的分析可知若要实现满足末端攻击角度约束的要求,应该使 $|\sigma(t)-\sigma_d(t)|$ 为零。因此我们设计的滑模面应该至少有两项,即 $\dot{\sigma}(t)$ 和 $|\sigma(t)-\sigma_d(t)|$。

选择如下的滑动模态:

$$s_1(t)=\frac{k_1|\dot{r}(t)|x_1(t)}{r(t)}+x_2(t)\tag{4-85}$$

滑动模态可进一步可写成

$$s_1(t)=\frac{k_1|\dot{r}(t)|[\sigma(t)-\sigma_d]}{r(t)}+\dot{\sigma}(t)\tag{4-86}$$

式中　σ_d——弹目视线高低角的期望值,其值由式(4－78)确定,此时 σ_d 在数值上等于导弹的期望弹道倾角(弹道偏角);

k_1——正常数。

式(4-86)的物理意义是，当弹目相对距离 $r(t)$ 较大时，滑模面的第二项 $\dot{\sigma}(t)$ 起主要作用，即导引导弹飞向目标；当 $r(t)$ 趋近于零时，则滑模面的第一项起主要作用，即希望以期望攻击角度命中目标。

为了保证式(4-84)的状态在到达滑模的过程中具有良好的动态特性，可采用如下自适应滑模趋近律：

$$\dot{s}_1(t)=-\frac{k_2|\dot{r}(t)|s_1(t)}{r(t)}-\frac{\varepsilon_1\mathrm{sgn}[s_1(t)]}{r(t)} \tag{4-87}$$

式中　k_2、ε_1——正常数。

式(4-87)的物理意义是，当弹目相对距离 $r(t)$ 较大时，适当放慢趋近滑模的速率；当 $r(t)$ 趋近于零时，使趋近速率迅速增加，确保 $\dot{\sigma}(t)$ 不发散，从而令导弹有很高的命中精度。对趋近速率进行自适应调节可以有效地削弱绕滑模的抖动。

对式(4-86)相对时间进行微分，然后代入式(4-87)，得到

$$\begin{aligned}&-\frac{k_2|\dot{r}(t)|s_1(t)}{r(t)}-\frac{\varepsilon_1\mathrm{sgn}[s_1(t)]}{r(t)}\\&=\ddot{\sigma}(t)+\frac{\{k_1|\ddot{r}(t)|[\sigma(t)-\sigma_{\mathrm{d}}]+k_1|\dot{r}(t)|\dot{\sigma}(t)\}r(t)-k_1|\dot{r}(t)|[\sigma(t)-\sigma_{\mathrm{d}}]\dot{r}(t)}{r^2(t)}\end{aligned} \tag{4-88}$$

当目标固定时 $A_{\mathrm{t}}(t)=0$，令 $\theta_{\mathrm{m}}(t)=\lambda_{\mathrm{m}}(t)$，式(4-74)和式(4-77)可分别化简成

$$v_r(t)=\dot{r}(t)=-v_{\mathrm{m}}\cos\lambda_{\mathrm{m}}(t) \tag{4-89}$$

$$v_\sigma(t)=r(t)\dot{\sigma}(t)=v_{\mathrm{m}}\sin\lambda_{\mathrm{m}}(t) \tag{4-90}$$

对式(4-90)左右两端同时对时间进行微分，得到

$$\dot{r}(t)\dot{\sigma}(t)+r(t)\ddot{\sigma}(t)=v_{\mathrm{m}}\cos\lambda_{\mathrm{m}}[\dot{\sigma}(t)-\dot{\theta}_{\mathrm{m}}(t)] \tag{4-91}$$

把式(4-68)和式(4-89)代入到式(4-91)，得到

$$\ddot{\sigma}(t)=-\frac{2\dot{r}(t)}{r(t)}\dot{\sigma}(t)-\frac{A_{cy}(t)}{r(t)} \tag{4-92}$$

把式(4-92)代入式(4-88)，经过计算可得到滑模制导律

$$\begin{aligned}A_{cy}(t)=&[(k_1+k_2)|\dot{r}(t)|-2\dot{r}(t)]\cdot\dot{\sigma}(t)+\\&\frac{k_1(k_2+1)|\dot{r}(t)|^2\cdot[\sigma(t)-\sigma_{\mathrm{d}}]}{r(t)}+\\&k_1|\ddot{r}(t)|\cdot[\sigma(t)-\sigma_{\mathrm{d}}]+\varepsilon_1\mathrm{sgn}[s_1(t)]\end{aligned} \tag{4-93}$$

由于末制导过程中 $\dot{r}(t)$ 变化不大、目标固定，而且自适应滑模制导律对系统参数摄动或变化有鲁棒性，所以有 $\dot{r}(t)\approx\dot{r}\approx -v_{\mathrm{m}}, \ddot{r}(t)\approx 0$。

因此式(4－93)可化简成

$$A_{\mathrm{cy}}(t)=(k_1+k_2+2)v_{\mathrm{m}}\dot{\sigma}(t)+\frac{k_1(k_2+1)v_{\mathrm{m}}^2[\sigma(t)-\sigma_{\mathrm{d}}]}{r(t)}+\varepsilon_1\operatorname{sgn}[s_1(t)] \tag{4-94}$$

与常规的滑模制导律相比，该制导律能保证导弹以期望攻击角度命中目标。该制导律的第一项保证导弹能够命中目标，第二项保证命中点处导弹速度方向满足约束要求。

根据 Lyapunov 第二法，取一个 Lyapunov 函数，即

$$v_1(t)=\frac{1}{2}s_1^2(t) \tag{4-95}$$

将此函数相对时间进行微分，并考虑所求得的滑模制导律式(4－94)，得到

$$\begin{aligned}\dot{v}_1(t)=s_1(t)\cdot\dot{s}_1(t)&=-\frac{k_2|\dot{r}(t)|s_1^2(t)}{r(t)}-\frac{\varepsilon_1\operatorname{sgn}[s_1(t)]s_1(t)}{r(t)}\\&=-\frac{k_2|\dot{r}(t)|s_1^2(t)}{r(t)}-\frac{\varepsilon_1|s_1(t)|}{r(t)}\end{aligned} \tag{4-96}$$

由式(4－96)可知 $\dot{v}_1(t)\leqslant 0$，则状态方程式(4－84)的输出 $x_1(t)$ 和 $x_2(t)$ 在有限时间内趋近于零。

制导律系数对制导律的制导效果影响很大，下面给出制导律中趋近律系数 k_2、开关项系数 ε_1 和角误差系数 k_1 的确定方法。

若制导律中的系数 ε_1 和 k_2 选择得不合适，式(4－94)的状态有可能还未到达滑模面时，弹目相对距离 $r(t)$ 已经达到零，显然我们不希望发生这种情况。可以通过如下不等式来选择 ε_1 和 k_2 以避免出现这种情况：

$$\varepsilon_1\geqslant\mu_1 k_2|\dot{r}| \tag{4-97}$$

式中　μ_1——正常数。

把不等式(4－97)代入式(4－96)，得到

$$\begin{aligned}\dot{v}_1(t)&=s_1(t)\cdot\dot{s}_1(t)\\&=-\frac{k_2|\dot{r}(t)|s_1^2(t)}{r(t)}-\frac{\varepsilon_1\operatorname{sgn}[s_1(t)]s_1(t)}{r(t)}\\&=-\frac{k_2|\dot{r}(t)|s_1^2(t)}{r(t)}-\frac{\varepsilon_1|s_1(t)|}{r(t)}\end{aligned}$$

$$\leqslant -\frac{k_2 \, |\dot{r}(t)| s_1^2(t)}{r(t)} - \frac{\mu_1 k_2 \, |\dot{r}(t)| \, |s_2(t)|}{r(t)}$$

$$= \frac{k_2 \, \dot{r}(t)[s_1^2(t) + \mu_1 |s_2(t)|]}{r(t)} \tag{4-98}$$

对不等式(4-98)左右两边同时求积分,得到

$$\int_0^t \frac{s_1(\tau) \cdot \dot{s}_1(\tau)}{s_1^2(\tau) + \mu_1 |s_1(\tau)|} \mathrm{d}\tau \leqslant \int_0^t \frac{k_2 \, \dot{r}(\tau)}{r(\tau)} \mathrm{d}\tau \tag{4-99}$$

求解不等式,得到

$$s_1(t) \leqslant -\mu_1 + [\,|s_1(0)| + \mu_1] \cdot \left[\frac{r(t)}{r(0)}\right]^{k_2} \tag{4-100}$$

因此可知存在一个有限时间 $t_1 \in [0, t_{\mathrm{f}})$ 和一个大于零的 $\bar{r}_1(t_1)$,满足 $s_1(t) = 0$。通过不等式(4-100)可求得

$$\bar{r}_1(t_1) \geqslant r(0)\left[\frac{\mu_1}{|s_1(0)| + \mu_1}\right]^{\frac{1}{k_2}} \tag{4-101}$$

这说明,当滑模制导律式(4-94)的系数 k_2 和 ε_1 满足不等式(4-97)时,式(4-94)的状态先到达滑模面,然后弹目相对距离 $r(t)$ 趋近于零。

制导末端过载指令过大往往会造成很大的脱靶量,因此希望在制导末端导弹的过载能够收敛到某个固定的范围。

可以通过如下不等式来确定系数 k_1,保证在制导末端导弹的过载能够收敛到零:

$$k_1 \geqslant \eta_1 \tag{4-102}$$

式中　η_1——大于 1 的正常数。

由不等式(4-101)可知存在一个有限时间 t_1,当 $t \in (t_1, t_{\mathrm{f}})$ 时满足 $s(t) = 0$,则式(4-86)可化成

$$[\sigma(t) - \sigma_{\mathrm{d}}] k_1 \, |\dot{r}(t)| = -r(t)\dot{\sigma}(t) \tag{4-103}$$

对式(4-103)做简单变换,可得

$$\frac{\dot{\sigma}(t)}{\sigma(t) - \sigma_{\mathrm{d}}} = -\frac{k_1 \, |\dot{r}(t)|}{r(t)} \tag{4-104}$$

把不等式(4-102)代入式(4-104)中,得到

$$\frac{\dot{\sigma}(t)}{\sigma(t) - \sigma_{\mathrm{d}}} = -\frac{k_1 \, |\dot{r}(t)|}{r(t)} \leqslant \frac{\eta_1 \, \dot{r}(t)}{r(t)} \tag{4-105}$$

对不等式(4-105)左右两端同时求积分,得到

$$\int_{t_1}^{t}\frac{\dot{\sigma}(\tau)}{\sigma(\tau)-\sigma_d}d\tau \leqslant \int_{t_1}^{t}\frac{\eta_1\dot{r}(\tau)}{r(\tau)}d\tau \tag{4-106}$$

求解不等式(4-106),得到

$$\frac{|\sigma(t)-\sigma_d|}{r(t)} \leqslant |\sigma(t_1)-\sigma_d|\cdot\frac{r^{\eta_1-1}(t)}{r^{\eta_1}(t_1)} \tag{4-107}$$

式中　$t\in(t_1,t_f)$。

由式(4-77)可知当目标固定时,弹目相对距离变化率为

$$\dot{r}(t)=v_m[\rho\cos\lambda_t(t)-\cos\lambda_m(t)]\leqslant v_t-v_m\cos\lambda_m(t)=v_m[\rho-\cos\lambda_m(t)] \tag{4-108}$$

把不等式(4-76)代入式(4-108),得到

$$\dot{r}(t)\leqslant -v_m\cos\lambda_m(t)<0 \tag{4-109}$$

这说明存在一个有限的时间 t_f,使得

$$\lim_{t\to t_f} r(t)=0 \tag{4-110}$$

即导弹能在有限时间内命中到目标。

由式(4-110)可知,不等式(4-107)的右端趋近于零,进一步可得

$$\lim_{t\to t_f}\frac{\sigma(t)-\sigma_d}{r(t)}=0 \tag{4-111}$$

把式(4-111)代入式(4-104),得到

$$\lim_{t\to t_f}\frac{\sigma(t)-\sigma_d}{r(t)}=\lim_{t\to t_f}\left[-\frac{\dot{\sigma}(t)}{k_1|\dot{r}(t)|}\right]=0 \tag{4-112}$$

因为$\lim\limits_{t\to t_f}|\dot{r}(t)|\neq 0$,则式(4-112)可进一步化成

$$\lim_{t\to t_f}\dot{\sigma}(t)=0 \tag{4-113}$$

当 $t\in(t_1,t_f)$时,滑模面 $s_1(t)=0$,此时制导律式(4-94)可化简成

$$A_{cy}(t)=(k_1+1)v_m\dot{\sigma}(t) \tag{4-114}$$

把式(4-113)代入式(4-114),得到

$$\lim_{t\to t_f}A_{cy}(t)=0 \tag{4-115}$$

式(4-115)表明目标固定时,若制导律式(4-94)的系数满足不等式(4-102),导弹命中目标时过载趋近于零。

不等式(4-97)和不等式(4-102)具体给出了目标固定时制导律系数的确定方法,保证制导律具有良好的制导效果。

接下来证明滑模制导律式(4－94)能够导引导弹以期望攻击角度命中目标。

由式(4－110)可知,导弹在有限时间 t_f 内能够命中目标。由前面的分析可知,若再满足式(4－75),则能保证导弹以期望攻击角度命中目标。

由式(4－103)得到

$$\lim_{t\to t_f}[r(t)\dot{\sigma}(t)]=\lim_{t\to t_f}\{-k_1|\dot{r}(t)|[\sigma(t)-\sigma_d]\} \tag{4-116}$$

因为$\lim_{t\to t_f}r(t)=0$,所以式(4－116)等式左端$\lim_{t\to t_f}[r(t)\dot{\sigma}(t)]=0$,则式(4－116)等式右端

$$\lim_{t\to t_f}\{-k_1|\dot{r}(t)|[\sigma(t)-\sigma_d]\}=0 \tag{4-117}$$

又因为$\lim_{t\to t_f}|\dot{r}(t)|\neq 0$,因此有

$$\lim_{t\to t_f}\sigma(t)=\sigma_d \tag{4-118}$$

因此在满足不等式(4－76)和式(4－110)的基础上,有$\lim_{t\to t_f}\theta_m(t)=\theta_d$,即导弹能以期望攻击角度命中目标。

可以把上面的结论总结如下:在满足不等式(4－76)和$0\leqslant\rho<1/\sqrt{2}$的基础上,若滑模制导律的系数满足不等式(4－97)和不等式(4－102),则该制导律能够导引导弹以期望攻击角度命中目标,且命中目标时导弹的制导命令收敛到零。

4.3 终端速度大小控制方法

带终端速度大小约束的制导律设计问题可以采用多种方法解决,包括期望速度曲线法以及其他直接进行速度控制的方法。

4.3.1 理想速度曲线的设计

理想速度曲线设计方法主要包括两个部分,先设计出满足终端速度要求的期望速度随高度变化曲线,再将实际速度控制到这条期望速度曲线上,以达到减速的目的。

在进行速度大小控制之前,首先应确定出减速的依据,为此需要设计出一条期望速度随高度变化的曲线,如果速度能按此曲线变化,或者接近此曲线变化,则可以满足终端速度约束条件。设计出的期望速度曲线需满足以下几个原则:

(1)期望速度曲线在终端的速度应近似等于所要求的速度约束条件,允许有

一定的偏差。

(2)期望速度曲线在接近目标时应该与实际情况差别较小,而高空段允许有较大的偏差。这就意味着尽量在高空段进行减速,在终端的前一段距离较少甚至停止减速控制。

(3)期望速度曲线应便于计算,最好能用解析式表达。

为方便研究,首先就质心动力学方程进行必要的简化。针对所研究的速度随高度变化的问题,假设地球为圆球体,且只考虑飞行器的纵向运动,可以忽略侧向参数,即认为 σ、γ_c、β、Z 等参数均为 0,则飞行器质心运动模型可以简化为

$$\begin{cases} \dot{v} = \dfrac{1}{m}(-A\cos\alpha - N\sin\alpha) + g_x\cos\theta + g_y\sin\theta \\ \dot{\theta} = \dfrac{1}{mv}[-A(\sin\alpha\cos\gamma_c) + N(\cos\alpha\cos\gamma_c)] - \dfrac{\sin\theta}{v}g_x + \dfrac{\cos\theta}{v}g_y \end{cases} \tag{4-119}$$

式中 g_x、g_y——重力加速度在发射坐标系下的分量。

根据各量的物理意义,可以推出

$$\begin{cases} g_x\cos\theta + g_y\sin\theta = g\sin\Theta \\ g_x\sin\theta + g_y\cos\theta = g\cos\Theta \end{cases} \tag{4-120}$$

式中 Θ——当地弹道倾角。

若忽略地球自转,不考虑重力加速度随高度的变化,可将重力加速度近似认为 $g = g_0$,则由式(4-120)和式(4-119)有

$$\begin{cases} \dot{v} = \dfrac{1}{m}(-A\cos\alpha - N\sin\alpha) - g_0\sin\Theta \\ \dot{\theta} = \dfrac{1}{mv}(-A\sin\alpha + N\cos\alpha) - \dfrac{\cos\Theta}{v}g_0 \end{cases} \tag{4-121}$$

上式中,令

$$\begin{cases} A\cos\alpha + N\sin\alpha = D \\ -A\sin\alpha + N\cos\alpha = L \end{cases} \tag{4-122}$$

式中 D——飞行器所受阻力;

L——飞行器所受升力。

则式(4-121)可写成

$$\begin{cases} \dot{v} = -\dfrac{D}{m} - g_0\sin\Theta \\ \dot{\theta} = \dfrac{L}{mv} - \dfrac{\cos\Theta}{v}g_0 \end{cases} \tag{4-123}$$

通过仿真验证，飞行器飞行过程中升阻比变化不明显，可设定为常数，即 $L/D=c$，则

$$D=L\frac{D}{L}=L/c \tag{4-124}$$

则式(4-123)可进一步改写成

$$\begin{cases}\dot{v}=-\dfrac{L}{mc}-g_0\sin\Theta\\ \dot{\theta}=\dfrac{L}{mv}-\dfrac{\cos\Theta}{v}g_0\end{cases} \tag{4-125}$$

其中升力 L 可由下式求得：

$$L=\frac{1}{2}\rho v^2 S_{\mathrm{ref}}C_L \tag{4-126}$$

式中 ρ——大气密度；

C_L——升力系数，这里考虑升力系数 C_L 不是常数的情况。

由式(4-122)可知

$$C_L=-C_{\mathrm{A}}\sin\alpha+C_{\mathrm{N}}\cos\alpha \tag{4-127}$$

根据已知的气动数据表可以通过插值求出 C_{A} 和 C_{N}，进而可以根据式(4-127)求出不同攻角下的 C_L。通过解算，可以看出 C_L 与攻角 α 属线性关系，则 C_L 可表示为

$$C_L=C_L^{\alpha}\cdot\alpha \tag{4-128}$$

其中升力系数对攻角的导数 C_L^{α} 随马赫数 Ma 而变化，即 C_L^{α} 为马赫数的函数 $C_L^{\alpha}(Ma)$，通过计算和比较，可以拟合出 C_L^{α} 与 Ma 间的函数关系，即

$$C_L^{\alpha}(Ma)=c_1\times Ma^{-2}+c_2 \tag{4-129}$$

式中 c_1、c_2——常数，由拟合曲线求得；

马赫数 $Ma=v/v_{\mathrm{c}}$，v_{c} 为当前高度下的声速。

同时将式(4-128)、式(4-129)代入到式(4-126)，则可得

$$L=\frac{1}{2}\rho v^2 S_{\mathrm{ref}}\left[c_1\left(\frac{v}{v_{\mathrm{c}}}\right)^{-2}+c_2\right]\alpha \tag{4-130}$$

大气密度随高度变化，可以取近似公式计算，取 $\rho=\rho_0\mathrm{e}^{-\beta h}$，其中 ρ_0 和 β 均为已知的常数。整理可得升力的表达式如下：

$$L=\frac{1}{2}\rho_0\mathrm{e}^{-\beta h}S_{\mathrm{ref}}\alpha(c_1v_{\mathrm{c}}^2+c_2v^2) \tag{4-131}$$

将其代入到式(4-126)，可得

$$\frac{\mathrm{d}v}{\mathrm{d}t}=-\frac{1}{2mc}\rho_0\mathrm{e}^{-\beta h}S_{\mathrm{ref}}\alpha(c_1v_{\mathrm{c}}^2+c_2v^2)-g_0\sin\Theta \tag{4-132}$$

根据 $\mathrm{d}h/\mathrm{d}t=v\sin\Theta$ 可得出速度和高度的微分关系，即

$$\frac{\mathrm{d}v}{\mathrm{d}h}=\frac{\mathrm{d}v}{\mathrm{d}t}\frac{\mathrm{d}t}{\mathrm{d}h}=\frac{\mathrm{d}v}{\mathrm{d}t}\frac{1}{v\sin\Theta} \tag{4-133}$$

将式(4－133)代入式(4－132)，则式(4－132)可改写为

$$\frac{\mathrm{d}v}{\mathrm{d}h}=-\frac{\rho_0S_{\mathrm{ref}}\alpha}{2mc\sin\Theta}\frac{c_1v_{\mathrm{c}}^2+c_2v^2}{v}\mathrm{e}^{-\beta h}-\frac{g_0}{v} \tag{4-134}$$

令 $k_1=-\dfrac{\rho_0S_{\mathrm{ref}}\alpha}{2mc\sin\Theta}$，$k_2=-g_0$，则可推出速度随高度变化的微分方程为

$$\frac{\mathrm{d}v}{\mathrm{d}h}=k_1\frac{c_1v_{\mathrm{c}}^2+c_2v^2}{v}\mathrm{e}^{-\beta h}+\frac{k_2}{v} \tag{4-135}$$

对式(4－135)积分求出的近似解即为所设计的期望速度曲线。但是由于考虑了重力作用，Θ 角不等于常数，因此 k_1 也不等于常数，故不易求得近似解。为了近似求速度的大小，可以先认为 k_1 为常数，待求出了速度的解析表达式之后再对 k_1 分段取常数。

对式(4－135)的微分方程进行积分求解，该式可以改写为

$$\frac{1}{2}\frac{\mathrm{d}v^2}{\mathrm{d}h}=k_1(c_1v_{\mathrm{c}}^2+c_2v^2)\mathrm{e}^{-\beta h}+k_2 \tag{4-136}$$

为方便计算，将式(4－136)做如下处理：

$$\frac{1}{2c_2}\frac{\mathrm{d}(c_1v_{\mathrm{c}}^2+c_2v^2)}{\mathrm{d}h}=k_1(c_1v_{\mathrm{c}}^2+c_2v^2)\mathrm{e}^{-\beta h}+k_2 \tag{4-137}$$

令 $c_1v_{\mathrm{c}}^2+c_2v^2=y$，$h=x$，则可将式(4－137)化简为

$$\frac{\mathrm{d}y}{\mathrm{d}x}=2c_2k_1\mathrm{e}^{-\beta x}y+2c_2k_2 \tag{4-138}$$

式(4－138)属于非齐次线性微分方程，其中

$$P(x)=2c_2k_1\mathrm{e}^{-\beta x},\quad Q(x)=2c_2k_2$$

根据非齐次线性微分方程解的形式可以求出

$$y=\mathrm{e}^{\int 2c_2k_1\mathrm{e}^{-\beta x}\mathrm{d}x}\left(\int 2c_2k_2\mathrm{e}^{-\int 2c_2k_1\mathrm{e}^{-\beta x}\mathrm{d}x}\mathrm{d}x+C\right)=\mathrm{e}^{-\frac{1}{\beta}2c_2k_1\mathrm{e}^{-\beta x}}\left(\int 2c_2k_2\mathrm{e}^{\frac{1}{\beta}2c_2k_1\mathrm{e}^{-\beta x}}\mathrm{d}x+C\right) \tag{4-139}$$

其中 $\int 2c_2k_2\mathrm{e}^{\frac{1}{\beta}2c_2k_1\mathrm{e}^{-\beta x}}\mathrm{d}x$ 的积分不易求得，这里将其进行一阶泰勒展开，可以得到

$$\mathrm{e}^{\frac{1}{\beta}2c_2k_1\mathrm{e}^{-\beta x}}=1+\frac{1}{\beta}2c_2k_1\mathrm{e}^{-\beta x} \tag{4-140}$$

将式(4－140)代入到式(4－139),可以求得近似后的积分为

$$y = \mathrm{e}^{-\frac{1}{\beta}2c_2k_1\mathrm{e}^{-\beta x}}\left(2c_2k_2x - \frac{2{c_2}^2}{\beta^2}k_1k_2\mathrm{e}^{-\beta x} + C\right) \tag{4－141}$$

代入初始条件 $v(h_0) = v_0$,即 $c_1v_c^2 + c_2{v_0}^2 = y_0$,$h_0 = x_0$,可以解得式(4－141)中的常数 C 为

$$C = \frac{c_1v_c^2 + c_2{v_0}^2}{\mathrm{e}^{-\frac{1}{\beta}2c_2k_1\mathrm{e}^{-\beta h_0}}} - 2c_2k_2h_0 + \frac{(2c_2)^2}{\beta^2}k_1k_2\mathrm{e}^{-\beta h_0} \tag{4－142}$$

再将 C 代回到式(4－141),经整理可以得到速度随高度的变化曲线为

$$v = \sqrt{\mathrm{e}^{-\frac{1}{\beta}2c_2k_1\mathrm{e}^{-\beta h}}\left[2k_2(h-h_0) - \frac{4c_2}{\beta^2}k_1k_2(\mathrm{e}^{-\beta h} - \mathrm{e}^{-\beta h_0})\right] + \mathrm{e}^{-\frac{1}{\beta}2c_2k_1(\mathrm{e}^{-\beta h} - \mathrm{e}^{-\beta h_0})}\left(\frac{c_1}{c_2}v_0^2\right) - \frac{c_1}{c_2}} \tag{4－143}$$

式中

$$k_1 = -\frac{\rho_0 S_{\mathrm{ref}}\alpha}{2mc\sin\Theta},\quad k_2 = -g_0$$

4.3.2 速度大小控制

速度控制就是把实际速度控制到期望速度曲线上去。将速度 v 减小到 v^*,在依靠空气动力实施机动飞行的条件下,可通过增加攻角 α,依赖增加的诱导阻力使飞行器减速。但是攻角增大不仅会引起诱导阻力,同时也会引起升力的变化,飞行器将脱离原来设定的轨迹,向升力增加的方向偏转,这样是不利的。文献[16]中提到,在减速控制过程中保持附加攻角 $\Delta\alpha$ 垂直加到原攻角 $\tilde{\alpha}$ 上,可以减少升力变化给飞行器运动特性带来的干扰,即

$$\alpha^2 = \tilde{\alpha}^2 + \Delta\alpha^2 \tag{4－144}$$

按已设计的末段制导律所确定的速度方向的转率为

$$\dot{\gamma}_{\mathrm{g}} = \sqrt{{\dot{\gamma}_{\mathrm{D}}}^2 + {\dot{\gamma}_{\mathrm{T}}}^2} \tag{4－145}$$

在目前讨论的范围内,可以近似认为 $\theta \approx \gamma_{\mathrm{D}}$,同时考虑到 Θ 渐趋近于 90°,可以忽略重力对弹道倾角的影响。由 $\dot{\theta} = \frac{L}{mv} - \frac{\cos\Theta}{v}g_0$,可得出近似式

$$\dot{\gamma}_{\mathrm{D}} = \frac{\rho v S_{\mathrm{ref}} C_L^{\alpha}\tilde{\alpha}}{2m} \tag{4－146}$$

同时侧滑角 $\beta \approx 0$,则

$$\dot{\gamma}_{g} \approx \dot{\gamma}_{D} = \frac{\rho v S_{ref} C_L^{\alpha} \tilde{\alpha}}{2m} \tag{4-147}$$

$$\dot{\gamma}_{B} \approx \dot{\gamma}_{BD} = \frac{\rho v S_{ref} C_L^{\alpha} \alpha}{2m} \tag{4-148}$$

同理可得关于 $\Delta\dot{\gamma}$ 的类似表达式

$$\Delta\dot{\gamma} = \begin{cases} \dfrac{\rho v S_{ref} C_L^{\alpha} \Delta\alpha}{2m} & (v > v^*) \\ 0 & (v \leqslant v^*) \end{cases} \tag{4-149}$$

由式(4-145)的关系可知,附加总攻角产生的 $\Delta\dot{\gamma}$ 是垂直加在 $\dot{\gamma}_g$ 方向上的,故加上附加总攻角后的速度方向的转率为

$$\dot{\gamma}_{B} = \sqrt{\dot{\gamma}_{g}^{2} + \Delta\dot{\gamma}^{2}} \tag{4-150}$$

故

$$\begin{cases} \dot{\gamma}_{BD} = \dot{\gamma}_{D} + \dfrac{\dot{\gamma}_{T}}{\dot{\gamma}_{g}} \Delta\dot{\gamma} \\ \dot{\gamma}_{BT} = \dot{\gamma}_{T} - \dfrac{\dot{\gamma}_{D}}{\dot{\gamma}_{g}} \Delta\dot{\gamma} \end{cases} \tag{4-151}$$

由式(4-151)可知,求解加入速度大小控制之后的制导律即需要求解 $\Delta\dot{\gamma}$,如式(4-149),其中 $\Delta\alpha$ 的求解方法如下:

未加减速运动时,由制导律所确定的该时刻总攻角为 $\tilde{\alpha}$,则此时阻力加速度为

$$mA_{Dc} = -\frac{1}{2}\rho_c v_c^2 S_{ref} C_D \tag{4-152}$$

式中 C_D——阻力系数,可以拟合成

$$C_D = C_{D0} + C_D^{\alpha} \tilde{\alpha}^2 \tag{4-153}$$

其中 C_{D0}——$\tilde{\alpha}=0$ 时的阻力系数;

$C_{Di} = C_D^{\alpha}\tilde{\alpha}^2$——$\tilde{\alpha}$ 引起的诱导阻力系数。

若在此刻附加了减速运动,则其攻角变成 α,但是 α 未知,则此时阻力加速度为

$$mA_D = -\frac{1}{2}\rho v^2 S_{ref}(C_{D0} + C_D^{\alpha}\alpha^2) \tag{4-154}$$

在此观察时刻以后的短时间内可近似认为 $v_c \approx v, \rho_c \approx \rho$，则

$$A_D - A_{Dc} = -\frac{1}{2m}\rho v^2(\alpha^2 - \tilde{\alpha}^2)C_D^\alpha S_{\mathrm{ref}} \tag{4-155}$$

设某一时刻实际速度 v 和期望速度 v^* 的差为 $v-v^*$，如果认为在 $T_g = -\rho_{\mathrm{MT}}/\dot{\rho}_{\mathrm{MT}}$ 时间内完成减速，则此时所需的平均加速度为 $(v-v^*)/T_g$，但实际上并不是在 T_g 时间内完成，所以应加修正系数 K，故可以认为附加的切向加速度为

$$-K\left(\frac{v-v^*}{T_g}\right) = A_D - A_{Dc} = -\frac{1}{2m}\rho v^2(\alpha^2 - \tilde{\alpha}^2)C_D^\alpha S_{\mathrm{ref}} \tag{4-156}$$

由附加攻角 $\Delta\alpha^2$ 满足 $\Delta\alpha^2 = \alpha^2 - \tilde{\alpha}^2$，式(4－156)可改写为

$$-K\left(\frac{v-v^*}{T_g}\right) = -\frac{1}{2m}\rho v^2 \Delta\alpha^2 C_D^\alpha S_{\mathrm{ref}} \tag{4-157}$$

通过式(4－157)可以求出

$$\Delta\alpha = \left[\frac{2m}{C_D^\alpha S_{\mathrm{ref}}}K\left(\frac{v-v^*}{v}\right)\frac{1}{T_g}\frac{1}{\rho v}\right]^{\frac{1}{2}} \tag{4-158}$$

则可得

$$\Delta\dot{\gamma} = \begin{cases} \dfrac{\rho v S_{\mathrm{ref}} C_L^\alpha}{2m}\left[\dfrac{2m}{C_D^\alpha S_{\mathrm{ref}}}K\left(\dfrac{v-v^*}{v}\right)\dfrac{1}{T_g}\dfrac{1}{\rho v}\right]^{\frac{1}{2}} & (v > v^*) \\ 0 & (v \leqslant v^*) \end{cases} \tag{4-159}$$

将式(4－159)代入式(4－151)中，则可得出最终考虑终端速度约束的制导律。

未验证速度控制方法的有效性，在比例制导律的基础上，加入速度大小控制，对其进行仿真验证，比例制导律如下：

$$\begin{cases} \dot{\gamma}_{\mathrm{D}} = k_1 \dot{\lambda}'_{\mathrm{D}} \\ \dot{\gamma}_{\mathrm{T}} = k_2 \dot{\lambda}_{\mathrm{T}} \end{cases} \tag{4-160}$$

其中可选取比例系数 $k_1 = 4, k_2 = 3$。飞行器初始速度为 2 400 m/s，期望的终端速度为 1 000 m/s。取参数 $K = 9$。两者的制导效果比较见表 4－1。

表 4-1　制导精度比较

速度大小控制	位置偏差/m	飞行时间/s	终端速度/($m \cdot s^{-1}$)
否	0.002 2	23.726 1	1 986.4
是	0.002 5	35.421 2	999.9

通过表 4-1 的比较可以看出，在加入速度大小控制之后，飞行器仍能到达目标点，位置偏差没有明显的变化，但飞行时间明显增长，速度也有明显的下降，可以达到期望的终端速度，与未加入速度控制时的终端速度相差近 1 000 m/s，说明该飞行器有很好的减速能力。

仿真曲线如图 4-3 ~4-5 所示。其中图 4-3 绘制了发射坐标下的三维曲线，可以看出，在加入速度大小控制之后，飞行器出现了明显的 S 形运动现象。通过图 4-4 对攻角的比较可以看出，加入速度大小控制后攻角明显增大，符合本书采用的减速方式，即通过增大攻角以增大诱导阻力来减速。图 4-5 所示为速度随高度的变化曲线，可以看出加入速度大小控制之后，速度有了明显的下降，可达到期望的终端速度，同时在较高空段的减速更为明显，接近目标段实际速度曲线与期望曲线很贴近。

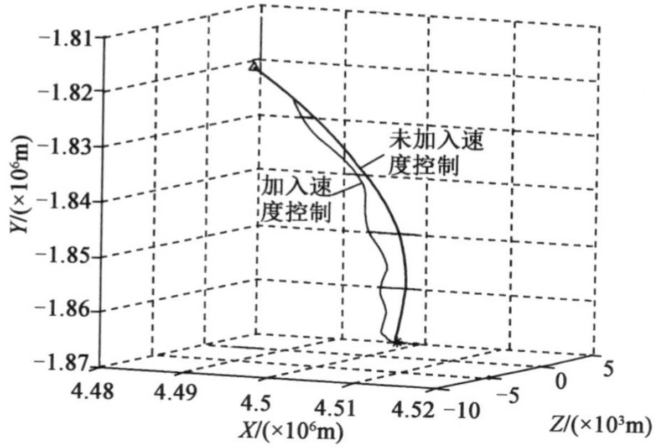

图 4-3　发射坐标系下的飞行器轨迹

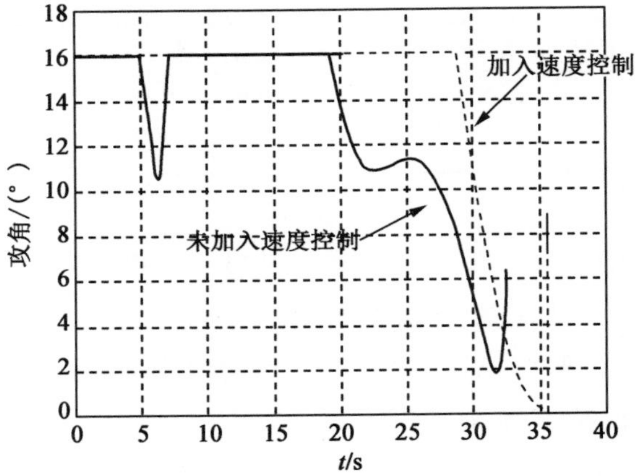

图 4-4　攻角变化曲线

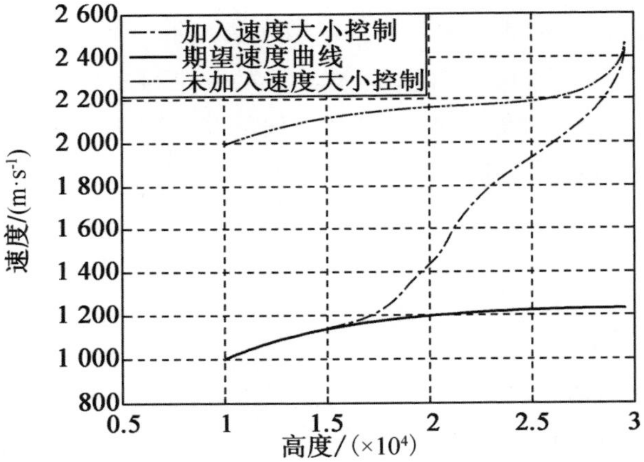

图 4-5　速度随高度变化曲线

4.4　俯冲段制导控制一体化方法

传统的飞行器制导和控制系统设计方法是基于频谱分离思想，将制导和控制回路分开设计，如图 4-6 所示。由制导系统根据弹目相对运动生成制导指令，控制系统根据制导指令控制气动舵或其他执行机构动作使飞行器进行机动飞行以实现对目标的跟踪打击。然而在末制导段，频谱分离的条件往往得不到满足，制导和控制回路不能简单地分离，这可能导致制导指令的饱和并最终产生较大的脱靶量。

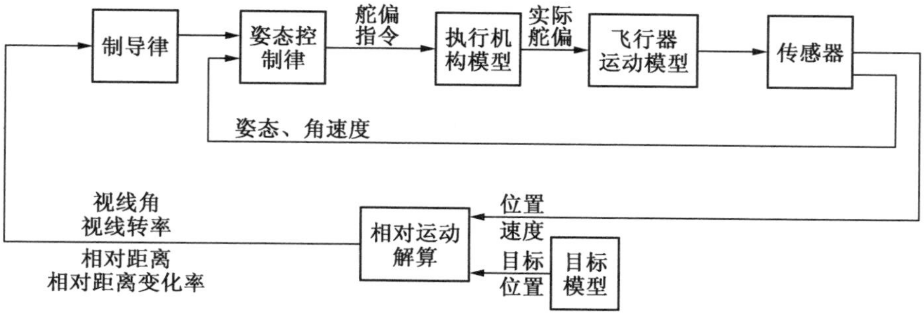

图 4－6　传统制导与控制系统分离设计结构图

4.4.1　制导控制一体化的概念

制导控制一体化设计方法是 Williams 等人于 20 世纪 80 年代首次提出，这种方法对制导与控制系统之间、控制通道之间的耦合关系进行了充分考虑。近 40 年来，这种整体设计的思想受到很多关注，同时也取得了较多有价值的研究成果。制导控制一体化方法可大致分为三类，具体介绍如下：

（1）制导控制准一体化设计方法。

制导控制准一体化设计结构图如图 4－7 所示。为了提高飞行器性能来实现对目标的精确打击，很多研究工作的思路是将飞行器姿态控制系统或者自动驾驶仪的动态特性引入到制导律的设计中，以此方式来降低飞行器控制系统动态产生的影响。然而此类制导控制一体化设计方法在本质上依然隶属于制导控制系统分离设计方式，没有脱离传统设计思路，因此称这种方法为制导与控制系统准一体化设计。制导控制准一体化设计方法在一定程度上利用了系统间的耦合关系，因此飞行器控制系统性能可以得到改善。

（2）分通道制导控制一体化设计方法。

分通道制导控制一体化设计结构图如图 4－8 所示，此类方法的研究成果较多，思路以在独立控制通道内进行设计居多，三维设计方法中控制通道间关系通过控制参数来协调。

（3）全状态制导控制一体化设计。

全状态制导控制一体化设计结构图如图 4－9 所示。将飞行器的制导与姿态控制系统合并后可视为一类高阶非线性系统，状态量之间的关系错综复杂，这对于控制器的设计提出了较大挑战，充分考虑模型耦合因素的制导控制一体化设计的研究成果较少。

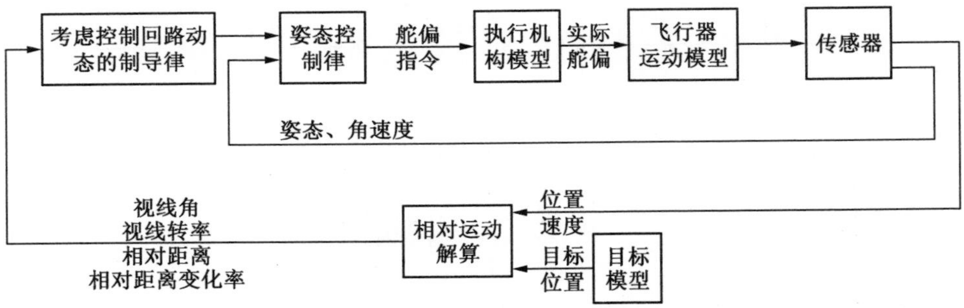

图 4－7　制导控制准一体化设计结构图

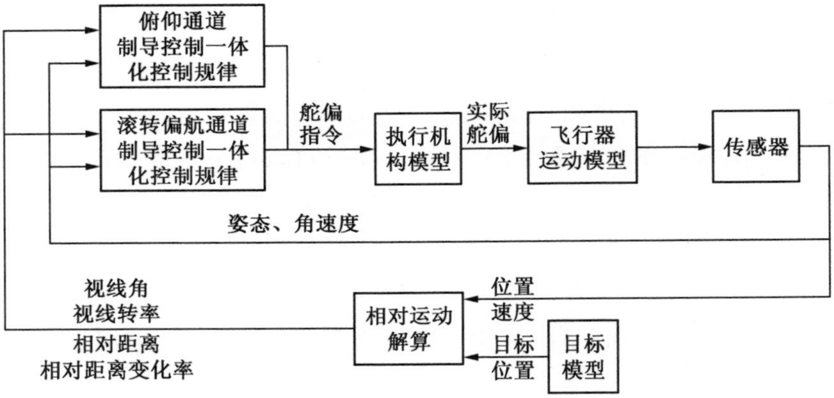

图 4－8　分通道制导控制一体化设计结构图

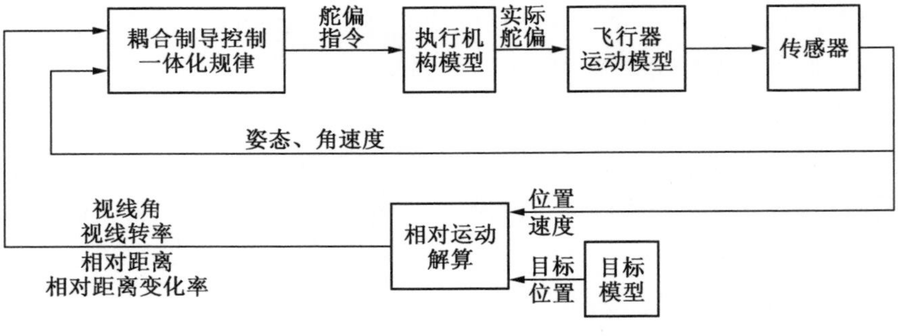

图 4－9　全状态制导控制一体化设计结构图

4.4.2　基于控制回路简化模型的制导控制一体化方法

如前所述，弹目相对运动模型的控制输入为速度转率，该输入和飞行器的状态输出不显式相关，不便于进行考虑飞行器控制回路动态的制导律设计。本节先对飞行器相对运动模型进行简化，得到以飞行器的法向过载和倾侧角为输入的相对运动模型。再对简化的相对运动模型进行变换，得到与 BTT 飞行器控制特性相适应的相对运动模型。

俯冲平面和转弯平面内弹目相对运动模型为

$$\begin{cases}\ddot{\lambda}_D=\left(\dfrac{\dot{v}_D}{v_D}-\dfrac{2\dot{\rho}}{\rho}\right)\dot{\lambda}_D+\dfrac{\dot{\rho}}{\rho}\dot{\gamma}_D\\ \ddot{\lambda}_{TT}=\left(\dfrac{\dot{v}_T}{v_T}-\dfrac{2\dot{\rho}}{\rho}\right)\dot{\lambda}_{TT}+\dfrac{\dot{\rho}}{\rho}\dot{\gamma}_T\end{cases}\tag{4-161}$$

式中　$\dot{\gamma}_T$、$\dot{\gamma}_D$——飞行器速度方向转动绝对角速度 Ω 在视线坐标系 y_s、z_s 轴上的投影。

设飞行器法向过载表示为 n_L（沿速度坐标系 y_3 方向，即升力方向），由弹道坐标系、地面坐标系和视线坐标系间的转换关系可得

$$\begin{cases}n_L\cos\gamma_v-\cos\theta=\dfrac{v}{g}\dfrac{\dot{\gamma}_D}{\cos(\mu-\sigma)}\\ n_L\sin\gamma_v=-\dfrac{v}{g}\dfrac{\dot{\gamma}_T}{\cos(\lambda-\theta)}\end{cases}\tag{4-162}$$

将式(4-162)代入式(4-161)得

$$\begin{cases}\ddot{\lambda}_D=\left(\dfrac{\dot{v}_D}{v_D}-\dfrac{2\dot{\rho}}{\rho}\right)\dot{\lambda}_D+\dfrac{\dot{\rho}}{\rho}\dfrac{\cos(\mu-\sigma)}{v}(n_Lg\cos\gamma_v-g\cos\theta)\\ \ddot{\lambda}_{TT}=\left(\dfrac{\dot{v}_T}{v_T}-\dfrac{2\dot{\rho}}{\rho}\right)\dot{\lambda}_{TT}-\dfrac{\dot{\rho}}{\rho}\dfrac{\cos(\lambda-\theta)}{v}n_Lg\sin\gamma_v\end{cases}\tag{4-163}$$

当飞行器靠近目标时，飞行器速度方向趋近于视线方向，有 $v_T\approx v$，$v_D\approx v$，$\cos(\mu-\sigma)\approx1$，$\cos(\lambda-\theta)\approx1$。忽略重力影响即得出简化弹目相对运动方程为

$$\begin{cases}\ddot{\lambda}_D=\left(\dfrac{\dot{v}}{v}-\dfrac{2\dot{\rho}}{\rho}\right)\dot{\lambda}_D+\dfrac{\dot{\rho}}{\rho}\dfrac{g}{v}n_L\cos\gamma_v\\ \ddot{\lambda}_{TT}=\left(\dfrac{\dot{v}}{v}-\dfrac{2\dot{\rho}}{\rho}\right)\dot{\lambda}_{TT}-\dfrac{\dot{\rho}}{\rho}\dfrac{g}{v}n_L\sin\gamma_v\end{cases}\tag{4-164}$$

定义旋转视线坐标系 $O-x_{s1}y_{s1}z_{s1}$，原点 O 取在飞行器质心处；x_{s1} 轴由飞行器质心指向目标点；y_{s1} 轴在飞行器纵向对称平面内且与 x_{s1} 轴垂直；z_{s1} 轴按右手定则确定。

用视线滚转角 γ_s 描述视线坐标系与旋转视线坐标系间的关系，视线滚转角 γ_s 即旋转视线坐标系轴 y_{s1} 与包含视线轴 x_s 轴的铅垂面之间的夹角。沿视线方向看，y_s 轴顺时针方向转到 y_{s1} 轴时，视线滚转角为正。视线坐标系与旋转视线坐标系之间的相对关系如图 4－10 所示。

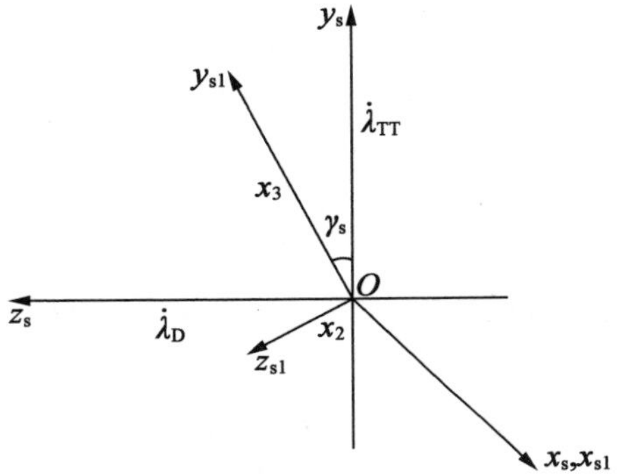

图 4－10　视线坐标系与旋转视线坐标系之间的相对关系

视线坐标系到旋转视线坐标系的转换矩阵为

$$S(\gamma_s)=\begin{bmatrix}1 & 0 & 0\\ 0 & \cos\gamma_s & \sin\gamma_s\\ 0 & -\sin\gamma_s & \cos\gamma_s\end{bmatrix} \tag{4-165}$$

定义俯冲平面内视线高低角偏差 x_1 为俯冲平面内视线高低角与终端期望值之差，定义新的视线转率 x_2、x_3 分别为视线角转率 $\dot{\lambda}_D$、$\dot{\lambda}_{TT}$ 在 z_{s1} 轴和 y_{s1} 轴上的投影，则

$$\begin{cases}x_1=\lambda_D-\lambda_{Df}\\ x_2=\cos\gamma_s\dot{\lambda}_D-\sin\gamma_s\dot{\lambda}_{TT}\\ x_3=\sin\gamma_s\dot{\lambda}_D+\cos\gamma_s\dot{\lambda}_{TT}\end{cases} \tag{4-166}$$

当飞行器靠近目标时，飞行器速度方向趋近于视线方向，有 $\gamma_s\approx\gamma_v$，将简化弹目相对运动模型式(4－161)用状态变量 x_1、x_2、x_3 表示可得与 BTT 飞行器控制特性相适应的相对运动模型为

$$\begin{cases}\dot{x}_1 = \cos\gamma_v x_2 + \sin\gamma_v x_3 \\ \dot{x}_2 = a x_2 + b n_L - x_3\dot{\gamma}_v \\ \dot{x}_3 = a x_3 + x_2\dot{\gamma}_v\end{cases} \tag{4-167}$$

式中

$$a = \frac{\dot{v}}{v} - \frac{2\dot{\rho}}{\rho},\quad b = \frac{\dot{\rho}}{\rho}\frac{g}{v}$$

考虑到飞行器控制回路动态特性对制导效果的影响，在建立飞行器制导律设计模型时应考虑飞行器控制回路动态特性。这里假设飞行器倾侧角跟踪回路的时间常数为 τ_b、法向过载跟踪回路的时间常数为 τ_a，则飞行器控制回路动态特性满足

$$\begin{cases}\dot{n}_L = (n_{LC} - n_L)/\tau_a \\ \dot{\gamma}_v = (\gamma_{vC} - \gamma_v)/\tau_b\end{cases} \tag{4-168}$$

式中　n_{LC}、n_L——飞行器法向过载指令和实际法向过载；

γ_{vC}、γ_v——倾侧角指令和实际倾侧角。

设飞行器的倾侧角速率近似等于滚转角速率，既 $\dot{\gamma}_v \approx \omega_x$。综合相对运动模型与飞行器控制回路动态特性，取状态变量 $\boldsymbol{x} = [x_1 \quad x_2 \quad x_3 \quad n_L]$，控制输入 $\boldsymbol{u} = [n_{LC} \quad \gamma_{vC}]$，可得飞行器带落角约束并考虑控制回路动态的制导律设计模型为

$$\dot{\boldsymbol{x}} = \boldsymbol{F}_1(\boldsymbol{x}) + \boldsymbol{G}_1(\boldsymbol{x})\boldsymbol{u} \tag{4-169}$$

式中

$$\boldsymbol{F}_1(\boldsymbol{x}) = [f_{11} \quad f_{12} \quad f_{13} \quad f_{14}]^{\mathrm{T}}$$

$$\boldsymbol{G}_1(\boldsymbol{x}) = \begin{bmatrix} 0 & 0 & 0 & \dfrac{1}{\tau_a} \\ 0 & 0 & \dfrac{x_2}{\tau_b} & 0 \end{bmatrix}^{\mathrm{T}}$$

$$f_{11} = \cos\gamma_v x_2 + \sin\gamma_v x_3$$

$$f_{12} = a x_2 + b n_L - \omega_x x_3$$

$$f_{13} = a x_3 - \frac{\gamma_v}{\tau_b} x_2$$

$$f_{14} = -\frac{n_L}{\tau_a} \tag{4-170}$$

由于相对运动方程中不显含落角，只有通过约束其他变量来间接约束落角。由此引入视线角转率约束和俯冲平面内视线高低角约束。

视线角转率约束为

$$\begin{cases}\dot{\lambda}_{\mathrm{D}}(tf)=0\\ \dot{\lambda}_{\mathrm{TT}}(tf)=0\end{cases} \tag{4-171}$$

俯冲平面内视线高低角约束为

$$\lambda_{\mathrm{D}}(tf)=\lambda_{\mathrm{Df}}=\theta_{\mathrm{f}}$$

视线角转率约束要求终端时刻视线角转率等于0,使飞行器速度方向等于视线方向,飞行器落角等于俯冲平面内视线高低角。在终端时刻飞行器俯冲平面内视线高低角等于期望值就是飞行器落角满足期望值。

将在视线坐标系下定义的终端约束转换为对新的状态变量 x_1、x_2、x_3 的约束,可以表示为

$$\begin{cases}x_1(tf)=0\\ x_2(tf)=0\\ x_3(tf)=0\end{cases} \tag{4-172}$$

为满足俯冲平面内视线高低角约束,令视线角满足如下期望动态:

$$\dot{\lambda}_{\mathrm{D}}^{*}=k_{11}(\lambda_{\mathrm{D}}-\lambda_{\mathrm{Df}}) \tag{4-173}$$

由式(4-173)和制导律设计模型的相对运动分量得状态 x_2、x_3 的期望值可取为

$$\begin{cases}x_2^{*}=\cos\gamma_{\mathrm{v}}(k_{11}x_1-\dot{\lambda}_{\mathrm{D}})\\ x_3^{*}=\sin\gamma_{\mathrm{v}}(k_{11}x_1-\dot{\lambda}_{\mathrm{D}})\end{cases} \tag{4-174}$$

式中

$$\dot{\lambda}_{\mathrm{D}}=\cos\gamma_{\mathrm{v}}x_2+\sin\gamma_{\mathrm{v}}x_3$$

进一步令 x_2 满足如下期望动态:

$$\dot{x}_2^{*}=k_{21}(x_2-x_2^{*}) \tag{4-175}$$

将式(4-175)代入制导律设计模型中可得

$$n_{\mathrm{L}}^{*}=\frac{1}{b}[-ax_2+k_{21}(x_2-x_2^{*})+x_3\omega_x] \tag{4-176}$$

为解决膨胀问题(Explosion of Terms),采用动态滑模控制技术,将期望值通过一阶滤波器获得虚拟期望输入,即

$$\begin{cases}n_{\mathrm{Ld}}=\dfrac{1}{\tau_1 s+1}n_{\mathrm{L}}^{*}\\ x_{3\mathrm{d}}=\dfrac{1}{\tau_2 s+1}x_3^{*}\end{cases} \tag{4-177}$$

虚拟期望输入的一阶导数可表示为

$$\begin{cases}\dot{n}_{\mathrm{Ld}}=\dfrac{n_{\mathrm{Ld}}-n_{\mathrm{L}}^{*}}{\tau_1}\\[2ex]\dot{x}_{3\mathrm{d}}=\dfrac{x_{3\mathrm{d}}-x_3^{*}}{\tau_2}\end{cases}\tag{4-178}$$

为实现式(4－175)和式(4－176)设计下面两个切换函数：

$$\begin{cases}s_1=n_{\mathrm{L}}-n_{\mathrm{Ld}}\\s_2=x_3-x_{3\mathrm{d}}\end{cases}\tag{4-179}$$

采用滑模趋近律

$$\begin{cases}\dot{s}_1=-k_1s_1-\varepsilon_1\operatorname{sgn}s_1\\\dot{s}_2=-k_2s_2-\varepsilon_2\operatorname{sgn}s_2\end{cases}\tag{4-180}$$

由此可得

$$\begin{cases}\dot{n}_{\mathrm{L}}-\dot{n}_{\mathrm{Ld}}=-k_1(n_{\mathrm{L}}-n_{\mathrm{Ld}})-\varepsilon_1\operatorname{sgn}s_1\\\dot{x}_3-\dot{x}_{3\mathrm{d}}=-k_2(x_3-x_{3\mathrm{d}})-\varepsilon_2\operatorname{sgn}s_2\end{cases}\tag{4-181}$$

可得带落角约束并考虑控制回路动态的制导律为

$$\begin{cases}n_{\mathrm{LC}}=(1-k_1\tau_{\mathrm{a}})n_{\mathrm{L}}+\left(k_1\tau_{\mathrm{a}}+\dfrac{\tau_{\mathrm{a}}}{\tau_1}\right)n_{\mathrm{Ld}}-\dfrac{\tau_{\mathrm{a}}}{\tau_1}n_{\mathrm{L}}^{*}-\varepsilon_1\tau_{\mathrm{a}}\operatorname{sgn}s_1\\[2ex]\gamma_{\mathrm{vC}}=\gamma_{\mathrm{v}}+\dfrac{1}{x_2}\left[-(a\tau_{\mathrm{b}}+k_2\tau_{\mathrm{b}})x_3+\left(k_2\tau_{\mathrm{b}}+\dfrac{\tau_{\mathrm{b}}}{\tau_2}\right)x_{3\mathrm{d}}-\dfrac{\tau_{\mathrm{b}}}{\tau_2}x_3^{*}-\varepsilon_2\tau_{\mathrm{b}}\operatorname{sgn}s_2\right]\end{cases}\tag{4-182}$$

在式(4－181)中视线转率 x_2 过零时会使倾侧角指令奇异，由相对运动方程可知视线转率 x_2 不会恒等于零。视线转率 x_2 过零时，可通过设置视线转率 x_2 最小值来避免倾侧角指令奇异，即

$$x_2=\begin{cases}x_2 & (|x_2|>\delta_1)\\\delta_1\operatorname{sgn}x_2 & (|x_2|\leqslant\delta_1)\end{cases}\tag{4-183}$$

为削弱抖振，需要对非连续开关函数进行光滑处理。用高增益连续函数 $s/(|s|+\delta)$ 来代替 $\operatorname{sgn}s$，使其成为一个连续变化的函数，其中 δ 是小正数。经过光滑处理后，变结构制导律为

$$\begin{cases} n_{LC} = (1 - k_1\tau_a)n_L + \left(k_1\tau_a + \dfrac{\tau_a}{\tau_1}\right)n_{Ld} - \dfrac{\tau_a}{\tau_1}n_L^* - \dfrac{\varepsilon_1\tau_a s_1}{|s_1| + \delta_1} \\ \gamma_{vC} = \gamma_v + \dfrac{1}{x_2}\left[-(a\tau_b + k_2\tau_b)x_3 + \left(k_2\tau_b + \dfrac{\tau_b}{\tau_2}\right)x_{3d} - \dfrac{\tau_b}{\tau_2}x_3^* - \dfrac{\varepsilon_2\tau_b s_2}{|s_2| + \delta_2}\right] \end{cases} \tag{4-184}$$

若飞行器采用BTT-180的方式控制,需要对如上所设计的制导律进行修正。修正后的带落角约束并考虑控制回路动态的制导律如下:

过载指令为

$$\bar{n}_{LC} = \begin{cases} n_{LC} & (n_{LC} > 0) \\ 0 & (n_{LC} \leqslant 0) \end{cases} \tag{4-185}$$

倾侧角指令为

$$\bar{\gamma}_{vC} = \gamma_v + \frac{1}{|x_2|}\left[-(a\tau_b + k_2\tau_b)x_3 + \left(k_2\tau_b + \frac{\tau_b}{\tau_2}\right)x_{3d} - \frac{\tau_b}{\tau_2}x_3^* - \frac{\varepsilon_2\tau_b s_2}{|s_2| + \delta_2}\right] \tag{4-186}$$

4.4.3 基于全状态模型的制导控制一体化方法

制导控制一体化设计模型不是弹目相对运动模型和飞行器运动模型的简单组合,而是需要将相对运动与飞行器姿态运动有机结合。

1. 制导控制一体化设计模型建立

当攻角 α 和侧滑角 β 较小且忽略重力影响时,可得

$$\begin{cases} \dot{\alpha} \approx -\beta\omega_x + \omega_z - \dfrac{L}{mv} \\ \dot{\beta} \approx \alpha\omega_x + \omega_y + \dfrac{Z}{mv} \end{cases} \tag{4-187}$$

假设攻角 α 和侧滑角 β 较小,角速率 ω_y、ω_z 比较小,飞行器弹道偏角 σ 较小时,可得

$$\dot{\gamma}_v = \omega_x \tag{4-188}$$

假设飞行器惯性积满足 $J_{xy} \approx 0$,飞行器绕质心转动的动力学方程可简化为

$$
\begin{cases}
\dot{\omega}_x = \dfrac{1}{J_{xx}}\left[\sum M_x - (J_{zz} - J_{yy})\omega_z\omega_y\right] \\
\dot{\omega}_y = \dfrac{1}{J_{yy}}\left[\sum M_y - (J_{xx} - J_{zz})\omega_x\omega_z\right] \\
\dot{\omega}_z = \dfrac{1}{J_{zz}}\left[\sum M_z - (J_{yy} - J_{xx})\omega_y\omega_x\right]
\end{cases}
\tag{4-189}
$$

将作用在飞行器上的气动力和力矩进行线性化近似，由此得到飞行器数学模型为

$$
\begin{cases}
\dot{\alpha} = \omega_z - \omega_x\beta - a_4\alpha - a_5\delta_e - a_0 \\
\dot{\beta} = \omega_y + \omega_x\alpha - b_4\beta - b_5\delta_r \\
\dot{\gamma}_v = \omega_x \\
\dot{\omega}_x = -c_1\omega_x - c_2\beta - c_3\delta_a - c_4\delta_r + \dfrac{J_{yy} - J_{zz}}{J_{xx}}\omega_y\omega_z \\
\dot{\omega}_y = -b_1\omega_y - b_2\beta - b_3\delta_r + \dfrac{J_{zz} - J_{xx}}{J_{yy}}\omega_x\omega_z \\
\dot{\omega}_z = -a_1\omega_z - a_2\alpha - a_3\delta_e + \dfrac{J_{xx} - J_{yy}}{J_{zz}}\omega_x\omega_y
\end{cases}
\tag{4-190}
$$

式中

$$
a_1 = -\frac{M_z^{\omega_z}}{J_{zz}},\quad a_2 = -\frac{M_z^{\alpha}}{J_{zz}},\quad a_3 = -\frac{M_z^{\delta_e}}{J_{zz}}
$$

$$
a_4 = \frac{L^{\alpha}}{mv},\quad a_5 = \frac{L^{\delta_e}}{mv},\quad a_0 = \frac{L_0}{mv}
$$

$$
b_1 = -\frac{M_y^{\omega_y}}{J_{yy}},\quad b_2 = -\frac{M_y^{\beta}}{J_{yy}},\quad b_3 = -\frac{M_y^{\delta_r}}{J_{yy}}
$$

$$
b_4 = -\frac{Z^{\beta}}{mv},\quad b_5 = -\frac{Z^{\delta_r}}{mv},\quad c_1 = -\frac{M_x^{\omega_x}}{J_{xx}}
$$

$$
c_2 = -\frac{M_x^{\beta}}{J_{xx}},\quad c_3 = -\frac{M_x^{\delta_a}}{J_{xx}},\quad c_4 = -\frac{M_x^{\delta_r}}{J_{xx}}
$$

忽略升降舵和方向舵产生的气动力，不失一般性地令 $a_0 = 0$，可得简化后的 BTT 飞行器运动模型为

$$\begin{cases}\dot{\alpha}=\omega_z-\omega_x\beta-a_4\alpha\\ \dot{\beta}=\omega_y+\omega_x\alpha-b_4\beta\\ \dot{\gamma}_{\mathrm{v}}=\omega_x\\ \dot{\omega}_x=-c_1\omega_x-c_2\beta-c_3\delta_{\mathrm{a}}-c_4\delta_{\mathrm{r}}+\dfrac{J_{yy}-J_{zz}}{J_{xx}}\omega_y\omega_z\\ \dot{\omega}_y=-b_1\omega_y-b_2\beta-b_3\delta_{\mathrm{r}}+\dfrac{J_{zz}-J_{xx}}{J_{yy}}\omega_x\omega_z\\ \dot{\omega}_z=-a_1\omega_z-a_2\alpha-a_3\delta_{\mathrm{e}}+\dfrac{J_{xx}-J_{yy}}{J_{zz}}\omega_x\omega_y\end{cases}\tag{4-191}$$

认为飞行器零攻角升力系数为零，并忽略飞行器升降舵产生的升力，可得飞行器的法向过载 n_{L} 为

$$n_{\mathrm{L}}=\frac{a_4\alpha}{g}\tag{4-192}$$

则弹目相对运动模型为

$$\begin{cases}\dot{x}_1=\cos\gamma_{\mathrm{v}}x_2+\sin\gamma_{\mathrm{v}}x_3\\ \dot{x}_2=ax_2+b'\alpha-x_3\dot{\gamma}_{\mathrm{v}}\\ \dot{x}_3=ax_3+x_2\dot{\gamma}_{\mathrm{v}}\end{cases}\tag{4-193}$$

式中

$$a=\frac{\dot{v}}{v}-\frac{2\dot{\rho}}{\rho}$$

$$b'=\frac{\dot{\rho}}{\rho}\frac{a_4}{v}$$

综合相对运动模型和飞行器运动模型，取控制输入 $\boldsymbol{u}=[\delta_{\mathrm{e}}\quad\delta_{\mathrm{a}}\quad\delta_{\mathrm{r}}]^{\mathrm{T}}$，状态变量 $\boldsymbol{x}=[x_1\quad x_2\quad x_3\quad\alpha\quad\beta\quad\omega_x\quad\omega_y\quad\omega_z]$，可得出飞行器制导控制一体化设计模型为

$$\dot{\boldsymbol{x}}=\boldsymbol{F}_2(\boldsymbol{x})+\boldsymbol{G}_2(\boldsymbol{x})\boldsymbol{u}\tag{4-194}$$

式中

$$\boldsymbol{F}_2(\boldsymbol{x})=[f_{21}\quad f_{22}\quad f_{23}\quad f_{24}\quad f_{25}\quad f_{26}\quad f_{27}\quad f_{28}]$$

$$\boldsymbol{G}_2(\boldsymbol{x})=\begin{bmatrix}0&0&0&0&0&0&0&-a_3\\0&0&0&0&0&-c_3&0&0\\0&0&0&0&0&-c_4&-b_3&0\end{bmatrix}^{\mathrm{T}}$$

$$f_{21} = \cos\gamma_v x_2 + \sin\gamma_v x_3$$

$$f_{22} = a x_2 + b'\alpha - x_3\omega_x$$

$$f_{23} = a x_3 + x_2\omega_x$$

$$f_{24} = \omega_z - \omega_x\beta - a_4\alpha$$

$$f_{25} = \omega_y + \omega_x\alpha - b_4\beta$$

$$f_{26} = -c_1\omega_x - c_2\beta + \frac{J_{yy} - J_{zz}}{J_{xx}}\omega_y\omega_z$$

$$f_{27} = -b_1\omega_y - b_2\beta + \frac{J_{zz} - J_{xx}}{J_{yy}}\omega_x\omega_z$$

$$f_{28} = -a_1\omega_z - a_2\alpha + \frac{J_{xx} - J_{yy}}{J_{zz}}\omega_x\omega_y$$

2. 制导控制一体化规律设计

飞行器制导控制一体化设计模型可分解为俯仰通道一体化设计模型和滚转偏航通道一体化设计模型。应用多滑模面滑模控制理论设计飞行器制导控制一体化规律，包括俯仰通道制导控制一体化规律和滚转偏航通道制导控制一体化规律。

(1)俯仰通道制导控制一体化规律设计。

将飞行器制导控制一体化设计模型分解得俯仰通道制导控制一体化设计模型为

$$\begin{cases} \dot{x}_1 = \cos\gamma_v x_2 + \sin\gamma_v x_3 \\ \dot{x}_2 = a x_2 + b'\alpha - x_3\dot{\gamma}_v \\ \dot{\alpha} = \omega_z - \omega_x\beta - a_4\alpha \\ \dot{\omega}_z = -a_1\omega_z - a_2\alpha - a_3\delta_e + \dfrac{J_{xx} - J_{yy}}{J_{zz}}\omega_x\omega_y \end{cases} \tag{4-195}$$

为满足俯冲平面内视线高低角约束，令视线角满足期望动态

$$\dot{\lambda}_D^* = k_1(\lambda_D - \lambda_{Df}) \tag{4-196}$$

由式(4－196)和俯仰通道制导控制一体化设计模型中的相对运动分量得状态 x_2 的期望值可取为

$$x_2^* = \cos\gamma_v(k_1 x_1 - \dot{\lambda}_D) \tag{4-197}$$

式中

$$\dot{\lambda}_D = \cos\gamma_v x_2 + \sin\gamma_v x_3$$

设计滑动模态面为

$$s_{11}=x_2-x_2^* \tag{4-198}$$

对式(4-198)中的滑模面 s_{11} 求导可得

$$\dot{s}_{11}=ax_2+b'\alpha-x_3\omega_x-\Delta\dot{s}_{11} \tag{4-199}$$

式中

$$\Delta\dot{s}_{11}=\dot{x}_2^*$$

令

$$\dot{\bar{s}}_{11}=ax_2+b'\alpha-x_3\omega_x \tag{4-200}$$

根据变结构控制的可达性条件

$$s_{11}\dot{s}_{11}<0 \tag{4-201}$$

取滑模面 s_{11} 的滑模趋近律为

$$\dot{\bar{s}}_{11}=-k_{11}s_{11}-\varepsilon_{11}\operatorname{sgn}s_{11} \tag{4-202}$$

根据 Lyapunov 第二法对滑模稳定性进行分析。取 Lyapunov 函数为 $v=\frac{1}{2}s_{11}^2$，将此函数相对时间进行微分，有

$$\begin{aligned}\dot{v}&=s_{11}\dot{s}_{11}\\&=s_{11}(-k_{11}s_{11}-\varepsilon_{11}\operatorname{sgn}s_{11}-\Delta\dot{s}_{11})\\&\leqslant -k_{11}s_{11}^2-(\varepsilon_{11}-|\Delta\dot{s}_{11}|)|s_{11}|\end{aligned} \tag{4-203}$$

当取 $\varepsilon_{11}>|\Delta\dot{s}_{11}|$ 时，式(4-203)满足

$$\dot{v}=s_{11}\dot{s}_{11}\leqslant -k_{11}s_{11}^2-(\varepsilon_{11}-|\Delta\dot{s}_{11}|)|s_{11}|<0 \tag{4-204}$$

由此可得滑模趋近律能够保证滑模的 Lyapunov 稳定性，满足变结构控制的可达性条件。

在滑模面 s_{11} 的滑模趋近律中加入姿态回路偏差项 e_α。由此滑模趋近律修正为

$$\dot{\bar{s}}_{11}=-k_{11}s_{11}-b'e_\alpha-\varepsilon_{11}\operatorname{sgn}s_{11} \tag{4-205}$$

式中

$$e_\alpha=\alpha-\tilde{\alpha}_C$$

由滑模趋近律和公式(4-198)可得攻角伪控制量 $\tilde{\alpha}_C$ 为

$$\tilde{\alpha}_C=\frac{1}{b'}(-ax_2-k_{11}s_{11}-b'e_\alpha+x_3\omega_x-\varepsilon_{11}\operatorname{sgn}s_{11}) \tag{4-206}$$

对于 BTT－180 飞行器，应对攻角伪控制量加以修正，得到修正后的攻角伪控制量为

$$\bar{\alpha}_C=\begin{cases}\tilde{\alpha}_C & (\tilde{\alpha}_C>0)\\ 0 & (\tilde{\alpha}_C\leqslant 0)\end{cases}\tag{4-207}$$

为跟踪攻角伪控制量 $\bar{\alpha}_C$，令攻角跟踪特性满足如下期望一阶动态：

$$\dot{\alpha}=k_2(\alpha-\bar{\alpha}_C)\tag{4-208}$$

根据式（4－208）和飞行器运动模型可得

$$\omega_z=(k_2+a_4)\alpha+\omega_x\beta-k_2\bar{\alpha}_C\tag{4-209}$$

为实现式（4－209）设计如下滑模面：

$$s_{21}=\omega_z-(k_2+a_4)\alpha+k_2\bar{\alpha}_C-\omega_x\beta\tag{4-210}$$

对式（4－210）求导可得

$$\dot{s}_{21}=\dot{\omega}_z-(k_2+a_4)\dot{\alpha}+k_2\dot{\bar{\alpha}}_C-(\dot{\omega}_x\beta+\omega_x\dot{\beta})\tag{4-211}$$

式中 $\dot{\bar{\alpha}}_C$——攻角伪控制量的变化率，可由下式确定：

$$\dot{\bar{\alpha}}_C=\omega_\alpha(\alpha-\bar{\alpha}_C)\tag{4-212}$$

其中带宽 ω_α 的选择相对于角速率回路要小，且满足飞行品质要求，以减小和角速率回路间的动力学耦合。

结合飞行器运动模型可得

$$\dot{s}_{21}=-\tilde{a}_1\omega_z-\tilde{a}_2\alpha-a_3\delta_e+\tilde{a}_4\omega_x\beta-k_2\omega_\alpha\bar{\alpha}_C+\frac{J_{xx}-J_{yy}}{J_{zz}}\omega_x\omega_y-\Delta\dot{s}_{21}\tag{4-213}$$

式中

$$\tilde{a}_1=k_2+a_1+a_4$$

$$\tilde{a}_2=a_2-k_2a_4-a_4^2-k_2\omega_\alpha$$

$$\tilde{a}_4=k_2+a_4$$

$$\Delta\dot{s}_{21}=\dot{\omega}_x\beta+\omega_x\dot{\beta}$$

令

$$\dot{\bar{s}}_{21}=-\tilde{a}_1\omega_z-\tilde{a}_2\alpha-a_3\delta_e+\tilde{a}_4\omega_x\beta-k_2\omega_\alpha\bar{\alpha}_C+\frac{J_{xx}-J_{yy}}{J_{zz}}\omega_x\omega_y\tag{4-214}$$

根据变结构控制的可达性条件

$$s_{21}\dot{s}_{21}<0 \tag{4-215}$$

取滑模面 s_{21} 的滑模趋近律为

$$\dot{s}_{21}=-k_{21}s_{21}-\varepsilon_{21}\operatorname{sgn}s_{21} \tag{4-216}$$

由滑模面 s_{21} 和滑模趋近律可得俯仰通道带落角约束的制导控制一体化规律为

$$\delta_e=-\bar{a}_1\omega_z-\bar{a}_2\alpha-\bar{a}_3\bar{\alpha}_C-\bar{a}_4\omega_x\beta+\frac{J_{xx}-J_{yy}}{a_3J_{zz}}\omega_x\omega_y+\bar{\varepsilon}_{21}\operatorname{sgn}s_{21} \tag{4-217}$$

式中

$$\bar{a}_1=\frac{\tilde{a}_1-k_{21}}{a_3}$$

$$\bar{a}_2=\frac{\tilde{a}_2+k_{21}k_2+k_{21}a_4}{a_3}$$

$$\bar{a}_3=\frac{k_2\omega_\alpha-k_{21}k_2}{a_3}$$

$$\bar{a}_4=\frac{k_{21}-\tilde{a}_4}{a_3}$$

$$\bar{\varepsilon}_{21}=\frac{\varepsilon_{21}}{a_3}$$

(2)滚转偏航通道制导控制一体化规律设计。

滚转偏航通道制导控制一体化设计模型可分解为偏航通道控制器设计模型和滚转通道一体化设计模型。滚转偏航通道制导控制一体化规律包括偏航通道控制律和滚转通道制导控制一体化规律。其中偏航通道控制律的作用是将侧滑角维持到零附近;滚转通道制导控制一体化规律的作用是根据飞行器和目标的状态解算出滚转角速率指令并控制飞行器跟踪期望的角速率指令。

①偏航通道控制律设计。由飞行器制导控制一体化设计模型可分解得偏航通道控制律设计模型为

$$\begin{cases}\dot{\beta}=\omega_y+\omega_x\alpha-b_4\beta\\ \dot{\omega}_y=-b_1\omega_y-b_2\beta-b_3\delta_r+\dfrac{J_{zz}-J_{xx}}{J_{yy}}\omega_x\omega_z\end{cases} \tag{4-218}$$

令侧滑角调节特性满足如下期望一阶动态:

$$\dot{\beta} = k_3\beta \tag{4-219}$$

根据式(4-219)和飞行器运动模型可得

$$\omega_y = (k_3 + b_4)\beta - \omega_x\alpha \tag{4-220}$$

为实现式(4-220)设计如下滑模面:

$$s_{13} = \omega_y - (k_3 + b_4)\beta + \omega_x\alpha \tag{4-221}$$

对式(4-221)求导可得

$$\dot{s}_{13} = -\tilde{b}_1\omega_y - \tilde{b}_2\beta - b_3\delta_r + \frac{J_{zz} - J_{xx}}{J_{yy}}\omega_x\omega_z - (k_3 + b_4)\omega_x\alpha - \Delta\dot{s}_{13} \tag{4-222}$$

式中

$$\tilde{b}_1 = b_1 + k_3 + b_4$$

$$\tilde{b}_2 = b_2 - k_3 b_4 - b_4^2$$

$$\Delta\dot{s}_{13} = -\dot{\omega}_x\alpha - \omega_x\dot{\alpha}$$

令

$$\dot{\bar{s}}_{13} = -\tilde{b}_1\omega_y - \tilde{b}_2\beta - b_3\delta_r + \frac{J_{zz} - J_{xx}}{J_{yy}}\omega_x\omega_z - (k_3 + b_4)\omega_x\alpha \tag{4-223}$$

根据变结构控制的可达性条件

$$s_{13}\dot{s}_{13} < 0 \tag{4-224}$$

取系统状态方程的滑模趋近律为

$$\dot{\bar{s}}_{13} = -k_{13}s_{13} - \varepsilon_{13}\operatorname{sgn} s_{13} \tag{4-225}$$

可得偏航通道控制律为

$$\delta_r = -\bar{b}_1\omega_y - \bar{b}_2\beta - \bar{b}_3\omega_x\alpha + \frac{J_{zz} - J_{xx}}{b_3 J_{yy}}\omega_x\omega_z + \bar{\varepsilon}_{13}\operatorname{sgn} s_{13} \tag{4-226}$$

式中

$$\bar{b}_1 = \frac{\tilde{b}_1 - k_{13}}{b_3}$$

$$\bar{b}_2 = \frac{\tilde{b}_2 + k_{13}k_3 + k_{13}b_4}{b_3}$$

$$\bar{b}_3 = \frac{k_3 + b_4 - k_{13}}{b_3}$$

$$\bar{\varepsilon}_{13} = \frac{\varepsilon_{13}}{b_3}$$

②滚转通道制导控制一体化规律设计。由 BTT 飞行器制导控制一体化设计模型可分解得滚转通道一体化设计模型为

$$\begin{cases}\dot{x}_1=\cos\gamma_v x_2+\sin\gamma_v x_3\\ \dot{x}_3=ax_3+x_2\omega_x\\ \dot{\omega}_x=-c_1\omega_x-c_2\beta-c_3\delta_a-c_4\delta_r+\dfrac{J_{yy}-J_{zz}}{J_{xx}}\omega_y\omega_z\end{cases}\tag{4-227}$$

为满足俯冲平面内的视线高低角约束，参照式（4-195）的选取思想，选取状态 x_3 的期望值为

$$x_3^*=\sin\gamma_v(k_1x_1-\dot{\lambda}_D)\tag{4-228}$$

设计滚转通道滑动模态面为

$$\begin{cases}s_{12}=x_3-x_3^*\\ s_{22}=\omega_x-\overline{\omega}_{xC}\end{cases}\tag{4-229}$$

式中　$\overline{\omega}_{xC}$——滚转角速率伪控制量。

对式（4-229）中的滑模面 s_{12} 求导可得

$$\dot{s}_{12}=ax_3+x_2\omega_x-\Delta\dot{s}_{12}\tag{4-230}$$

式中

$$\Delta\dot{s}_{12}=\dot{x}_3^*$$

令

$$\dot{\bar{s}}_{12}=ax_3+x_2\omega_x\tag{4-231}$$

根据变结构控制的可达性条件，取滑模面 s_{12} 的滑模趋近律为

$$\dot{\bar{s}}_{12}=-k_{12}s_{12}-x_2s_{22}-\varepsilon_{12}\operatorname{sgn}s_{12}\tag{4-232}$$

由滑模趋近律和式（4-229）结合 BTT-180 飞行器的特点，可得滚转角速率伪控制量 $\overline{\omega}_{xC}$ 为

$$\overline{\omega}_{xC}=\frac{1}{|x_2|}(-ax_3-k_{12}s_{12}-x_2s_{22}-\varepsilon_{12}\operatorname{sgn}s_{12})\tag{4-233}$$

在式（4-233）中，视线转率 x_2 过零会使倾侧角指令奇异，由相对运动方程可知视线转率 x_2 不会恒等于零。视线转率 x_2 过零时，可通过设置视线转率 x_2 最小值来避免倾侧角指令奇异，即

$$|x_2|=\begin{cases}|x_2| & (|x_2|>\delta_1)\\ \delta_1 & (|x_2|\leqslant\delta_1)\end{cases}\tag{4-234}$$

对式（4-229）中的滑模面 s_{22} 求导可得

$$\dot{s}_{22} = -c_1\omega_x - c_2\beta - c_3\delta_a - c_4\delta_r + \frac{J_{yy} - J_{zz}}{J_{xx}}\omega_y\omega_z - \dot{\bar{\omega}}_{xC} \qquad (4-235)$$

式中　$\dot{\bar{\omega}}_{xC}$——滚转角速率伪控制量变化率，可由下式确定：

$$\dot{\bar{\omega}}_{xC} = \omega_2(\omega_x - \bar{\omega}_{xC}) \qquad (4-236)$$

取滑模面 s_{22} 的滑模趋近律为

$$\dot{s}_{22} = -k_{22}s_{22} - \varepsilon_{22}\operatorname{sgn} s_{22} \qquad (4-237)$$

由滑模面 s_{22} 和滑模趋近律可得滚转通道带落角约束的制导控制一体化规律为

$$\delta_a = -\bar{c}_1\omega_x - \bar{c}_2\beta - \bar{c}_3\bar{\omega}_{xC} - \bar{c}_4\delta_r + \frac{J_{yy} - J_{zz}}{c_3J_{xx}}\omega_y\omega_z + \bar{\varepsilon}_{22}\operatorname{sgn} s_{22} \qquad (4-238)$$

式中

$$\bar{c}_1 = \frac{c_1 - k_{22} + \omega_2}{c_3}$$

$$\bar{c}_2 = \frac{c_2}{c_3}$$

$$\bar{c}_3 = \frac{k_{22} - \omega_2}{c_3}$$

$$\bar{c}_4 = \frac{c_4}{c_3}$$

$$\bar{\varepsilon}_{22} = \frac{\varepsilon_{22}}{c_3}$$

3. 制导控制一体化仿真试验

为了验证所提出的制导控制一体化设计方法的有效性，本部分进行数值仿真试验。仿真的初始条件设置见表 4－2 与表 4－3，仿真约束条件见表 4－4。

表 4－2　飞行器初始状态

状态变量	变量值
飞行器速度/($m \cdot s^{-1}$)	1 800
飞行器位置 x/m	0
飞行器位置 y/m	16 000
飞行器弹道倾角/(°)	0

表 4-3 目标初始状态

状态变量	变量值
目标速度/$(m\cdot s^{-1})$	0
目标位置 x/m	32 000
目标位置 y/m	0
目标弹道倾角/(°)	0

表 4-4 仿真约束条件

约束指标	变化范围
终端精度/m	(0,10]
舵偏角速率/$((°)\cdot s^{-1})$	[-50,50]
俯仰舵幅值/(°)	[-30,30]

仿真结果如图 4~11~4~15 所示，其中 IGC 表示采用一体化制导控制律的仿真结果，G&C 表示采用传统制导控制分离的设计方法的仿真结果。

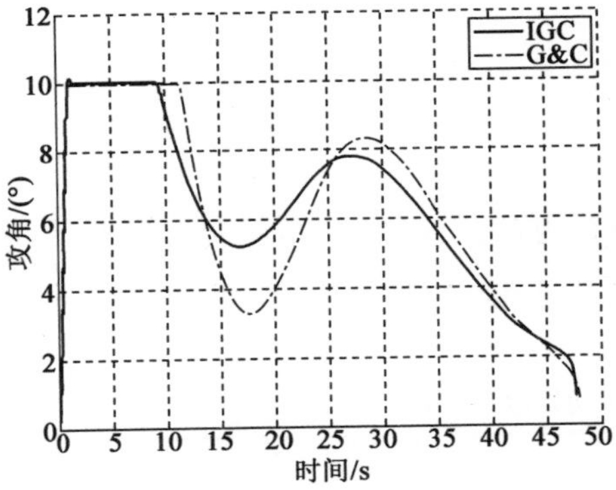

图 4-11 攻角-时间曲线

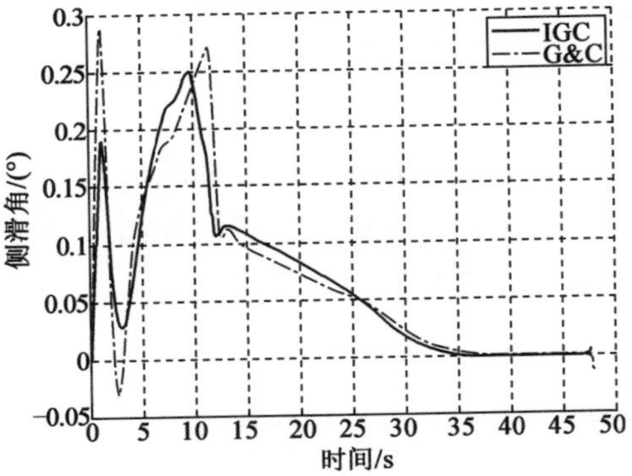

图 4-12 侧滑角-时间曲线

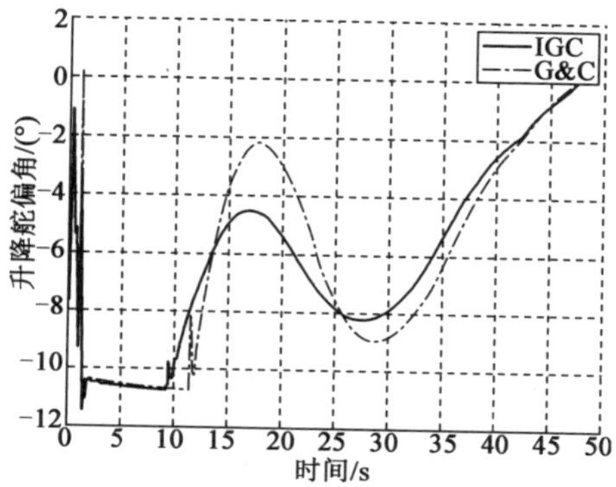

图图4－13　升降舵偏角－时间曲线

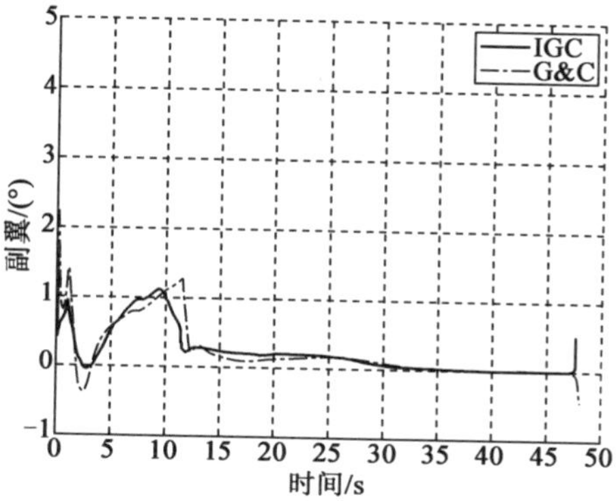

图4－14　副翼－时间曲线

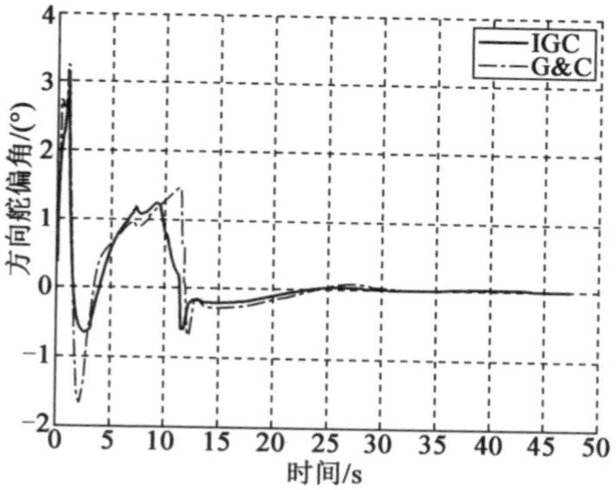

图4－15　方向舵偏角－时间曲线

由图4－11和图4－12可以看出，采用一体化制导控制律的整个飞行过程中攻角变化相对平缓，同时飞行时间较短，侧滑角最大值在0.3°左右，满足要求。从图4－13可以看出，一体化制导控制律所需的升降舵偏角在飞行后期更小，且在飞行过程中变化率比制导律所需的升降舵偏角小。从图4－14和图4－15可以看出，一体化制导控制律的方向舵偏角比传统制导律的方向舵偏角整体小一些。

综上可知，一体化制导控制律与传统制导律均能满足位置偏差和落角约束指标要求，其中一体化制导控制律有更小的位置偏差，所需气动舵偏角也较小，飞行时间较短，因此具有更好的制导控制效果。

第5章

助推滑翔飞行器姿态控制方法

由于助推滑翔飞行器系统参数变化范围大、飞行过程中存在着诸多不确定性的影响,因此为了提高对制导指令的跟踪精度和跟踪速度,这里介绍助推滑翔飞行器的控制方法。

5.1 飞行器控制方法概述

目前,许多国家都在大力发展高超声速飞行器,典型的研究计划如美国的Hyper – X 计划、HyTech 计划、Falcon 计划等,以及俄罗斯的“针”、白杨 – GLL – VK 等高超声速飞行器。美国从 20 世纪 60 年代开始研究高超声速飞行器,在高超声速技术的很多方面,已经取得了极大的进展,走在了世界的前列。在高超声速飞行器姿态控制技术研究方面,欧洲空间局和美国、俄罗斯等相关机构都进行了有益的探索,目前主要集中在采用不同控制理论和控制方法进行姿态控制规律设计等方面,使飞行器在环境和模型不确定且参数存在大范围变化的情况下能够保持姿态稳定飞行并快速响应制导指令,所研究的控制方法包括动态逆姿态控制方法、模糊控制方法、变结构控制方法、基于轨迹线性化的姿态控制方法、自适应姿态控制方法、H_∞ 方法以及基于 μ 综合的姿态控制方法等。

动态逆姿态控制方法的设计思想是首先采用系统模型中与控制量相关部分的逆来补偿系统的动态特性,然后针对变换后的系统,进行控制器设计。因为该方法处理系统控制问题时,无法满足系统鲁棒性要求,所以目前的研究方向是将该方法与鲁棒控制方法等进行有机结合。

模糊控制方法主要是利用模糊逻辑对非线性时变系统和无法建立数学模型的系统具有较好非线性控制能力的特点进行姿态控制规律设计，由于模糊控制规则可以应用优化方法进行在线调节，因此在一定程度上可以保证控制的实时性和鲁棒性能。

变结构控制方法是基于滑动模态理论使高超声速飞行器的姿态运动进入滑动模态面的控制律设计方法。采用该方法设计的姿态控制律可保证飞行器姿态运动在进入滑动模态面后，具有较强的抗干扰性。目前，该方法的研究也呈现出与其他方法相结合的趋势。

基于轨迹线性化的姿态控制方法，本质上是随飞行状态更改控制器增益的方法。该方法的思想是在制导设计部门完成飞行器飞行参考轨迹设计后，在参考轨迹的特征点将飞行器的非线性模型转化为线性模型，基于线性模型进行飞行器姿态控制律设计。因为该方法基于离线数据设计参考轨迹且需要大量迭代工作，所以难以实现在线设计。

自适应姿态控制方法是一种主动适应高超声速飞行器特性变化的设计方法。该方法结合参数辨识技术与控制器自适应调节方法，根据在线的飞行器状态信息，获得飞行器特性参数的变化，从而对飞行器的姿态控制律进行相应调整，以适应飞行器特性的改变。目前，该方法的研究主要集中在参数辨识技术与自适应控制器设计等方面。

采用 H_∞ 方法进行高超声速飞行器姿态控制规律设计，主要是利用 H_∞ 方法在系统存在非结构不确定性情况下仍可以保证系统鲁棒稳定性的特点，在线性控制模型的基础上设计姿态控制器。

除了以上方法外，基于 μ 综合的姿态控制方法因引起较好的鲁棒性而得到广泛关注，本书后续将介绍基于 μ 综合理论进行姿态控制器设计的方法。首先建立用于姿态控制设计的模型，然后给出相应的姿态控制器设计方法。

5.2 考虑不确定性的线性控制模型建立方法

5.2.1 不确定性分析

通过对不确定性因素的分析，结合飞行器纵向通道的线性模型，可以得出不确定性因素主要影响线性模型的 $\boldsymbol{A}_{\text{lon}}$ 阵和 $\boldsymbol{B}_{\text{lon}}$ 阵，而对 $\boldsymbol{C}_{\text{lon}}$ 阵没有影响，这里 $\boldsymbol{D}_{\text{lon}}$ 阵为零。

$$\begin{cases}\dot{\boldsymbol{x}}_{\text{lon}} = \boldsymbol{A}_{\text{lon}} \cdot \boldsymbol{x}_{\text{lon}} + \boldsymbol{B}_{\text{lon}} \cdot \boldsymbol{u}_{\text{lon}} \\ \boldsymbol{y}_{\text{lon}} = \boldsymbol{C}_{\text{lon}} \cdot \boldsymbol{x}_{\text{lon}} + \boldsymbol{D}_{\text{lon}} \cdot \boldsymbol{u}_{\text{lon}}\end{cases}$$

首先分析不确定性因素对系统状态矩阵 $\boldsymbol{A}_{\text{lon}}$ 阵的影响，其中 $\boldsymbol{A}_{\text{lon}}$ 阵为

$$\boldsymbol{A}_{\text{lon}} = \begin{bmatrix} \frac{1}{m}\frac{\partial A}{\partial v_{x1}} & \frac{1}{m}\frac{\partial A}{\partial v_{y1}} + \omega_z & v_{y1} & -g\cos\psi\cos\varphi \\ \frac{1}{m}\frac{\partial N}{\partial v_{x1}} - \omega_z & \frac{1}{m}\frac{\partial N}{\partial v_{y1}} & -v_{x1} & -g(\sin\gamma\sin\psi\cos\varphi - \cos\gamma\sin\varphi) \\ \frac{1}{J_z}\frac{\partial M_{z1}}{\partial v_{x1}} & \frac{1}{J_z}\frac{\partial M_{z1}}{\partial v_{y1}} & \frac{1}{J_z}\frac{\partial M_{z1}}{\partial \omega_z} & 0 \\ 0 & 0 & \frac{\cos\gamma}{\cos\psi} & 0 \end{bmatrix} \tag{5-1}$$

假设 $\boldsymbol{A}_{\text{lon}}$ 阵中的 a_{11}、a_{12}、a_{21}、a_{22}、a_{31}、a_{32}、a_{33} 项受不确定性影响，其中各组成项的不确定性部分和标称部分的计算公式介绍如下：

1. a_{11} 项标称部分和不确定性部分

$$\begin{aligned} a_{11} &= \frac{1}{m}\frac{\partial A}{\partial v_{x1}}\bigg|_{\substack{x=x_e\\u=u_e}} \\ &= \frac{\rho v S_t C_A}{m}\frac{\partial v}{\partial v_{x1}} + \frac{\rho v^2 S_t}{2m}\frac{\partial C_A}{\partial v_{x1}}\bigg|_{\substack{x=x_e\\u=u_e}} \\ &= \frac{\rho_0(1+\Delta_\rho)(1+\Delta_{C_A})vS_t}{m}\left(C_{A0}\frac{\partial v}{\partial v_{x1}} + 0.5v\frac{\partial C_{A0}}{\partial v_{x1}}\right)\bigg|_{\substack{x=x_e\\u=u_e}} \\ &= \frac{1}{m}\frac{\partial A_0}{\partial v_{x1}}\bigg| + (\Delta_\rho + \Delta_{C_A} + \Delta_\rho\Delta_{C_A})\frac{1}{m}\frac{\partial A_0}{\partial v_{x1}}\bigg|_{\substack{x=x_e\\u=u_e}} \end{aligned}$$

$$=a_{110}+\Delta a_{11} \tag{5-2}$$

式中

$$\begin{cases} a_{110}=\dfrac{1}{m}\dfrac{\partial A_0}{\partial v_{x1}}\Bigg|_{\substack{x=x_e\\u=u_e}} \\ \Delta a_{11}=(\Delta_\rho+\Delta_{C_A}+\Delta_\rho\Delta_{C_A})\dfrac{1}{m}\dfrac{\partial A_0}{\partial v_{x1}}\Bigg|_{\substack{x=x_e\\u=u_e}} \end{cases} \tag{5-3}$$

2. a_{12}项标称部分和不确定性部分

$$\begin{aligned} a_{12}&=\frac{1}{m}\frac{\partial A}{\partial v_{y1}}\Bigg|_{\substack{x=x_e\\u=u_e}}+\omega_{ze} \\ &=\frac{1}{m}\frac{\partial A_0}{\partial v_{y1}}\Bigg|_{\substack{x=x_e\\u=u_e}}+\omega_{ze}+(\Delta_\rho+\Delta_{C_A}+\Delta_\rho\Delta_{C_A})\frac{1}{m}\frac{\partial A_0}{\partial v_{y1}}\Bigg|_{\substack{x=x_e\\u=u_e}} \\ &=a_{120}+\Delta a_{12} \end{aligned} \tag{5-4}$$

式中

$$\begin{cases} a_{120}=\dfrac{1}{m}\dfrac{\partial A_0}{\partial v_{y1}}\Bigg|_{\substack{x=x_e\\u=u_e}}+\omega_{ze} \\ \Delta a_{12}=(\Delta_\rho+\Delta_{C_A}+\Delta_\rho\Delta_{C_A})\dfrac{1}{m}\dfrac{\partial A_0}{\partial v_{y1}}\Bigg|_{\substack{x=x_e\\u=u_e}} \end{cases} \tag{5-5}$$

其余 a_{21}、a_{22}、a_{31}、a_{32}、a_{33}、b_1、b_2、b_3项标称部分和不确定性部分的计算方式与 a_{12} 相同。

将式(5-1)~(5-5)进行整理得到

$$\boldsymbol{A}_{\mathrm{lon}}=\begin{bmatrix} a_{110}+\Delta a_{11} & a_{120}+\Delta a_{12} & a_{130} & a_{140} \\ a_{210}+\Delta a_{21} & a_{220}+\Delta a_{22} & a_{230} & a_{240} \\ a_{310}+\Delta a_{31} & a_{320}+\Delta a_{32} & a_{330}+\Delta a_{33} & 0 \\ 0 & 0 & a_{430} & 0 \end{bmatrix} \tag{5-6}$$

$$\boldsymbol{B}_{\mathrm{lon}}=\begin{bmatrix} b_{10}+\Delta b_1 \\ b_{20}+\Delta b_2 \\ b_{30}+\Delta b_3 \\ 0 \end{bmatrix} \tag{5-7}$$

得到飞行器纵向通道带有不确定性的线性模型为

$$
\begin{cases}
\dot{\boldsymbol{x}}_{\mathrm{lon}} = (\boldsymbol{A}_{\mathrm{lon0}} + \Delta\boldsymbol{A}_{\mathrm{lon}})\boldsymbol{x}_{\mathrm{lon}} + (\boldsymbol{B}_{\mathrm{lon0}} + \Delta\boldsymbol{B}_{\mathrm{lon}})\boldsymbol{u}_{\mathrm{lon}} \\
\boldsymbol{y}_{\mathrm{lon}} = \boldsymbol{C}_{\mathrm{lon0}}\boldsymbol{x}
\end{cases}
\tag{5-8}
$$

式中

$$
\begin{cases}
\boldsymbol{x}_{\mathrm{lon}} = [v_{x1\mathrm{e}} \quad v_{y1\mathrm{e}} \quad \omega_{z\mathrm{e}} \quad \varphi_{\mathrm{e}}]^{\mathrm{T}} \\
\boldsymbol{y}_{\mathrm{lon}} = [\alpha_{\mathrm{Deg}} \quad \omega_z]^{\mathrm{T}} \\
\boldsymbol{u}_{\mathrm{lon}} = \boldsymbol{\delta}_{\varphi}
\end{cases}
$$

$$
\boldsymbol{A}_{\mathrm{lon0}} = \begin{bmatrix}
\frac{1}{m}\frac{\partial A_0}{\partial v_{x1}} & \frac{1}{m}\frac{\partial A_0}{\partial v_{y1}} + \omega_{ze} & v_{y1\mathrm{e}} & -g_{\mathrm{e}}\cos\psi_{\mathrm{e}}\cos\varphi_{\mathrm{e}} \\
\frac{1}{m}\frac{\partial N_0}{\partial v_{x1}} - \omega_{ze} & \frac{1}{m}\frac{\partial N_0}{\partial v_{y1}} & -v_{x1\mathrm{e}} & -g_{\mathrm{e}}(\sin\gamma_{\mathrm{e}}\sin\psi_{\mathrm{e}}\cos\varphi_{\mathrm{e}} - \cos\gamma_{\mathrm{e}}\sin\varphi_{\mathrm{e}}) \\
\frac{1}{J_{z0}}\frac{\partial M_{z10}}{\partial v_{x1}} & \frac{1}{J_{z0}}\frac{\partial M_{z10}}{\partial v_{y1}} & \frac{1}{J_{z0}}\frac{\partial M_{z10}}{\partial \omega_z} & 0 \\
0 & 0 & \frac{\cos\gamma_{\mathrm{e}}}{\cos\psi_{\mathrm{e}}} & 0
\end{bmatrix}_{\substack{x = x_{\mathrm{e}} \\ u = u_{\mathrm{e}}}}
$$

$$
\Delta\boldsymbol{A}_{\mathrm{lon}} = \begin{bmatrix}
(\Delta_\rho + \Delta_{C_{\mathrm{A}}} + \Delta_\rho\Delta_{C_{\mathrm{A}}})\frac{1}{m}\frac{\partial A_0}{\partial v_{x1}} & (\Delta_\rho + \Delta_{C_{\mathrm{A}}} + \Delta_\rho\Delta_{C_{\mathrm{A}}})\frac{1}{m}\frac{\partial A_0}{\partial v_{y1}} & 0 & 0 \\
(\Delta_\rho + \Delta_{C_{\mathrm{N}}} + \Delta_\rho\Delta_{C_{\mathrm{N}}})\frac{1}{m}\frac{\partial N_0}{\partial v_{x1}} & (\Delta_\rho + \Delta_{C_{\mathrm{N}}} + \Delta_\rho\Delta_{C_{\mathrm{N}}})\frac{1}{m}\frac{\partial N_0}{\partial v_{y1}} & 0 & 0 \\
\frac{\Delta_\rho + \Delta_{C_{\mathrm{mz}}} + \Delta_\rho\Delta_{C_{\mathrm{mz}}} - \Delta_{\mathrm{Jz}}}{1 + \Delta_{\mathrm{Jz}}}\frac{1}{J_{z0}}\frac{\partial M_{z10}}{\partial v_{x1}} & \frac{\Delta_\rho + \Delta_{C_{\mathrm{mz}}} + \Delta_\rho\Delta_{C_{\mathrm{mz}}} - \Delta_{\mathrm{Jz}}}{1 + \Delta_{\mathrm{Jz}}}\frac{1}{J_{z0}}\frac{\partial M_{z10}}{\partial v_{y1}} & \frac{\Delta_\rho + \Delta_{C_{\mathrm{mz}}} + \Delta_\rho\Delta_{C_{\mathrm{mz}}} - \Delta_{\mathrm{Jz}}}{1 + \Delta_{\mathrm{Jz}}}\frac{1}{J_{z0}}\frac{\partial M_{z10}}{\partial \omega_z} & 0 \\
0 & 0 & 0 & 0
\end{bmatrix}_{\substack{x = x_{\mathrm{e}} \\ u = u_{\mathrm{e}}}}
$$

$$
\boldsymbol{B}_{\mathrm{lon0}} = \begin{bmatrix}
\frac{1}{m}\frac{\partial A_0}{\partial \boldsymbol{\delta}_\varphi} \\
\frac{1}{m}\frac{\partial N_0}{\partial \boldsymbol{\delta}_\varphi} \\
\frac{1}{J_{z0}}\frac{\partial M_{z10}}{\partial \boldsymbol{\delta}_\varphi} \\
0
\end{bmatrix}_{\substack{x = x_{\mathrm{e}} \\ u = u_{\mathrm{e}}}}
$$

$$
\boldsymbol{C}_{\mathrm{lon}} = \begin{bmatrix}
57.3\frac{v_{y1\mathrm{e}}}{v_{x1\mathrm{e}}^2 + v_{y1\mathrm{e}}^2} & 57.3\frac{-v_{x1\mathrm{e}}}{v_{x1\mathrm{e}}^2 + v_{y1\mathrm{e}}^2} & 0 & 0 \\
0 & 0 & 1 & 0
\end{bmatrix}_{\substack{x = x_{\mathrm{e}} \\ u = u_{\mathrm{e}}}}
$$

$$\Delta \boldsymbol{B}_{\mathrm{lon}}=\begin{bmatrix}(\Delta_{\rho}+\Delta_{C_{\mathrm{A}}}+\Delta_{\rho}\Delta_{C_{\mathrm{A}}})\dfrac{1}{m}\dfrac{\partial A_0}{\boldsymbol{\delta}_{\varphi}}\\(\Delta_{\rho}+\Delta_{C_{\mathrm{N}}}+\Delta_{\rho}\Delta_{C_{\mathrm{N}}})\dfrac{1}{m}\dfrac{\partial N_0}{\boldsymbol{\delta}_{\varphi}}\\\dfrac{\Delta_{\rho}+\Delta_{C_{\mathrm{mz}}}+\Delta_{\rho}\Delta_{C_{\mathrm{mz}}}-\Delta_{\mathrm{Jz}}}{1+\Delta_{\mathrm{Jz}}}\dfrac{1}{J_{z0}}\dfrac{\partial M_{z10}}{\partial \boldsymbol{\delta}_{\varphi}}\\\boldsymbol{0}\end{bmatrix}_{\substack{x=x_{\mathrm{e}}\\u=u_{\mathrm{e}}}}$$

这里，$[v_{x1\mathrm{e}}\quad v_{y1\mathrm{e}}\quad \omega_{z\mathrm{e}}\quad \varphi_{\mathrm{e}}]^{\mathrm{T}}$ 是飞行器纵向通道的平衡点状态。

5.2.2　基于结构奇异值的线性控制模型建立方法

为了分析比较模型中各不确定性项对飞行器系统模型的影响程度，令没有不确定性影响的系统为标称系统，有不确定性变化的系统为摄动系统，通过比较系统奇异值的方法来比较标称系统和摄动系统之间的差异，从而得到线性模型中各不确定性项对系统模型的影响程度。

令标称系统和摄动系统比较的奇异值指标函数为

$$J=\int_{\omega_0}^{\omega_{\mathrm{tf}}}\left|\frac{\bar{\sigma}[G(\mathrm{j}\omega)]-\bar{\sigma}[G_0(\mathrm{j}\omega)]}{\bar{\sigma}[G_0(\mathrm{j}\omega)]}\right|\mathrm{d}\log_{10}\omega \tag{5-9}$$

式中　$G_0(\mathrm{j}\omega)$、$G(\mathrm{j}\omega)$——标称系统和含摄动项的系统；

ω_0、ω_{tf}——设计者所关注的频带的边界值，这里取 $\omega_0=0.01$ rad/s，$\omega_{\mathrm{tf}}=100$ rad/s；

J——系统差异的评价指标，J 越大两系统间差异越大。

设飞行器纵向线性模型中仅有一项摄动存在，而其余各项均为标称值，可以得到 10 个含有参数摄动的系统，分别比较这 10 个摄动系统与标称系统的差异，从而确定各摄动项对系统的影响程度。

沿飞行器飞行轨迹上选取不同的特征点，将特征点状态代入到飞行器线性模型中，得到在该特征点上的标称模型为

$$\begin{cases}\dot{\boldsymbol{x}}_{\mathrm{lon}}=\boldsymbol{A}_{\mathrm{lon}}\cdot\boldsymbol{x}_{\mathrm{lon}}+\boldsymbol{B}_{\mathrm{lon}}\cdot\boldsymbol{u}_{\mathrm{lon}}\\\boldsymbol{y}_{\mathrm{lon}}=\boldsymbol{C}_{\mathrm{lon}}\cdot\boldsymbol{x}_{\mathrm{lon}}\end{cases} \tag{5-10}$$

式中

$$\boldsymbol{x}_{\mathrm{lon}}=[v_{x1}\quad v_{y1}\quad \omega_z\quad \varphi]^{\mathrm{T}},\quad \boldsymbol{y}_{\mathrm{lon}}=[\alpha_{\mathrm{Deg}}\quad \omega_z]^{\mathrm{T}},\quad \boldsymbol{u}_{\mathrm{lon}}=\boldsymbol{\delta}_{\varphi}$$

根据式(5-10)计算得到纵向通道标称系统和摄动系统奇异值差异的指标值,指标值最大或相对较大的项即是对系统模型影响明显的不确定性项,也是在建立考虑不确定性影响的控制律设计模型时需要考虑的项。横侧向通道的分析方法与此类似。例如,由纵向通道得出线性模型矩阵中的组成项 a_{32} 和 b_3 存在摄动时对系统的影响最大,则在建立纵向通道姿态控制模型时,主要考虑这两项的不确定性影响。

5.3 助推滑翔飞行器强鲁棒控制方法

飞行器飞行过程中,制导系统给出的制导指令为攻角指令和倾侧角指令,飞行器姿态控制系统的任务是跟踪期望的攻角指令和倾侧角指令,同时抑制侧滑,使飞行器按照预定轨迹飞行。由于飞行器飞行过程中存在环境及模型不确定性、参数变化和风干扰等影响,同时飞行器具有强耦合、时变及非线性特点,因此为了实现飞行器姿态控制系统对制导指令的准确跟踪控制,采用鲁棒控制方法进行飞行器的姿态控制。

5.3.1 适用于 μ 综合方法的控制模型建立方法

在飞行器线性模型中各不确定性项影响分析的基础上,采用"虚拟回路增益法"进一步建立飞行器纵向通道和横侧向通道的姿态控制模型。

助推滑翔飞行器纵向通道的标称线性模型为

$$\begin{cases}\dot{\boldsymbol{x}}_{\mathrm{lon}}=\boldsymbol{A}_{\mathrm{lon0}}\boldsymbol{x}_{\mathrm{lon}}+\boldsymbol{B}_{\mathrm{lon0}}\boldsymbol{u}_{\mathrm{lon}}\\ \boldsymbol{y}_{\mathrm{lon}}=\boldsymbol{C}_{\mathrm{lon0}}\boldsymbol{x}_{\mathrm{lon}}\end{cases} \tag{5-11}$$

式中 $\boldsymbol{x}_{\mathrm{lon}}=[v_{x1}\quad v_{y1}\quad \omega_z\quad \varphi]^{\mathrm{T}}$;

$\boldsymbol{y}_{\mathrm{lon}}=[\alpha\quad \omega_z]^{\mathrm{T}}$;

$\boldsymbol{u}_{\mathrm{lon}}=\boldsymbol{\delta}_{\varphi}$;

$\boldsymbol{A}_{\mathrm{lon0}}$、$\boldsymbol{B}_{\mathrm{lon0}}$、$\boldsymbol{C}_{\mathrm{lon0}}$——标称的系统矩阵、输入矩阵和输出矩阵。

若设纵向通道线性模型系统矩阵中 a_{32} 项和输入矩阵中 b_3 项存在摄动时对系统影响最大,则在建立纵向通道姿态控制模型时仅考虑这两项影响,忽略其他项的摄动影响。

建立助推滑翔飞行器纵向通道考虑摄动的状态空间模型为

$$\begin{cases}\dot{\boldsymbol{x}}_{\mathrm{lon}}=(\boldsymbol{A}_{\mathrm{lon0}}+\Delta\boldsymbol{A}_{\mathrm{lon}})\boldsymbol{x}_{\mathrm{lon}}+(\boldsymbol{B}_{\mathrm{lon0}}+\Delta\boldsymbol{B}_{\mathrm{lon}})\boldsymbol{u}_{\mathrm{lon}}\\ \boldsymbol{y}_{\mathrm{lon}}=\boldsymbol{C}_{\mathrm{lon0}}\boldsymbol{x}_{\mathrm{lon}}\end{cases}\tag{5-12}$$

式中

$$\Delta\boldsymbol{A}_{\mathrm{lon}}=\begin{bmatrix}0&0&0&0\\0&0&0&0\\0&\Delta a_{32}&0&0\\0&0&0&0\end{bmatrix},\quad \Delta\boldsymbol{B}_{\mathrm{lon}}=\begin{bmatrix}0\\0\\\Delta b_3\\0\end{bmatrix}$$

若不确定性项变化范围分别是$|\Delta a_{32}|\leqslant 0.8|a_{320}|$，$|\Delta b_3|\leqslant 0.8|b_{30}|$，由虚拟回路增益法建立飞行器纵向通道的姿态控制模型为

$$\begin{bmatrix}\dot{\boldsymbol{x}}_{\mathrm{lon}}\\\boldsymbol{y}_{1\mathrm{lon}}\\\boldsymbol{y}_{\mathrm{lon}}\end{bmatrix}=\begin{bmatrix}\boldsymbol{A}_{\mathrm{lon0}}&\boldsymbol{\alpha}_{1\mathrm{lon}}&\boldsymbol{B}_{\mathrm{lon0}}\\\boldsymbol{\beta}_{1\mathrm{lon}}&\boldsymbol{0}&\boldsymbol{\beta}_{2\mathrm{lon}}\\\boldsymbol{C}_{\mathrm{lon0}}&\boldsymbol{\alpha}_{2\mathrm{lon}}&\boldsymbol{0}\end{bmatrix}\begin{bmatrix}\boldsymbol{x}_{\mathrm{lon}}\\\boldsymbol{u}_{1\mathrm{lon}}\\\boldsymbol{u}_{\mathrm{lon}}\end{bmatrix}$$

$$\boldsymbol{u}_{1\mathrm{lon}}=\Delta\times\boldsymbol{y}_{1\mathrm{lon}}$$

$$\Delta=\mathrm{diag}(\Delta_1,\Delta_2)\tag{5-13}$$

式中

$$\boldsymbol{\alpha}_{1\mathrm{lon}}=\begin{bmatrix}0&0\\0&0\\0.8a_{320}&0.8b_{30}\\0&0\end{bmatrix}$$

$$\boldsymbol{\alpha}_{2\mathrm{lon}}=\begin{bmatrix}0&0\\0&0\end{bmatrix}$$

$$\boldsymbol{\beta}_{1\mathrm{lon}}=\begin{bmatrix}0&1&0&0\\0&0&0&0\end{bmatrix}$$

$$\boldsymbol{\beta}_{2\mathrm{lon}}=\begin{bmatrix}0\\1\end{bmatrix}$$

$$\|\Delta\|_{\infty}<1$$

助推滑翔飞行器横侧向通道的标称线性模型为

$$\begin{cases}\dot{\boldsymbol{x}}_{\mathrm{lat}}=\boldsymbol{A}_{\mathrm{lat0}}\cdot\boldsymbol{x}_{\mathrm{lat}}+\boldsymbol{B}_{\mathrm{lat0}}\cdot\boldsymbol{u}_{\mathrm{lat}}\\\boldsymbol{y}_{\mathrm{lat}}=\boldsymbol{C}_{\mathrm{lat0}}\cdot\boldsymbol{x}_{\mathrm{lat}}\end{cases}\tag{5-14}$$

式中　$\boldsymbol{x}_{\mathrm{lat}}=[v_z\quad\omega_x\quad\omega_y\quad\gamma\quad\psi]^{\mathrm{T}}$；

$\boldsymbol{y}_{\text{lat}} = [\gamma_{\text{Deg}} \quad \beta_{\text{Deg}} \quad \omega_x \quad \omega_y]^{\text{T}}$;

$\boldsymbol{u}_{\text{lat}} = [\delta_\gamma \quad \delta_\psi]^{\text{T}}$;

$\boldsymbol{A}_{\text{lat0}}$、$\boldsymbol{B}_{\text{lat0}}$、$\boldsymbol{C}_{\text{lat0}}$——标称的系统矩阵、输入矩阵和输出矩阵。

若设横侧向通道线性模型系统矩阵中 a_{21}、a_{31}、b_{21}、b_{32}项存在摄动时对系统影响最大，建立飞行器横侧向通道考虑摄动项的状态空间模型为

$$\begin{cases} \dot{\boldsymbol{x}}_{\text{lat}} = (\boldsymbol{A}_{\text{lat0}} + \Delta\boldsymbol{A}_{\text{lat}})\boldsymbol{x}_{\text{lat}} + (\boldsymbol{B}_{\text{lat0}} + \Delta\boldsymbol{B}_{\text{lat}})\boldsymbol{u}_{\text{lat}} \\ \boldsymbol{y}_{\text{lat}} = \boldsymbol{C}_{\text{lat0}}\boldsymbol{x} \end{cases} \tag{5-15}$$

式中

$$\Delta\boldsymbol{A}_{\text{lon}} = \begin{bmatrix} 0 & 0 & 0 & 0 \\ \Delta a_{21} & 0 & 0 & 0 \\ \Delta a_{31} & 0 & 0 & 0 \\ 0 & 0 & 0 & 0 \end{bmatrix}, \quad \Delta\boldsymbol{B}_{\text{lon}} = \begin{bmatrix} 0 & 0 \\ \Delta b_{21} & 0 \\ 0 & \Delta b_{32} \\ 0 & 0 \\ 0 & 0 \end{bmatrix}$$

若不确定性项变化范围分别是 $|\Delta a_{21}| \leqslant 0.8|a_{210}|$、$|\Delta a_{31}| \leqslant 0.8|a_{310}|$、$|\Delta b_{21}| \leqslant 0.8|b_{310}|$、$|\Delta b_{32}| \leqslant 0.8|b_{420}|$，则由虚拟回路增益法建立飞行器横侧向通道的姿态控制模型为

$$\begin{bmatrix} \dot{\boldsymbol{x}}_{\text{lat}} \\ \boldsymbol{y}_{1\text{lat}} \\ \boldsymbol{y}_{\text{lat}} \end{bmatrix} = \begin{bmatrix} \boldsymbol{A}_{\text{lat0}} & \boldsymbol{\alpha}_{1\text{lat}} & \boldsymbol{B}_{\text{lat0}} \\ \boldsymbol{\beta}_{1\text{lat}} & \boldsymbol{0} & \boldsymbol{\beta}_{2\text{lat}} \\ \boldsymbol{C}_{\text{lat0}} & \boldsymbol{\alpha}_{2\text{lat}} & \boldsymbol{0} \end{bmatrix} \begin{bmatrix} \boldsymbol{x}_{\text{lat}} \\ \boldsymbol{u}_{1\text{lat}} \\ \boldsymbol{u}_{\text{lat}} \end{bmatrix}$$

$$\boldsymbol{u}_{1\text{lat}} = \Delta \times \boldsymbol{y}_{1\text{lat}}$$

$$\Delta = \text{diag}(\Delta_1, \Delta_2, \Delta_3, \Delta_4) \tag{5-16}$$

式中

$$\boldsymbol{\alpha}_{1\text{lat}} = \begin{bmatrix} 0 & 0 & 0 & 0 \\ 0.8a_{210} & 0 & 0.8b_{210} & 0 \\ 0 & 0.8a_{310} & 0 & 0.8b_{320} \\ 0 & 0 & 0 & 0 \\ 0 & 0 & 0 & 0 \end{bmatrix}$$

$$\boldsymbol{\alpha}_{2\mathrm{lat}} = \begin{bmatrix} 0 & 0 & 0 & 0 \\ 0 & 0 & 0 & 0 \\ 0 & 0 & 0 & 0 \\ 0 & 0 & 0 & 0 \end{bmatrix}$$

$$\boldsymbol{\beta}_{1\mathrm{lat}} = \begin{bmatrix} 1 & 0 & 0 & 0 & 0 \\ 1 & 0 & 0 & 0 & 0 \\ 0 & 0 & 0 & 0 & 0 \\ 0 & 0 & 0 & 0 & 0 \end{bmatrix}$$

$$\boldsymbol{\beta}_{2\mathrm{lat}} = \begin{bmatrix} 0 & 0 \\ 0 & 0 \\ 1 & 0 \\ 0 & 1 \end{bmatrix}$$

$$\|\boldsymbol{\Delta}\|_{\infty} < 1$$

5.3.2　μ 综合控制律设计

将飞行器的运动分解为纵向运动和横侧向运动，采用如图 5－1 和图 5－2 所示的控制系统结构框图。其中纵向通道主要根据制导系统给出的攻角指令，结合状态反馈，计算升降舵指令舵偏，实现对攻角的跟踪控制；横侧向通道主要根据制导系统给出的倾侧角指令以及抑制侧滑的制导需求，结合状态反馈计算方向舵和副翼的指令舵偏，实现倾侧角指令的稳定跟踪并保持侧滑角在零附近。

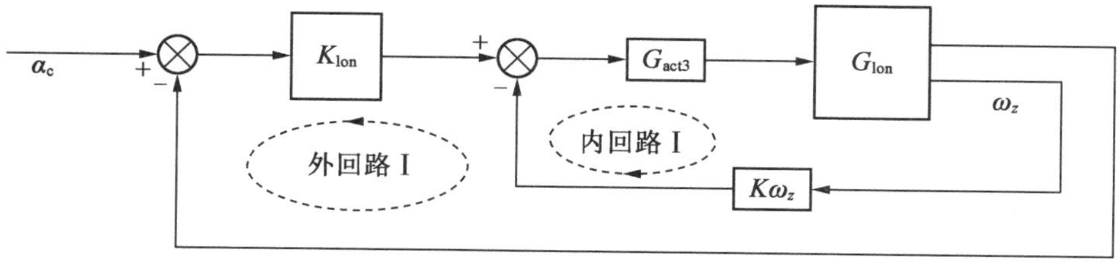

图 5－1　纵向通道控制器结构

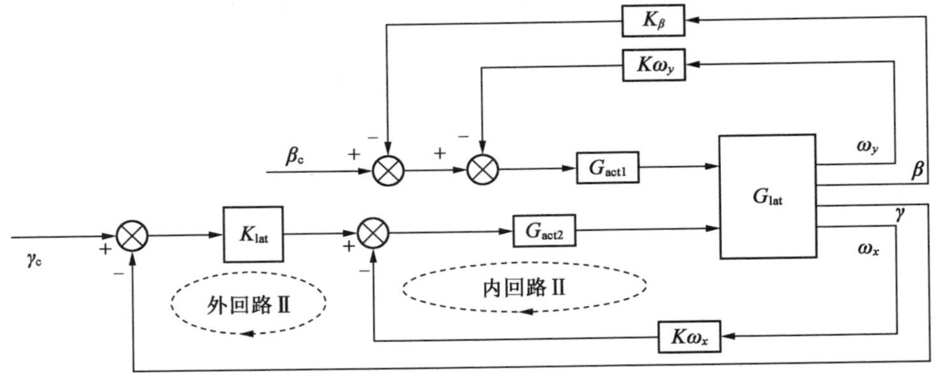

图 5 -2　横侧向通道控制器结构

将飞行器的姿态控制分为内外两个回路,其中内回路采用角速率反馈,改善飞行器的阻尼特性;外回路采用 μ 综合方法进行设计。

传统 μ 综合控制器设计过程中,权函数的选取通常采用试凑方法,需要耗费大量的人力进行权函数调整。为解决上述问题,可以采用基于遗传算法的 μ 综合控制器设计方法。通过分析 μ 综合方法的设计原则,给出权函数形式的确定原则。性能加权函数形式的选取通常跟系统带宽有直接联系,因此,首先要确定系统带宽 ω_c,ω_c 越大,系统响应速度和跟踪误差越小,但带宽过大,会削弱系统抑制高频噪声的能力。因此,要在响应速度和抑制高频噪声之间折中。确定了 ω_c 之后,按照如下原则选取输出加权函数:为使系统具有良好的指令跟踪能力和抗干扰能力,在低频段性能加权函数的幅值应尽量大,高频段一般取在 0.1 ~0.8 之间,以抑制超调;另外,该函数与 0 dB 线的交叉频率近似等于或者稍小于希望的系统带宽 ω_c。

内回路设计过程中,首先计算系统零极点,采用根轨迹设计方法得到内回路反馈系数。外回路设计过程中,利用遗传算法优化权函数,得到 μ 综合控制器。

目前已有对 BTT 飞行器横侧向模型设计双入双出 μ 综合控制器的做法,如图 5 -3 所示,这种方法将偏航通道和滚转通道的性能同时作为 μ 综合控制器的设计指标,好处是能够保证两个通道的跟踪性能和鲁棒稳定性,但会导致控制器阶次过高,一般在三十阶以上。从简化控制器结构的角度出发,可采用图 5 -2 所示的横侧向控制律结构,设计基于滚转通道的单指标的 μ 综合控制器,偏航通道性能通过反馈偏航角速度和侧滑角来调节。下面将具体介绍内、外回路的设计方法。

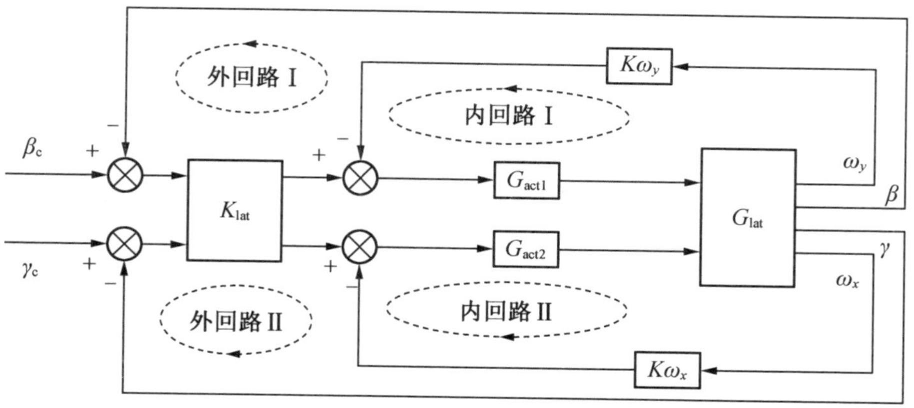

图 5-3　双入双出横侧向控制律结构图

1. 基于遗传算法的内回路状态反馈设计方法

滚转通道和俯仰通道的内回路和偏航通道使用状态反馈来设计，以调节被控对象的动态特性。偏航通道通过反馈偏航角速率和侧滑角来准确跟踪侧滑角指令，滚转通道通过反馈滚转角速率来准确跟踪角速率指令，俯仰通道通过反馈俯仰角速率来准确跟踪角速率指令，反馈系数使用遗传算法来确定。内回路设计方法流程图如图 5-4 所示。

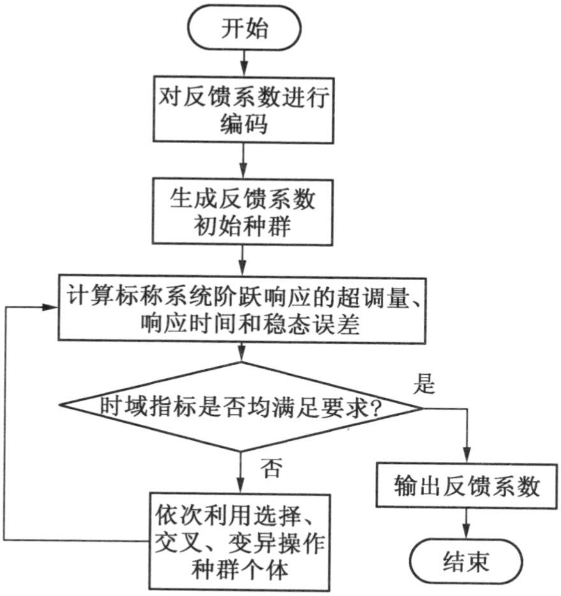

图 5-4　内回路设计方法流程图

具体步骤如下：

(1)首先，确定需要优化的反馈系数，并对其进行染色体编码。

(2)使用随机生成的方法产生初始种群，对种群个体进行染色体解码，生成对应的反馈系数个体。

(3)将反馈系数个体代入到横侧向标称模型 G_0 中，检验闭环系统阶跃响应的平稳性、快速性和准确性是否满足要求，若均满足要求，运算停止并输出反馈系数，否则进入第(4)步。

(4)利用交叉算子、变异算子和选择算法操作反馈系数个体，重新生成下一代反馈系数个体，回到第(3)步重新检验。

2. 基于 μ 综合的外回路设计方法

为了设计外回路 μ 综合控制器，需要建立广义被控对象模型。广义被控对象模型包括被控对象模型、不确定性模型以及权函数模型。在得到广义被控对象模型之后，采用图 5－5 所示的纵向 μ 综合控制器设计结构图进行控制器设计。图中 K_{lon} 为 μ 综合控制器，G_{a} 为执行机构模型，G_{lon} 为标称模型，$\boldsymbol{\Delta}$ 为不确定性模型，W_{exp}、W_{rid}、W_{e}、W_{d} 均为权函数模型。

下面重点讨论模型参数不确定性的状态空间表示法，即在处理模型参数不确定性时，直接从数学模型的状态空间矩阵 $\boldsymbol{A}$、$\boldsymbol{B}$、$\boldsymbol{C}$ 和 $\boldsymbol{D}$ 入手，将模型参数相对于标称值的变化以虚拟输入、虚拟输出和虚拟回路增益方式引入模型。

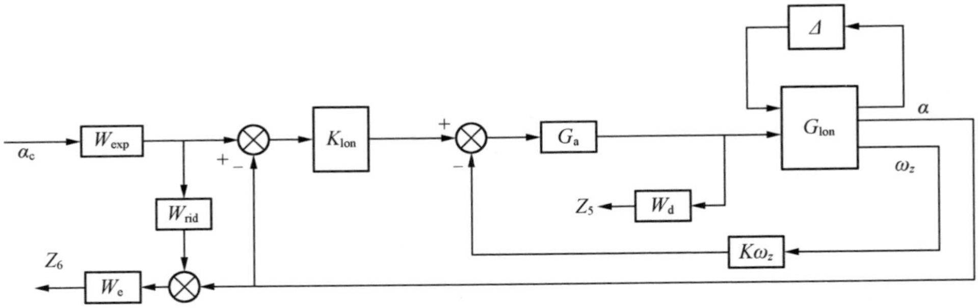

图 5－5　纵向 μ 综合控制器设计结构图

令标称系统 $G_0(s)$ 的状态空间表示为

$$\begin{bmatrix}\dot{\boldsymbol{x}}\\ \boldsymbol{y}\end{bmatrix}=\begin{bmatrix}\boldsymbol{A}_0 & \boldsymbol{B}_0\\ \boldsymbol{C}_0 & \boldsymbol{0}\end{bmatrix}\begin{bmatrix}\boldsymbol{x}\\ \boldsymbol{u}\end{bmatrix} \tag{5-17}$$

则具有 n 个参数不确定性的系统 $G(s)$ 可以表示为

$$\begin{bmatrix} \dot{\boldsymbol{x}} \\ \boldsymbol{y} \end{bmatrix} = \left(\begin{bmatrix} \boldsymbol{A}_0 & \boldsymbol{B}_0 \\ \boldsymbol{C}_0 & \boldsymbol{0} \end{bmatrix} + \sum_{i=1}^{n} \Delta_i \begin{bmatrix} \boldsymbol{A}_i & \boldsymbol{B}_i \\ \boldsymbol{C}_i & \boldsymbol{0} \end{bmatrix} \right) \begin{bmatrix} \boldsymbol{x} \\ \boldsymbol{u} \end{bmatrix} \tag{5-18}$$

式中　Δ_i——第 i 个参数的变化范围；

$\boldsymbol{A}_i$、$\boldsymbol{B}_i$、$\boldsymbol{C}_i$——对应的摄动矩阵。

这时对应的摄动矩阵可表示为

$$\begin{bmatrix} \boldsymbol{A}_i & \boldsymbol{B}_i \\ \boldsymbol{C}_i & \boldsymbol{0} \end{bmatrix} = \begin{bmatrix} \boldsymbol{\alpha}_{i1} \\ \boldsymbol{\alpha}_{i2} \end{bmatrix} [\boldsymbol{\beta}_{i1} \quad \boldsymbol{\beta}_{i2}] \tag{5-19}$$

可得到系统 $G(s)$ 不确定性模型表示为

$$\begin{bmatrix} \dot{\boldsymbol{x}} \\ \boldsymbol{y}_1 \\ \boldsymbol{y} \end{bmatrix} = \begin{bmatrix} \boldsymbol{A}_0 & \boldsymbol{\alpha}_1 & \boldsymbol{B}_0 \\ \boldsymbol{\beta}_1 & \boldsymbol{0} & \boldsymbol{\beta}_2 \\ \boldsymbol{C}_0 & \boldsymbol{\alpha}_2 & \boldsymbol{0} \end{bmatrix} \begin{bmatrix} \boldsymbol{x} \\ \boldsymbol{u}_1 \\ \boldsymbol{u} \end{bmatrix} \tag{5-20}$$

$$\boldsymbol{u}_1 = \Delta \times \boldsymbol{y}_1, \quad \Delta = \mathrm{diag}(\Delta_1, \Delta_2, \cdots, \Delta_3) \tag{5-21}$$

其中

$$\boldsymbol{\alpha}_1 = [\boldsymbol{\alpha}_{11} \quad \boldsymbol{\alpha}_{21} \quad \cdots \quad \boldsymbol{\alpha}_{n1}], \quad \boldsymbol{\alpha}_2 = [\boldsymbol{\alpha}_{12} \quad \boldsymbol{\alpha}_{22} \quad \cdots \quad \boldsymbol{\alpha}_{n2}]$$

$$\boldsymbol{\beta}_1 = [\boldsymbol{\beta}_{11}^{\mathrm{T}} \quad \boldsymbol{\beta}_{21}^{\mathrm{T}} \quad \cdots \quad \boldsymbol{\beta}_{n1}^{\mathrm{T}}]^{\mathrm{T}}, \quad \boldsymbol{\beta}_2 = [\boldsymbol{\beta}_{12}^{\mathrm{T}} \quad \boldsymbol{\beta}_{22}^{\mathrm{T}} \quad \cdots \quad \boldsymbol{\beta}_{n2}^{\mathrm{T}}]^{\mathrm{T}}$$

这里 $\boldsymbol{u}_1$ 和 $\boldsymbol{y}_1$ 是为等效模型参数变化对数学模型的影响而引入的虚拟输入和输出，$\boldsymbol{\Delta}_i$ 为虚拟回路增益。

(1)BTT 飞行器纵向不确定性模型。

BTT 飞行器在平衡点处的标称纵向线性模型 G_{lon0} 的状态空间模型为

$$\begin{cases} \dot{\boldsymbol{x}}_{\mathrm{lon}} = \boldsymbol{A}_{\mathrm{lon0}} \boldsymbol{x}_{\mathrm{lon}} + \boldsymbol{B}_{\mathrm{lon0}} \boldsymbol{u}_{\mathrm{lon}} \\ \boldsymbol{y}_{\mathrm{lon}} = \boldsymbol{C}_{\mathrm{lon0}} \boldsymbol{x}_{\mathrm{lon}} \end{cases} \tag{5-22}$$

式中　$\boldsymbol{x}_{\mathrm{lon}} = [v_{x1} \quad v_{y1} \quad \omega_z \quad \varphi]^{\mathrm{T}}$；

$\boldsymbol{y}_{\mathrm{lon}} = [\alpha_{\mathrm{Deg}} \quad \omega_z]^{\mathrm{T}}$；

$\boldsymbol{u}_{\mathrm{lon}} = \boldsymbol{\delta}_{\varphi}$；

$\boldsymbol{A}_{\mathrm{lon0}}$、$\boldsymbol{B}_{\mathrm{lon0}}$、$\boldsymbol{C}_{\mathrm{lon0}}$——相应维数的系统矩阵、输入矩阵和输出矩阵。

通过对系统状态矩阵的分析，结合不确定性分析，可知系统矩阵中 Δa_{32} 对系统的影响最大，故系统矩阵 $\boldsymbol{A}$ 中选择 a_{32} 项参数具有不确定性；输入矩阵中 Δb_3 对系统影响最大，故输入矩阵 $\boldsymbol{B}$ 中选择 b_3 项参数具有不确定性。由此建立纵向通道带有不确定性的状态空间模型为

$$\begin{cases}\dot{\boldsymbol{x}}_{\text{lon}} = (\boldsymbol{A}_{\text{lon0}} + \Delta\boldsymbol{A}_{\text{lon}})\boldsymbol{x}_{\text{lon}} + (\boldsymbol{B}_{\text{lon0}} + \Delta\boldsymbol{B}_{\text{lon}})\boldsymbol{u}_{\text{lon}} \\ \boldsymbol{y}_{\text{lon}} = \boldsymbol{C}_{\text{lon0}}\boldsymbol{x}_{\text{lon}}\end{cases} \tag{5-23}$$

式中

$$\Delta\boldsymbol{A}_{\text{lon}} = \begin{bmatrix}0 & 0 & 0 & 0\\0 & 0 & 0 & 0\\0 & \Delta a_{32} & 0 & 0\\0 & 0 & 0 & 0\end{bmatrix},\quad \Delta\boldsymbol{B}_{\text{lon}} = \begin{bmatrix}0\\0\\\Delta b_3\\0\end{bmatrix}$$

由前面分析可知 $|\Delta a_{32}| \leqslant 0.5|a_{320}|$，$|\Delta b_3| \leqslant 0.5|b_{30}|$，由虚拟回路增益方法可以得到再入飞行器纵向姿态控制模型为

$$\begin{bmatrix}\dot{\boldsymbol{x}}_{\text{lon}}\\ \boldsymbol{y}_{\text{1lon}}\\ \boldsymbol{y}_{\text{lon}}\end{bmatrix} = \begin{bmatrix}\boldsymbol{A}_{\text{lon0}} & \boldsymbol{\alpha}_{\text{1lon}} & \boldsymbol{B}_{\text{lon0}}\\ \boldsymbol{\beta}_{\text{1lon}} & \boldsymbol{0} & \boldsymbol{\beta}_{\text{2lon}}\\ \boldsymbol{C}_{\text{lon0}} & \boldsymbol{\alpha}_{\text{2lon}} & \boldsymbol{0}\end{bmatrix}\begin{bmatrix}\boldsymbol{x}_{\text{lon}}\\ \boldsymbol{u}_{\text{1lon}}\\ \boldsymbol{u}_{\text{lon}}\end{bmatrix} \tag{5-24}$$

$$\boldsymbol{u}_{\text{1lon}} = \boldsymbol{\Delta} \times \boldsymbol{y}_{\text{1lon}},\quad \boldsymbol{\Delta} = \text{diag}(\Delta_1, \Delta_2) \tag{5-25}$$

式中

$$\boldsymbol{\alpha}_{\text{1lon}} = \begin{bmatrix}0 & 0\\0 & 0\\0.5a_{320} & 0.5b_{30}\\0 & 0\end{bmatrix}$$

$$\boldsymbol{\alpha}_{\text{2lon}} = \begin{bmatrix}0 & 0\\0 & 0\end{bmatrix}$$

$$\boldsymbol{\beta}_{\text{1lon}} = \begin{bmatrix}0 & 1 & 0 & 0\\0 & 0 & 0 & 0\end{bmatrix}$$

$$\boldsymbol{\beta}_{\text{2lon}} = \begin{bmatrix}0\\1\end{bmatrix}$$

$$\|\Delta\|_{\infty} < 1$$

飞行器纵向姿态控制模型结构如图 5－6 所示。图中 $\hat{G}_{\text{lon}}(s)$ 为模型参数不确定性 Δ 存在下的设计模型。

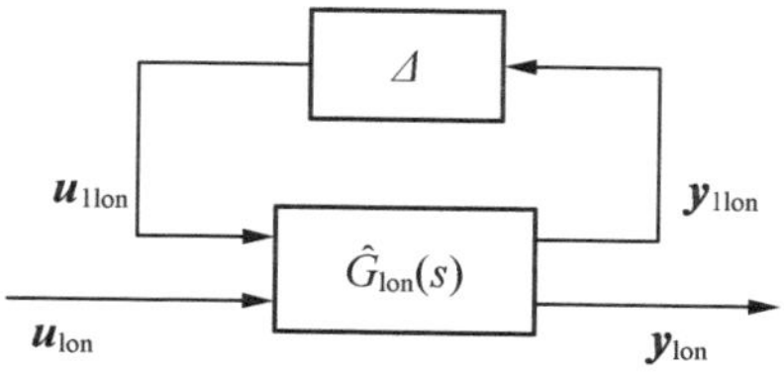

图5-6 飞行器纵向姿态控制模型结构

(2)BTT 飞行器横侧向姿态控制模型。

飞行器在平衡点的标称横侧向线性模型 G_{lat0} 的状态空间模型为

$$\begin{cases}\dot{\boldsymbol{x}}_{lat} = \boldsymbol{A}_{lat0}\boldsymbol{x}_{lat} + \boldsymbol{B}_{lat0}\boldsymbol{u}_{lat} \\ \boldsymbol{y}_{lat} = \boldsymbol{C}_{lat0}\boldsymbol{x}_{lat}\end{cases} \tag{5-26}$$

式中 $\boldsymbol{x}_{lat} = [v_{z1} \quad \gamma \quad \omega_x \quad \omega_y \quad \psi]^{T}$;

$\boldsymbol{y}_{lat} = [\gamma_{Deg} \quad \beta \quad \omega_x \quad \omega_y]^{T}$;

$\boldsymbol{u}_{lat} = [\delta_\gamma \quad \delta_\psi]^{T}$;

$\boldsymbol{A}_{lat0}$、$\boldsymbol{B}_{lat0}$、$\boldsymbol{C}_{lat0}$——相应维数的系统矩阵、输入矩阵和输出矩阵。

通过对系统状态矩阵的分析,结合5.3.1节不确定性分析,可知系统矩阵中 Δa_{31} 和 Δa_{41} 对系统的影响最大,故系统矩阵 $\boldsymbol{A}$ 中选择 a_{31} 和 a_{41} 项参数具有不确定性;输入矩阵中 Δb_{31} 和 Δb_{42} 对系统影响最大,故输入矩阵 $\boldsymbol{B}$ 中选择 b_{31} 和 b_{42} 项参数具有不确定性。由此建立横侧向带有不确定性的状态空间模型为

$$\begin{cases}\dot{\boldsymbol{x}}_{lat} = (\boldsymbol{A}_{lat0} + \Delta\boldsymbol{A}_{lat})\boldsymbol{x}_{lat} + (\boldsymbol{B}_{lat0} + \Delta\boldsymbol{B}_{lat})\boldsymbol{u}_{lat} \\ \boldsymbol{y}_{lat} = \boldsymbol{C}_{lat0}\boldsymbol{x}_{lat}\end{cases} \tag{5-27}$$

式中

$$\Delta\boldsymbol{A}_{lat} = \begin{bmatrix} 0 & 0 & 0 & 0 & 0 \\ 0 & 0 & 0 & 0 & 0 \\ \Delta a_{31} & 0 & 0 & 0 & 0 \\ \Delta a_{41} & 0 & 0 & 0 & 0 \\ 0 & 0 & 0 & 0 & 0 \end{bmatrix}, \quad \Delta\boldsymbol{B}_{lat} = \begin{bmatrix} 0 & 0 \\ 0 & 0 \\ \Delta b_{31} & 0 \\ 0 & \Delta b_{42} \\ 0 & 0 \end{bmatrix}$$

由前面分析可知 $|\Delta a_{31}| \leqslant 0.5|a_{310}|$,$|\Delta a_{41}| \leqslant 0.5|a_{410}|$,$|\Delta b_{31}| \leqslant 0.5|b_{310}|$,$|\Delta b_{42}| \leqslant 0.5|b_{420}|$,由虚拟回路增益方法可以得到再入飞行器纵向姿态控制模型为

$$\begin{bmatrix} \dot{\boldsymbol{x}}_{lat} \\ \boldsymbol{y}_{1lat} \\ \boldsymbol{y}_{lat} \end{bmatrix} = \begin{bmatrix} \boldsymbol{A}_{lat0} & \boldsymbol{\alpha}_{1lat} & \boldsymbol{B}_{lat0} \\ \boldsymbol{\beta}_{1lat} & \boldsymbol{0} & \boldsymbol{\beta}_{2lat} \\ \boldsymbol{C}_{lat0} & \boldsymbol{\alpha}_{2lat} & \boldsymbol{0} \end{bmatrix} \begin{bmatrix} \boldsymbol{x}_{lat} \\ \boldsymbol{u}_{1lat} \\ \boldsymbol{u}_{lat} \end{bmatrix} \tag{5-28}$$

$$\boldsymbol{u}_{1lat} = \Delta \times \boldsymbol{y}_{1lat}, \quad \Delta = \mathrm{diag}(\Delta_1, \Delta_2, \Delta_3, \Delta_4) \tag{5-29}$$

其中

$$\boldsymbol{\alpha}_{1lat} = \begin{bmatrix} 0 & 0 & 0 & 0 \\ 0 & 0 & 0 & 0 \\ 0.5a_{310} & 0 & 0.5b_{310} & 0 \\ 0 & 0.5a_{410} & 0 & 0.5b_{420} \\ 0 & 0 & 0 & 0 \end{bmatrix}$$

$$\boldsymbol{\alpha}_{2lat} = \begin{bmatrix} 0 & 0 & 0 & 0 \\ 0 & 0 & 0 & 0 \\ 0 & 0 & 0 & 0 \\ 0 & 0 & 0 & 0 \end{bmatrix}$$

$$\boldsymbol{\beta}_{1lat} = \begin{bmatrix} 1 & 0 & 0 & 0 & 0 \\ 1 & 0 & 0 & 0 & 0 \\ 0 & 0 & 0 & 0 & 0 \\ 0 & 0 & 0 & 0 & 0 \end{bmatrix}$$

$$\boldsymbol{\beta}_{2lat} = \begin{bmatrix} 0 & 0 \\ 0 & 0 \\ 1 & 0 \\ 0 & 1 \end{bmatrix}$$

$$\| \Delta \|_{\infty} < 1$$

BTT 飞行器横侧向姿态控制模型结构如图 5－7 所示。图中 $\hat{G}_{lat}(s)$ 为模型参数不确定性 Δ 存在下的设计模型，即标称模型。

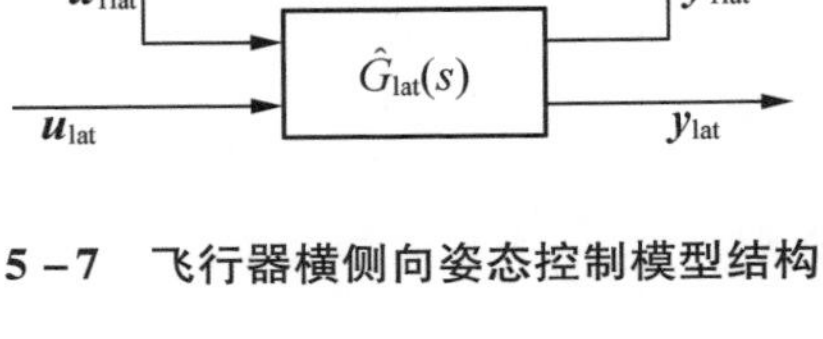

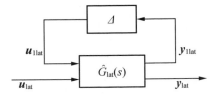

图 5－7　飞行器横侧向姿态控制模型结构图

3. 权函数的选取及 μ 综合控制设计

以往选取权函数时大多依靠经验，提出基于遗传算法选取权函数的方法来确定权函数，在确定个体适应度函数 Ω 时，加入控制器阶数因素，使得在控制器性能满足要求的同时其阶次也满足初步指标要求，如下所示：

$$\Omega(H_\infty, n) = \begin{cases} H_\infty & (n \leqslant n_{\max}, n_{\max} \in \mathbf{N}) \\ M & (n > n_{\max}, n_{\max} \in \mathbf{N}) \end{cases} \tag{5-30}$$

式中 H_∞——鲁棒性能、鲁棒稳定性和标称性能各自对应的 H_∞ 范数；

n——经 D-K 迭代得到的稳定控制器 K 的阶数；

$n_{\max}$——控制器可接受的最高阶次；

M——很大的一个常数，表示适应度很低。

5.3.3 高阶控制器降阶方法

1. 高阶控制器降阶原理

直接采用 μ 综合方法设计的姿态控制律具有阶次高的问题，给姿态控制律的工程实现带来了难度，因此要研究高阶控制器的降阶方法。早期关于高阶模型降阶问题的主要降阶方法包括：模态降阶法、连分式降阶法、最小误差降阶法、奇异值分解法、帕德近似法和劳斯近似法，以及它们的改进方法等。随着系统辨识方法研究取得的进展，一些学者提出了基于信号响应的模型降阶方法。随后，平衡截断法从一个全新的角度为模型降阶方法奠定了理论基础。其后，大量降阶方法研究工作都是在此方法上进行不断的改进与推广，例如广义奇异摄动降阶法等。

（1）基于信号响应的模型降阶方法。

早期常见的模型降阶方法中，如模态降阶法、连分式降阶法、奇异值分解法、帕德近似法、劳斯近似法等，它们的一个共同特点是通过纯粹的数学计算来降阶，计算量大，有时得到的简化模型可能不稳定。因此，提出了利用系统辨识的思想，借助阶跃响应建模法和矩建模法的思路，对高阶模型进行降阶，包括图解降阶法和矩降阶法。

图解降阶法源于经典建模法中的阶跃响应建模，它是在已知高阶过程数学模型的前提下，利用 MATLAB 等仿真工具，通过作图和计算来确定低阶逼近模型。常见的图解降阶法有二参数法、三参数法和四参数法等。

图解降阶法的一个明显缺点是，模型参数由高阶过程阶跃响应曲线上一点或者两点来确定，对高频干扰敏感。因此，如果以高阶模型阶跃响应曲线或者脉冲响应曲线上的多个点为依据，所得的模型参数对扰动的敏感度会大大降低。矩降阶法是基于脉冲响应的模型降阶方法，它以高阶过程的脉冲响应与时间之积的积分为基础，通过计算脉冲响应前两个或三个矩来确定低阶模型的参数。

(2)平衡降阶方法。

平衡降阶方法的理论基础是平衡实现理论，即对于可控可观的线性时不变系统$(\boldsymbol{A},\boldsymbol{B},\boldsymbol{C})$，定义可控 Gram 矩阵和可观 Gram 矩阵，如果这两个矩阵具有对角形式，其对角元素为系统的 Hankel 奇异值(σ_i)，则称系统是平衡的；对于平衡系统，若存在平衡转换矩阵 $\boldsymbol{T}$，实现系统状态变换(如 $\bar{\boldsymbol{x}}=\boldsymbol{T}\boldsymbol{x}$ 等)，则称变换后的系统$(\bar{\boldsymbol{A}},\bar{\boldsymbol{B}},\bar{\boldsymbol{C}})$为原系统的平衡实现。

如果系统模型是平衡形式的，则系统的 Hankel 奇异值提供了状态重要性的测度，即大奇异值对应的状态受控制输入的影响大，而输出也受该状态变化的影响大，通常将 $\sigma_k \gg \sigma_{k+1}$ 以后的状态消去，因此可以将原系统的状态分为重要的 $\bar{x}_1$ 和不重要的 $\bar{x}_2$ 两部分。

根据平衡系统状态消去方法的不同，有平衡截断降阶和平衡残差降阶两种方法。平衡截断降阶方法是将对应小 Hankel 奇异值的状态直接消去，即将不重要的状态 $\bar{x}_2$ 直接消去，得到降阶模型$(\bar{\boldsymbol{A}}_{11},\bar{\boldsymbol{B}}_1,\bar{\boldsymbol{C}}_1)$；平衡残差降阶方法是将小奇异值对应状态的导数认为是零，而其余状态不变。

平衡截断降阶法与平衡残差降阶法有相同的误差界，但是两种方法具有不同的高频和低频特性。直接截断的方法在高频段具有较好的模型匹配，而残差法在超低频段具有较好的匹配特性。

平衡降阶方法的缺点是只能处理稳定系统的降阶，对于不稳定系统则无能为力，因此随后出现了多种平衡降阶的改进方法。

(3)广义奇异摄动降阶的 Schur 方法。

在原高阶系统中，如果存在状态接近不可控或者不可观时，系统的平衡转换矩阵 $\boldsymbol{T}$ 将会出现病态。为解决平衡降阶法的病态问题，提出了平衡降阶的改进法，即奇异摄动降阶 Schur 法和广义奇异摄动降阶 Schur 法等降阶方法。

这些降阶方法的主要思路基本相同，而平衡降阶法和奇异摄动降阶法可以看成是广义奇异摄动降阶法的特殊情况。

根据被控对象的模型 $\boldsymbol{G}$ 和高阶控制器 $\boldsymbol{K}$，计算输入加权矩阵 $\boldsymbol{W}_{\mathrm{i}}$ 和输出加权矩阵 $\boldsymbol{W}_{\mathrm{o}}$，有

$$\begin{cases}\boldsymbol{W}_{\mathrm{o}}=(\boldsymbol{I}+\boldsymbol{G}\boldsymbol{K})^{-1}\boldsymbol{G}\\ \boldsymbol{W}_{\mathrm{i}}=(\boldsymbol{I}+\boldsymbol{G}\boldsymbol{K})^{-1}\end{cases} \tag{5-31}$$

将控制器降阶问题转化为双边频率加权模型降阶问题，即

$$\min\|\boldsymbol{W}-\boldsymbol{W}_{\mathrm{r}}\|_{\infty}=\min\|(\boldsymbol{I}+\boldsymbol{G}\boldsymbol{K})^{-1}\boldsymbol{G}(\boldsymbol{K}-\boldsymbol{K}_{\mathrm{r}})(\boldsymbol{I}+\boldsymbol{G}\boldsymbol{K})^{-1}\|_{\infty} \tag{5-32}$$

式中 $\boldsymbol{W}$——高阶控制器组成的闭环系统，$\boldsymbol{W}=\boldsymbol{G}\boldsymbol{K}(\boldsymbol{I}+\boldsymbol{G}\boldsymbol{K})^{-1}$；

$\boldsymbol{W}_{\mathrm{r}}$——低阶控制器组成的闭环系统，$\boldsymbol{W}_{\mathrm{r}}=\boldsymbol{G}\boldsymbol{K}_{\mathrm{r}}(\boldsymbol{I}+\boldsymbol{G}\boldsymbol{K}_{\mathrm{r}})^{-1}$。

假设控制器 $\boldsymbol{K}$、输入加权函数 $\boldsymbol{W}_{\mathrm{i}}$ 和输出加权函数 $\boldsymbol{W}_{\mathrm{o}}$ 的最小实现分别为

$$\boldsymbol{K}=\begin{bmatrix}\boldsymbol{A} & \boldsymbol{B}\\ \boldsymbol{C} & \boldsymbol{D}\end{bmatrix},\quad \boldsymbol{W}_{\mathrm{i}}=\begin{bmatrix}\boldsymbol{A}_{\mathrm{i}} & \boldsymbol{B}_{\mathrm{i}}\\ \boldsymbol{C}_{\mathrm{i}} & \boldsymbol{D}_{\mathrm{i}}\end{bmatrix},\quad \boldsymbol{W}_{\mathrm{o}}=\begin{bmatrix}\boldsymbol{A}_{\mathrm{o}} & \boldsymbol{B}_{\mathrm{o}}\\ \boldsymbol{C}_{\mathrm{o}} & \boldsymbol{D}_{\mathrm{o}}\end{bmatrix} \tag{5-33}$$

则

$$\boldsymbol{K}\boldsymbol{W}_{\mathrm{i}}=\begin{bmatrix}\overline{\boldsymbol{A}}_{\mathrm{i}} & \overline{\boldsymbol{B}}_{\mathrm{i}}\\ \overline{\boldsymbol{C}}_{\mathrm{i}} & \overline{\boldsymbol{D}}_{\mathrm{i}}\end{bmatrix}=\begin{bmatrix}\boldsymbol{A} & \boldsymbol{B}\boldsymbol{C}_{\mathrm{i}} & \boldsymbol{B}\boldsymbol{D}_{\mathrm{i}}\\ \boldsymbol{0} & \boldsymbol{A}_{\mathrm{i}} & \boldsymbol{B}_{\mathrm{i}}\\ \boldsymbol{C} & \boldsymbol{0} & \boldsymbol{D}\boldsymbol{D}_{\mathrm{i}}\end{bmatrix}$$

$$\boldsymbol{W}_{\mathrm{o}}\boldsymbol{K}=\begin{bmatrix}\overline{\boldsymbol{A}}_{\mathrm{o}} & \overline{\boldsymbol{B}}_{\mathrm{o}}\\ \overline{\boldsymbol{C}}_{\mathrm{o}} & \overline{\boldsymbol{D}}_{\mathrm{o}}\end{bmatrix}=\begin{bmatrix}\boldsymbol{A} & \boldsymbol{0} & \boldsymbol{B}\\ \boldsymbol{B}_{\mathrm{o}}\boldsymbol{C} & \boldsymbol{A}_{\mathrm{o}} & \boldsymbol{B}_{\mathrm{o}}\boldsymbol{D}\\ \boldsymbol{D}_{\mathrm{o}}\boldsymbol{C} & \boldsymbol{C}_{\mathrm{o}} & \boldsymbol{D}_{\mathrm{o}}\boldsymbol{D}\end{bmatrix} \tag{5-34}$$

计算矩阵($\overline{\boldsymbol{A}}_{\mathrm{i}}\quad \overline{\boldsymbol{B}}_{\mathrm{i}}\quad \overline{\boldsymbol{C}}_{\mathrm{i}}\quad \overline{\boldsymbol{D}}_{\mathrm{i}}$)和($\overline{\boldsymbol{A}}_{\mathrm{o}}\quad \overline{\boldsymbol{B}}_{\mathrm{o}}\quad \overline{\boldsymbol{C}}_{\mathrm{o}}\quad \overline{\boldsymbol{D}}_{\mathrm{o}}$)。

构造矩阵 $\overline{\boldsymbol{P}}$ 和 $\overline{\boldsymbol{Q}}$ 为

$$\overline{\boldsymbol{P}}=\begin{bmatrix}\boldsymbol{P}_{11} & \boldsymbol{P}_{12}\\ \boldsymbol{P}_{12}^{\mathrm{T}} & \boldsymbol{P}_{22}\end{bmatrix},\quad \overline{\boldsymbol{Q}}=\begin{bmatrix}\boldsymbol{Q}_{11} & \boldsymbol{Q}_{12}\\ \boldsymbol{Q}_{12}^{\mathrm{T}} & \boldsymbol{Q}_{22}\end{bmatrix} \tag{5-35}$$

其中 $\overline{\boldsymbol{P}}$ 和 $\overline{\boldsymbol{Q}}$ 为下列 Lyapunov 方程的解:

$$\begin{gathered}\overline{\boldsymbol{A}}_{\mathrm{i}}\overline{\boldsymbol{P}}+\overline{\boldsymbol{P}}\overline{\boldsymbol{A}}_{\mathrm{i}}^{\mathrm{T}}+\overline{\boldsymbol{B}}_{\mathrm{i}}\overline{\boldsymbol{B}}_{\mathrm{i}}^{\mathrm{T}}=\boldsymbol{0}\\ \overline{\boldsymbol{A}}_{\mathrm{o}}^{\mathrm{T}}\overline{\boldsymbol{Q}}+\overline{\boldsymbol{Q}}\overline{\boldsymbol{A}}_{\mathrm{o}}+\overline{\boldsymbol{C}}_{\mathrm{o}}^{\mathrm{T}}\overline{\boldsymbol{C}}_{\mathrm{o}}=\boldsymbol{0}\end{gathered} \tag{5-36}$$

将式(5-36)展开,可得

$$\begin{gathered}\boldsymbol{A}\boldsymbol{P}_{11}+\boldsymbol{P}_{11}\boldsymbol{A}^{\mathrm{T}}+\boldsymbol{X}=\boldsymbol{0}\\ \boldsymbol{A}^{\mathrm{T}}\boldsymbol{Q}_{11}+\boldsymbol{Q}_{11}\boldsymbol{A}+\boldsymbol{Y}=\boldsymbol{0}\end{gathered} \tag{5-37}$$

式中

$$\begin{gathered}\boldsymbol{X}=\boldsymbol{B}\boldsymbol{C}_{\mathrm{i}}\boldsymbol{P}_{12}+\boldsymbol{P}_{12}^{\mathrm{T}}\boldsymbol{C}_{\mathrm{i}}^{\mathrm{T}}\boldsymbol{B}^{\mathrm{T}}+\boldsymbol{B}\boldsymbol{D}_{\mathrm{i}}\boldsymbol{D}_{\mathrm{i}}^{\mathrm{T}}\boldsymbol{B}^{\mathrm{T}}\\ \boldsymbol{Y}=\boldsymbol{Q}_{12}\boldsymbol{B}_{\mathrm{o}}\boldsymbol{C}+\boldsymbol{C}^{\mathrm{T}}\boldsymbol{B}_{\mathrm{o}}^{\mathrm{T}}\boldsymbol{Q}_{12}^{\mathrm{T}}+\boldsymbol{C}^{\mathrm{T}}\boldsymbol{D}_{\mathrm{o}}^{\mathrm{T}}\boldsymbol{D}_{\mathrm{o}}\boldsymbol{C}\end{gathered} \tag{5-38}$$

为保证降阶模型的稳定性,将矩阵 $\boldsymbol{X}$ 和 $\boldsymbol{Y}$ 进行正交特征分解,有

$$\begin{gathered}\boldsymbol{X}=\boldsymbol{U}\boldsymbol{S}\boldsymbol{U}^{\mathrm{T}}\\ \boldsymbol{Y}=\boldsymbol{V}\boldsymbol{H}\boldsymbol{V}^{\mathrm{T}}\end{gathered} \tag{5-39}$$

其中 $\boldsymbol{S}=\mathrm{diag}(s_1,s_2,\cdots,s_n)$,$\boldsymbol{H}=\mathrm{diag}(h_1,h_2,\cdots,h_n)$,且有 $|s_1|\geqslant|s_2|\geqslant\cdots\geqslant|s_n|\geqslant 0$,$|h_1|\geqslant|h_2|\geqslant\cdots\geqslant|h_n|\geqslant 0$。若矩阵 $\boldsymbol{X}$ 和 $\boldsymbol{Y}$ 的秩分别为 i 和 j,则可得

$$\begin{gathered}\boldsymbol{B}_{\mathrm{w}}=\boldsymbol{U}\mathrm{diag}(|s_1|^{\frac{1}{2}},\cdots,|s_i|^{\frac{1}{2}})\\ \boldsymbol{C}_{\mathrm{w}}=\mathrm{diag}(|h_1|^{\frac{1}{2}},\cdots,|h_i|^{\frac{1}{2}})\boldsymbol{V}^{\mathrm{T}}\end{gathered} \tag{5-40}$$

重新定义频率加权 Gram 矩阵 $\boldsymbol{P}_{\mathrm{w}}$ 和 $\boldsymbol{Q}_{\mathrm{w}}$,满足如下的 Lyapunov 方程:

$$
\begin{aligned}
&\boldsymbol{A}\boldsymbol{P}_{\mathrm{w}}+\boldsymbol{P}_{\mathrm{w}}\boldsymbol{A}^{\mathrm{T}}+\boldsymbol{B}_{\mathrm{w}}\boldsymbol{B}_{\mathrm{w}}^{\mathrm{T}}=\mathbf{0}\\
&\boldsymbol{Q}_{\mathrm{w}}\boldsymbol{A}+\boldsymbol{A}^{\mathrm{T}}\boldsymbol{Q}_{\mathrm{w}}+\boldsymbol{C}_{\mathrm{w}}^{\mathrm{T}}\boldsymbol{C}_{\mathrm{w}}=\mathbf{0}
\end{aligned}
\tag{5-41}
$$

则易知($\boldsymbol{A}\quad\boldsymbol{B}_{\mathrm{w}}\quad\boldsymbol{C}_{\mathrm{w}}$)为最小实现。

寻找可以同时对角化$\boldsymbol{P}_{\mathrm{w}}$和$\boldsymbol{Q}_{\mathrm{w}}$的矩阵$\boldsymbol{T}$,使得

$$
\boldsymbol{T}\boldsymbol{P}_{\mathrm{w}}\boldsymbol{T}^{\mathrm{T}}=(\boldsymbol{T}^{-1})^{\mathrm{T}}\boldsymbol{Q}_{\mathrm{w}}\boldsymbol{T}^{-1}=\mathrm{diag}(\sigma_1,\sigma_2,\cdots,\sigma_{\mathrm{r}},\sigma_{r+1},\cdots,\sigma_n)
\tag{5-42}
$$

其中,$\sigma_1\geqslant\sigma_2\geqslant\cdots\geqslant\sigma_n\geqslant0$,为此,首先对$\boldsymbol{P}_{\mathrm{w}}$和$\boldsymbol{Q}_{\mathrm{w}}$进行 Cholesky 分解有

$$
\begin{cases}
\boldsymbol{P}_{\mathrm{w}}=\boldsymbol{L}_{\mathrm{c}}\boldsymbol{L}_{\mathrm{c}}^{\mathrm{T}}\\
\boldsymbol{Q}_{\mathrm{w}}=\boldsymbol{L}_{\mathrm{o}}\boldsymbol{L}_{\mathrm{o}}^{\mathrm{T}}
\end{cases}
\tag{5-43}
$$

通过 Cholesky 分解得到的矩阵,计算正定对角阵$\boldsymbol{\Sigma}$和正交阵$\boldsymbol{U}$、$\boldsymbol{V}$,有

$$
\boldsymbol{U}\boldsymbol{\Sigma}\boldsymbol{V}=\boldsymbol{L}_{\mathrm{o}}^{\mathrm{T}}\boldsymbol{L}_{\mathrm{c}}
\tag{5-44}
$$

在此基础上,计算平衡转换矩阵$\boldsymbol{T}$为

$$
\begin{cases}
\boldsymbol{T}=\boldsymbol{L}_{\mathrm{c}}\boldsymbol{V}^{\mathrm{T}}\boldsymbol{\Sigma}^{-1/2}\\
\boldsymbol{T}^{-1}=\boldsymbol{\Sigma}^{-1/2}\boldsymbol{U}^{\mathrm{T}}\boldsymbol{L}_{\mathrm{o}}^{\mathrm{T}}
\end{cases}
\tag{5-45}
$$

用矩阵$\boldsymbol{T}$对原系统对应的模型进行变换,并将变换后系统进行分块,得到

$$
\begin{bmatrix}\boldsymbol{T}\boldsymbol{A}\boldsymbol{T}^{-1} & \boldsymbol{T}\boldsymbol{B}\\ \boldsymbol{C}\boldsymbol{T}^{-1} & \boldsymbol{D}\end{bmatrix}=\begin{bmatrix}\boldsymbol{A}_{11} & \boldsymbol{A}_{12} & \boldsymbol{B}_1\\ \boldsymbol{A}_{21} & \boldsymbol{A}_{22} & \boldsymbol{B}_2\\ \boldsymbol{C}_1 & \boldsymbol{C}_2 & \boldsymbol{D}\end{bmatrix}
\tag{5-46}
$$

式中　$\boldsymbol{A}_{11}\in\mathbf{R}^{m\times m}(m<n)$。

分析控制器$\boldsymbol{K}$对应的 Hankel 奇异值($\sigma_1,\cdots,\sigma_k,\sigma_{k+1}\cdots,\sigma_n$),假设$\sigma_k,\cdots\sigma_{n-1},\sigma_n$较$\sigma_1,\cdots,\sigma_{k-1}$为小量,则令$m=k$。

根据m的数值按照式(5-46)对变换后的系统进行分块,构造降阶后的控制器为

$$
\boldsymbol{K}_{\mathrm{r}}(m)=\begin{bmatrix}\boldsymbol{A}_{11} & \boldsymbol{B}_1\\ \boldsymbol{C}_1 & \boldsymbol{D}\end{bmatrix}
\tag{5-47}
$$

将降阶后的控制器$\boldsymbol{K}_{\mathrm{r}}(m)$与被控对象$\boldsymbol{G}$构成闭环系统,通过时域仿真和频域分析,判断降阶后的控制器是否能够保证闭环系统满足性能要求,若满足要求,则令$m=m-1$,重新利用式(5-46)进行计算;否则以$\boldsymbol{K}_{\mathrm{r}}(m-1)$作为降阶后的控制器。

(4)基于 Hankel 范数和间隙度量的降阶方法。

在提出降阶方法之前,先通过 Hankel 范数逼近的内容引入关于模型降阶误

差界的相关定理，然后再引入隙度量的相关概念。

模型降阶问题可一般地表述如下：给定全阶模型 $\boldsymbol{G}(s)$，寻找一个较低阶的模型 $\boldsymbol{G}_{\mathrm{r}}$，使得 $\boldsymbol{G}$ 和 $\boldsymbol{G}_{\mathrm{r}}$ 在某种意义下是接近的，本书考虑 L_∞ 范数逼近问题，则问题可以表示为

$$\inf_{\deg(\boldsymbol{G}_{\mathrm{r}}\leqslant r)} \|\boldsymbol{G}-\boldsymbol{G}_{\mathrm{r}}\|_\infty \tag{5-48}$$

最优 Hankel 范数逼近问题可表述如下：给定具有 McMillan 阶 n 的传递函数矩阵 $\boldsymbol{G}(s)$，求具有 McMillan 阶 $k<n$ 的传递函数矩阵 $\boldsymbol{G}'(s)$，使 $\|\boldsymbol{G}(s)-\boldsymbol{G}'(s)\|_{\mathrm{H}}$ 最小。J. C. Doyle 对于 Hankel 范数逼近给出了一系列定理和相应证明，下面对定理内容简要介绍。

定理 5.1 给定一个稳定、有理的 $p\times m$ 矩阵 $\boldsymbol{G}(s)$，其 Hankel 奇异值为 $\sigma_1\geqslant\sigma_2\geqslant\cdots\geqslant\sigma_k\geqslant\sigma_{k+1}\geqslant\cdots\geqslant\sigma_n>0$，则对所有稳定、具有 McMillan 阶 $\leqslant k$ 的 $\boldsymbol{G}'(s)$，有

$$\sigma_i[\boldsymbol{G}(s)-\boldsymbol{G}'(s)]\geqslant\sigma_{i+k}[\boldsymbol{G}(s)]\quad(i=1,\cdots,n-k) \tag{5-49}$$

$$\sigma_{i+k}[\boldsymbol{G}(s)-\boldsymbol{G}'(s)]\leqslant\sigma_i[\boldsymbol{G}(s)]\quad(i=1,\cdots,n) \tag{5-50}$$

特别地

$$\|\boldsymbol{G}(s)-\boldsymbol{G}'(s)\|_{\mathrm{H}}\geqslant\sigma_{k+1}[\boldsymbol{G}(s)] \tag{5-51}$$

即

$$\inf_{\boldsymbol{G}'}\|\boldsymbol{G}(s)-\boldsymbol{G}'(s)\|_{\mathrm{H}}\geqslant\sigma_{k+1}[\boldsymbol{G}(s)] \tag{5-52}$$

Hankel 范数与 L_∞ 范数之间的关系将通过下面的定理给出。

定理 5.2 令 $\boldsymbol{G}(s)$ 为一个稳定、有理的 $m\times m$ 矩阵，其 Hankel 奇异值为 $\sigma_1>\sigma_2>\cdots>\sigma_n$。其中 σ_i 的重数为 r_i，则存在 $\boldsymbol{G}(s)$ 的一个表达式为

$$\boldsymbol{G}(s)=\boldsymbol{D}_0+\sigma_1\boldsymbol{E}_1(s)+\sigma_2\boldsymbol{E}_2(s)+\cdots+\sigma_n\boldsymbol{E}_n(s) \tag{5-53}$$

其中，对于所有的 k，$\boldsymbol{E}_k(s)$ 是全通的和稳定的；对 $k=1,2,\cdots,n$，$\boldsymbol{G}_k'(s)=\boldsymbol{D}_0+\sum_{i=1}^{k}\sigma_i\boldsymbol{E}_i(s)$ 具有 McMillan 阶 $r_1+r_2+\cdots+r_k$。

定理 5.3 $\boldsymbol{G}(s)$ 为一个稳定、有理的 $p\times m$ 矩阵，其 Hankel 奇异值为 $\sigma_1>\sigma_2>\cdots>\sigma_n$。其中 σ_i 的重数为 r_i，并且 $\boldsymbol{G}(\infty)=\boldsymbol{0}$，则：

(1) $\|\boldsymbol{G}(s)\|_\infty\leqslant2(\sigma_1+\sigma_2+\cdots+\sigma_n)$。

(2) 存在一个常数阵 $\boldsymbol{D}_0$，使得 $\|\boldsymbol{G}(s)-\boldsymbol{D}_0\|_\infty\leqslant\sigma_1+\sigma_2+\cdots+\sigma_n$。

定理 5.4 $\boldsymbol{G}(s)$ 为一个稳定、有理的 $m\times m$ 矩阵，其 Hankel 奇异值为 $\sigma_1\geqslant\sigma_2\geqslant\cdots\geqslant\sigma_k>\sigma_{k+1}=\sigma_{k+2}=\cdots=\sigma_{k+r}>\sigma_{k+r+1}\geqslant\cdots\geqslant\sigma_n>0$。令具有 McMillan 阶 k 的 $\boldsymbol{G}'(s)$ 是 $\boldsymbol{G}(s)$ 最优范数逼近，则存在一个 $\boldsymbol{D}_0$ 使得

$$\sigma_{k+1}(\boldsymbol{G}) \leqslant \| \boldsymbol{G} - \boldsymbol{G}' - \boldsymbol{D}_0 \|_\infty \leqslant \sigma_{k+1}(\boldsymbol{G}) + \sum_{i=1}^{n-k-r} \sigma_{i+k+r}(\boldsymbol{G}) \quad (5-54)$$

则有

$$\sigma_{k+1}(\boldsymbol{G}) \leqslant \| \boldsymbol{G} - \boldsymbol{G}' \|_\infty \leqslant 2\left[\sigma_{k+1}(\boldsymbol{G}) + \sum_{i=1}^{n-k-r} \sigma_{i+k+r}(\boldsymbol{G})\right] \quad (5-55)$$

为度量跟踪系统的鲁棒稳定性,引入了间隙度量的概念。下面对间隙度量做简要说明。用 $\vartheta(c_1)$、$\vartheta(c_2)$ 表示复数 c_1、c_2 在直径为 1 的 Riemann 球上的投影,用 $l(c_1,c_2)$ 表示 c_1、c_2 之间的弦长,则

$$l(c_1,c_2) = \|\vartheta(c_1) - \vartheta(c_2)\| = \frac{|c_1 - c_2|}{\sqrt{1+c_1^2}\sqrt{1+c_2^2}} \quad (5-56)$$

若复数 c_1、c_2 可以表示为 $c_i = a_i/b_i, i=1,2$,则

$$l\left(\frac{a_1}{b_1},\frac{a_2}{b_2}\right) = \frac{|a_2 b_1 - a_1 b_2|}{\sqrt{a_1^2+b_1^2}\sqrt{a_2^2+b_2^2}} \quad (5-57)$$

对于本书设计控制器时使用的横侧向或者纵向的单入单出系统,其传递函数可以写成 $\boldsymbol{G}(s) = n(s)/d(s)$,因此两系统间的“距离”参照球上两点间的弦长公式可以写成

$$l(\boldsymbol{G}_1,\boldsymbol{G}_2) = \frac{|d_2 n_1 - d_1 n_2|}{\sqrt{|d_1|^2 + |n_1|^2}\sqrt{|d_2|^2 + |n_2|^2}} \quad (5-58)$$

对于以标称系统 P 为中心、以 r 为半径的球形区域内的所有系统可表示为

$$\Delta_l(P,r) = \{P_1 \mid l(P_1,P) \leqslant r\} \quad (5-59)$$

式中 $P(s)$——标称系统;

r——不确定半径,即为标称系统与摄动系统间的最大距离,公式如下:

$$r = \max_{\|\Delta\|_\infty < 1} l(\boldsymbol{G}_0,\Delta\boldsymbol{G}) = \frac{|\Delta d n_0 - d_0 n|}{\sqrt{|d_0|^2 + |n_0|^2}\sqrt{|\Delta d|^2 + |\Delta n|^2}} \quad (5-60)$$

式中 n_0、Δn——分子;

d_0、Δd——G_0 和 ΔG 传递函数的分母。

根据 Georgiou 和 Smith 提出的标准反馈系统鲁棒边界的概念:

$$b_{\boldsymbol{P},\boldsymbol{C}} = \left\| \begin{bmatrix} \boldsymbol{I} \\ \boldsymbol{P} \end{bmatrix} (\boldsymbol{I} - \boldsymbol{C}\boldsymbol{P})^{-1} [\boldsymbol{I} \quad \boldsymbol{C}] \right\|_\infty^{-1} \quad (5-61)$$

跟踪系统的鲁棒稳定半径为

$$b_{\boldsymbol{P},\boldsymbol{C}} = \min_{\omega \in \mathbf{R}} \{ l[-\boldsymbol{C}^{-1}(\mathrm{j}\omega), \boldsymbol{P}(\mathrm{j}\omega)] \} \quad (5-62)$$

对于降阶控制器 $\boldsymbol{K}_r$,只要保证闭环系统的鲁棒稳定半径 $b_{\boldsymbol{P},\boldsymbol{C}}$ 大于不确定半

径 $\boldsymbol{r}$，那么闭环系统就是鲁棒稳定的。

控制器降阶问题不仅仅要求降阶后的控制器 $\boldsymbol{K}_r$ 与原控制器 $\boldsymbol{K}$ 之间误差足够小，还要求控制器降阶后闭环系统的跟踪性能和鲁棒性能也得到保证，即不能直接用模型降阶方法来解决此类问题。基于此，提出一种基于 Hankel 范数和间隙度量的控制器降阶方法，用 Hankel 范数来衡量降阶前后闭环系统的差异，用鲁棒稳定边界条件来保证降阶后闭环系统的鲁棒稳定性。具体的控制器降阶方法如下。

（1）确定误差上界 γ。

即确定 $\|\boldsymbol{G}-\hat{\boldsymbol{G}}\|_{\mathrm{H}}<\gamma$ 中的 γ。$\boldsymbol{G}$ 和 $\hat{\boldsymbol{G}}$ 分别是包含 $\boldsymbol{K}$ 和 $\boldsymbol{K}_r$ 的闭环系统模型，误差上界 γ 由原系统 $\boldsymbol{G}$ 的 Hankel 奇异值确定。

（2）求取标称模型不确定半径 r。

不确定半径即为标称系统与摄动系统间的最大距离，公式如下：

$$r=\max_{\|\Delta\|_\infty} l(\boldsymbol{G}_0,\Delta\boldsymbol{G})=\frac{|\Delta d n_0-d_0\Delta n|}{\sqrt{|d_0|^2+|n_0|^2}\sqrt{|\Delta d|^2+|\Delta n|^2}} \tag{5-63}$$

式中　n_0、Δn——分子；

d_0、Δd——G_0 和 ΔG 传递函数的分母。

（3）求鲁棒稳定半径 $b_{\boldsymbol{P},\boldsymbol{C}}$。

$$b_{\boldsymbol{P},\boldsymbol{C}}=\min_{\omega\in\mathbf{R}}\{l[-\boldsymbol{C}^{-1}(\mathrm{j}\omega),\boldsymbol{P}(\mathrm{j}\omega)]\} \tag{5-64}$$

式中　$\boldsymbol{C}$——控制器；

$\boldsymbol{P}$——被控对象。

（4）使用某种模型降阶方法求得 $\boldsymbol{K}_r$，使得闭环系统 $\hat{\boldsymbol{G}}$ 满足 $\|\boldsymbol{G}-\hat{\boldsymbol{G}}\|_{\mathrm{H}}<\gamma$ 和鲁棒稳定边界条件，即 $b_{\boldsymbol{P},\boldsymbol{C}}>r$。在对控制器降阶前可对 $\|\boldsymbol{G}-\hat{\boldsymbol{G}}\|_{\mathrm{H}}$ 做如下处理：

$$\|\boldsymbol{G}-\hat{\boldsymbol{G}}\|_{\mathrm{H}}=\|\boldsymbol{KP}(\boldsymbol{I}+\boldsymbol{KP})^{-1}-\hat{\boldsymbol{K}}\boldsymbol{P}(\boldsymbol{I}+\hat{\boldsymbol{K}}\boldsymbol{P})^{-1}\|_{\mathrm{H}}\approx\|(\boldsymbol{K}-\hat{\boldsymbol{K}})\boldsymbol{P})(\boldsymbol{I}+\boldsymbol{KP})^{-1}\|_{\mathrm{H}} \tag{5-65}$$

经过上述变换，闭环系统控制器降阶问题可以转换成带频率加权的模型降阶问题，该问题可使用带频率加权的平衡截断法或者带频率加权的 Hankel 范数最优逼近法等方法来解决。

2. 控制器降阶前后仿真结果比较与分析

为了验证本书提出的鲁棒控制器降阶方法的有效性，需要对比控制器降阶前后闭环系统的时域跟踪性能和鲁棒性能，下面将分别在纵向通道和横侧向通道对比含原控制器和低阶控制器的闭环系统的性能，并进行分析。针对滑翔飞行器纵向通道 20 阶 μ 综合控制器 $\boldsymbol{K}_{\mathrm{lon}}$，使用前面提出的鲁棒控制器降阶方法对其降阶,得到低阶控制器 $\boldsymbol{K}'_{\mathrm{lon}}$,其阶数为 6 阶。

图 5－8 所示为纵向通道时域响应对比曲线,图中点画线是控制器降阶前闭环系统的时域性能曲线,实线是降阶后闭环系统的仿真结果。由图 5－8(a)可见,在降阶后系统阶跃响应的超调量从 0 增加到 3.7%,稳态误差由 0.5% 增加到 2.3%,调节时间由 3 s 减小到 2.3 s。由图 5－8(c)可知此时执行机构性能满足要求。由图 5－8 可知,控制器降阶后的闭环系统的跟踪性能虽然有所下降,但仍满足指标要求,以牺牲时域性能为代价换取了控制器阶数的降低。图 5－9 所示为纵向通道降阶后鲁棒性能曲线。由图 5－9(a)～(c)可见,控制器降阶后系统的鲁棒性依然满足要求,因此该控制器降阶方法能够保证系统的鲁棒性能。

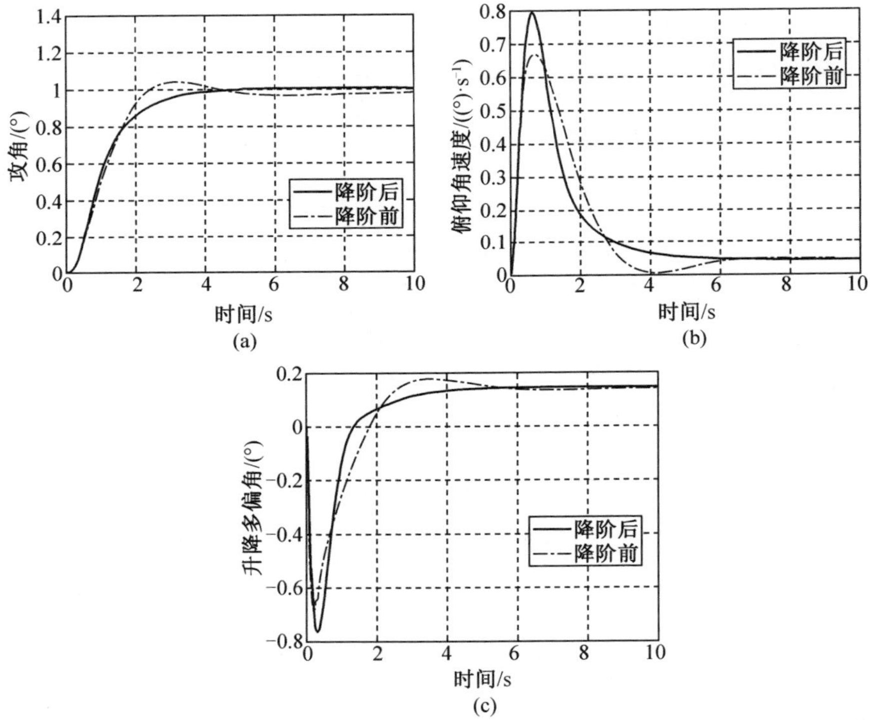

图 5－8　纵向通道时域响应对比曲线

综上所述,本书提出的基于 Hankel 奇异值和间隙度量的鲁棒控制器降阶方法对纵向通道 μ 综合控制器是有效的。

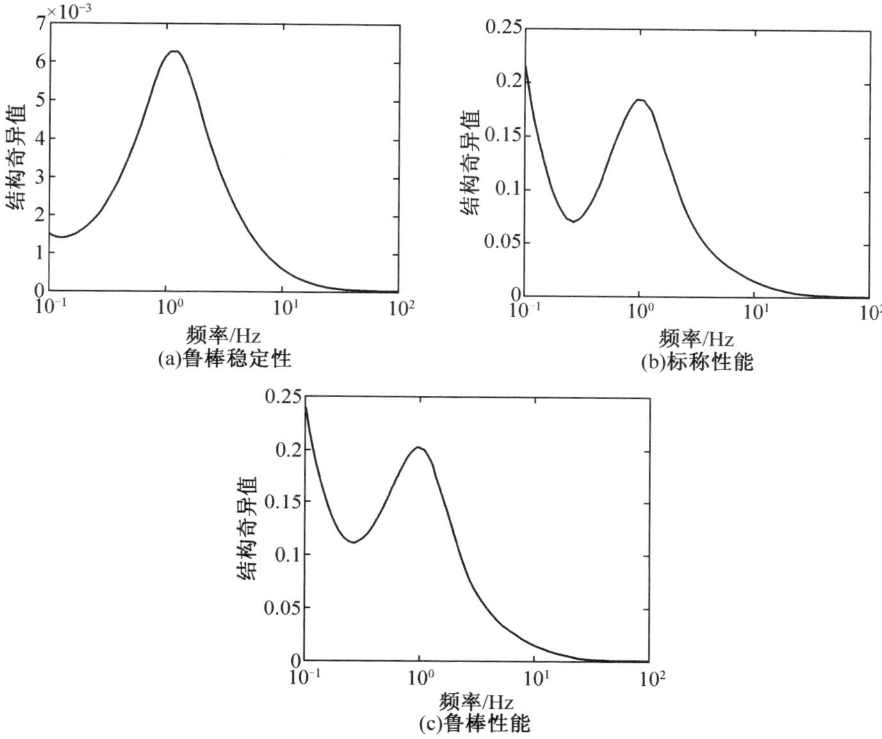

图 5-9　纵向通道降阶后鲁棒性能曲线

针对横侧向通道 15 阶 μ 综合控制器 $\boldsymbol{K}_{\mathrm{lat}}$，使用上文提出的鲁棒控制器降阶方法对其降阶，得到低阶控制器 $\boldsymbol{K}'_{\mathrm{lat}}$，其阶数为 5 阶。图 5-10 和图 5-11 是横侧向通道时域响应对比曲线，其中点画线是控制器降阶前闭环系统的时域性能曲线，实线是降阶后闭环系统的仿真结果。对由图 5-10(a)可知，在降阶后系统阶跃响应的超调量从 1.7% 增加到 5.4%，稳态误差由 0.5% 减小到 0.3%，调节时间由 2.9 s 增加到 5.8 s。由图 5-10(c)可知此时执行机构性能满足要求。在交联耦合抑制方面，由图 5-11(a)可知，控制器降阶后系统跟踪 10°倾侧角时会产生 0.27°的侧滑角瞬态最大增益，以及 0.04°的侧滑角稳态增益。由图 5-11 可知，控制器降阶后的闭环系统的跟踪性能虽然有所下降，但仍满足指标要求，以牺牲时域性能为代价换取了控制器阶数的降低。图 5-12 所示为横侧向通道降阶后鲁棒性能曲线。由图 5-12(a)~(c)可见，控制器降阶后系统的鲁棒性依然满足要求，因此该控制器降阶方法能够保证系统的鲁棒性能。

综上所述，本书提出的基于 Hankel 奇异值和间隙度量的鲁棒控制器降阶方

法对横侧向通道 μ 综合控制器是有效的。

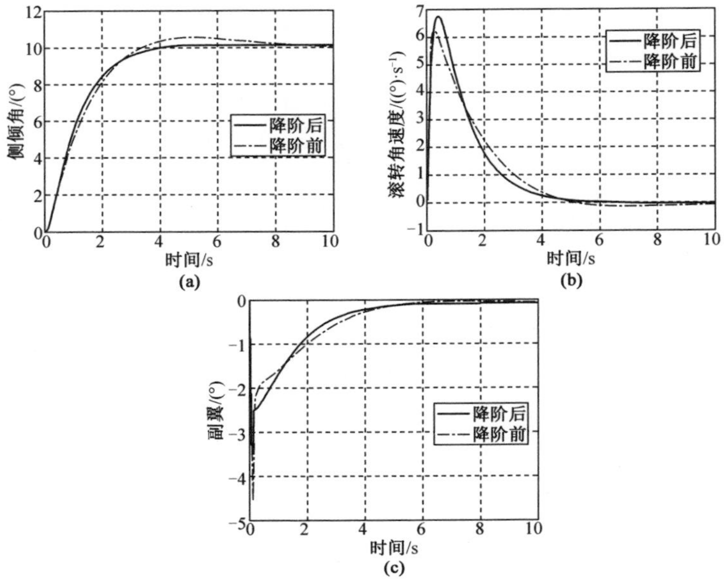

图 5－10　滚转通道时域响应对比曲线

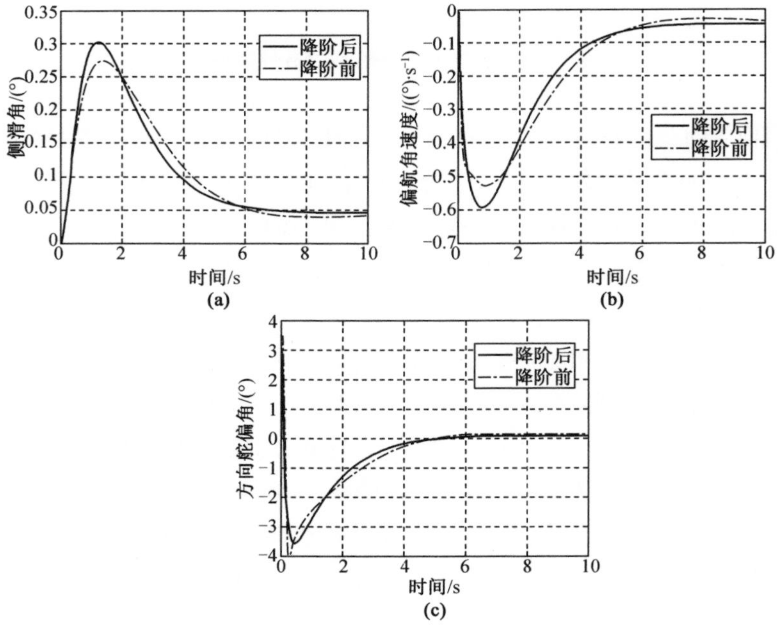

图 5－11　偏航通道时域响应对比曲线

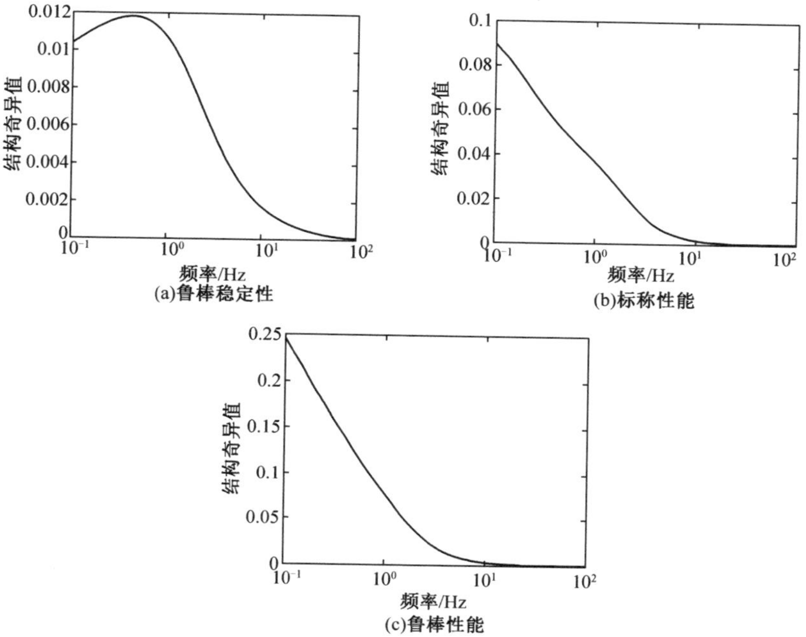

图 5－12 横侧向通道降阶后鲁棒性能曲线

在验证本书提出的基于 μ 综合的 BTT 飞行器鲁棒控制算法对动力学特性不确定性和各种环境不确定性的适应能力之前，需要在标称条件下验证其对标准弹道的跟踪性能，即在没有动力学参数的拉偏、没有初始条件偏差、没有风干扰的条件下进行仿真。随后在考虑偏差的情况下对弹道跟踪能力进行仿真分析。

图 5－13 所示为标称情况下时域响应曲线，值得说明的是图 5－13(b)，由此图可知升降舵偏角的稳态值在－8°左右，这是在当前飞行高度和飞行马赫数的条件下为了保持 8°攻角飞行的需要；图 5－13(e)是侧滑角曲线，在 80 s 附近飞行器的侧滑角突然改变，这是由于此时刻飞行器开始滚转，而滚转通道和偏航通道间的耦合比较严重，产生了侧滑。由图 5－13(a)、图 5－13(c)、图 5－13(e)三幅图可见，攻角、倾侧角和侧滑角的终端跟踪误差分别为 0.25°、0.6°和 0.008°，对攻角、倾侧角和侧滑角的终端精度要求分别为±2°、±3°、±1°，可见标称情况下的终端跟踪精度满足要求，而且在整个飞行过程中角度跟踪平稳，系统没有发散。因此，在标称情况下本书提出的姿态控制算法对标准弹道的跟踪精度是满足指标要求的。

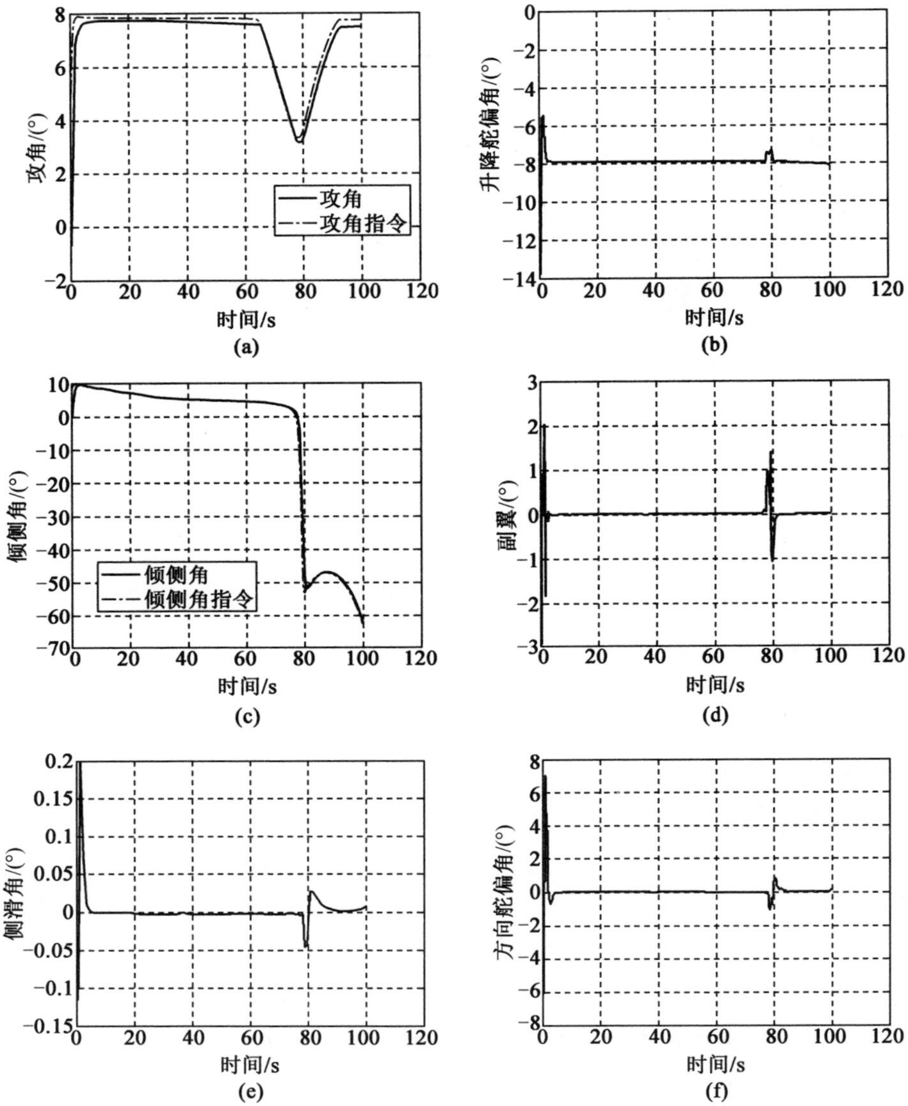

图 5-13 标称情况下时域响应曲线

图 5-14 所示为参数上限拉偏情况下的时域响应曲线。与标称情况下的仿真结果相比偏航通道变化较大，原因是参数存在拉偏，导致系统无法在设计时选定的固定攻角、零侧滑的标称特征状态平衡，根据参数拉偏的程度和极性，侧滑角的稳态值也会发生改变。由图 5-14(e)可见，侧滑角的稳态值约为 0.05°，与

此对应的方向舵的稳态值也不为 0°，由于副翼和方向舵在控制上有不可忽略的耦合，在控制律结构上有副翼和方向舵之间的信号补偿，因此副翼的稳态值由图 5－14(d)可知也不为 0°。对比图 5－14(a)和图 5－14(b)可知，参数上限拉偏对纵向通道影响较小。由图 5－14(a)、图 5－14(c)、图 5－14(e)可见，攻角、倾侧角和侧滑角的终端跟踪误差分别为 0.23°、1.1°和 0.052°，均满足终端跟踪精度的要求，而且整个飞行过程中角度跟踪平稳，系统没有发散。

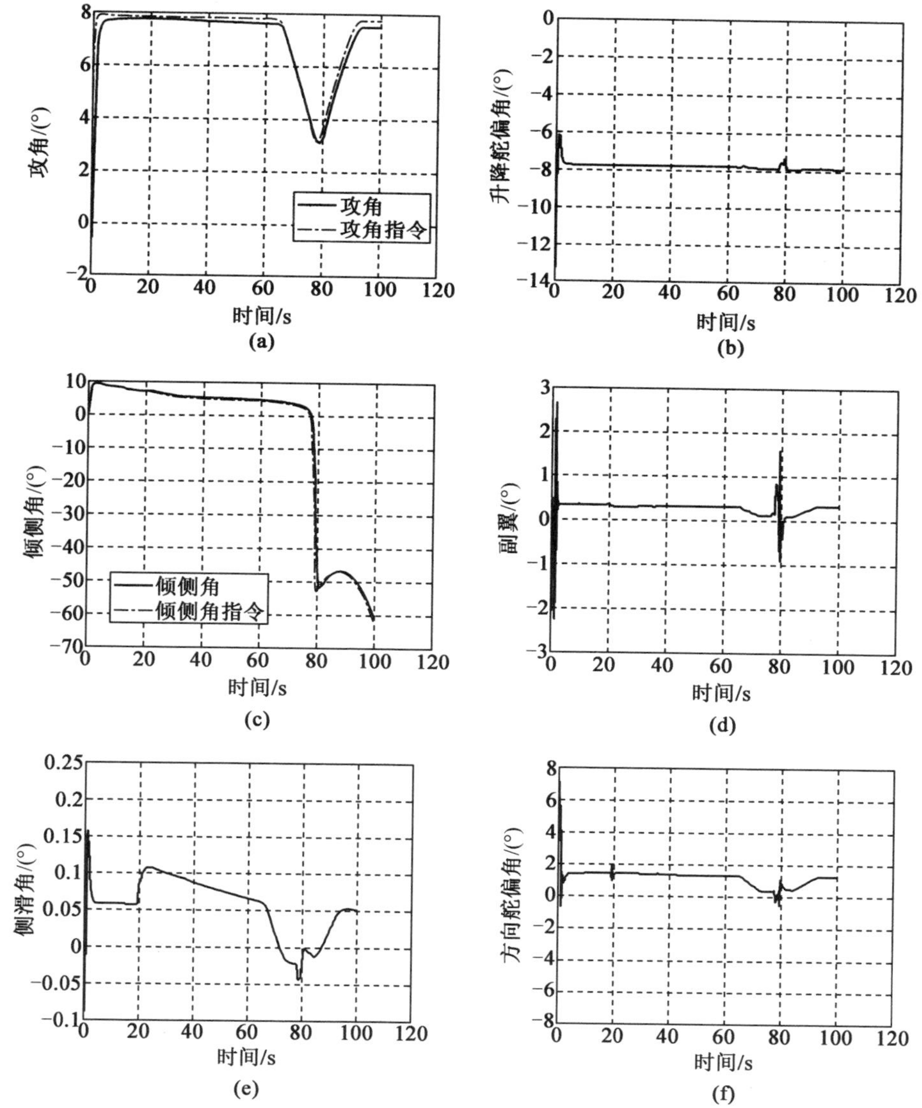

图 5－14　参数上限拉偏情况下的时域响应曲线

图 5－15 所示为参数下限拉偏情况下的时域响应曲线。与参数上限拉偏时的情况相似的是侧滑角的稳态值也不为 0°，由于参数偏差的极性不同，侧滑角、方向舵和副翼的稳态值的符号也与参数上限拉偏时相反。由图 5－15(a)可知，前 10 s 攻角有小幅振荡，稳定性与标称和参数上限拉偏时相比有所下降。由图 5－15(a)、图 5－15(c)、图 5－15(e)可知，攻角、倾侧角和侧滑角的终端跟踪误差分别为 0.25°、－0.35°和－0.074°，满足终端跟踪精度的要求，而且整个飞行过程中角度跟踪平稳。

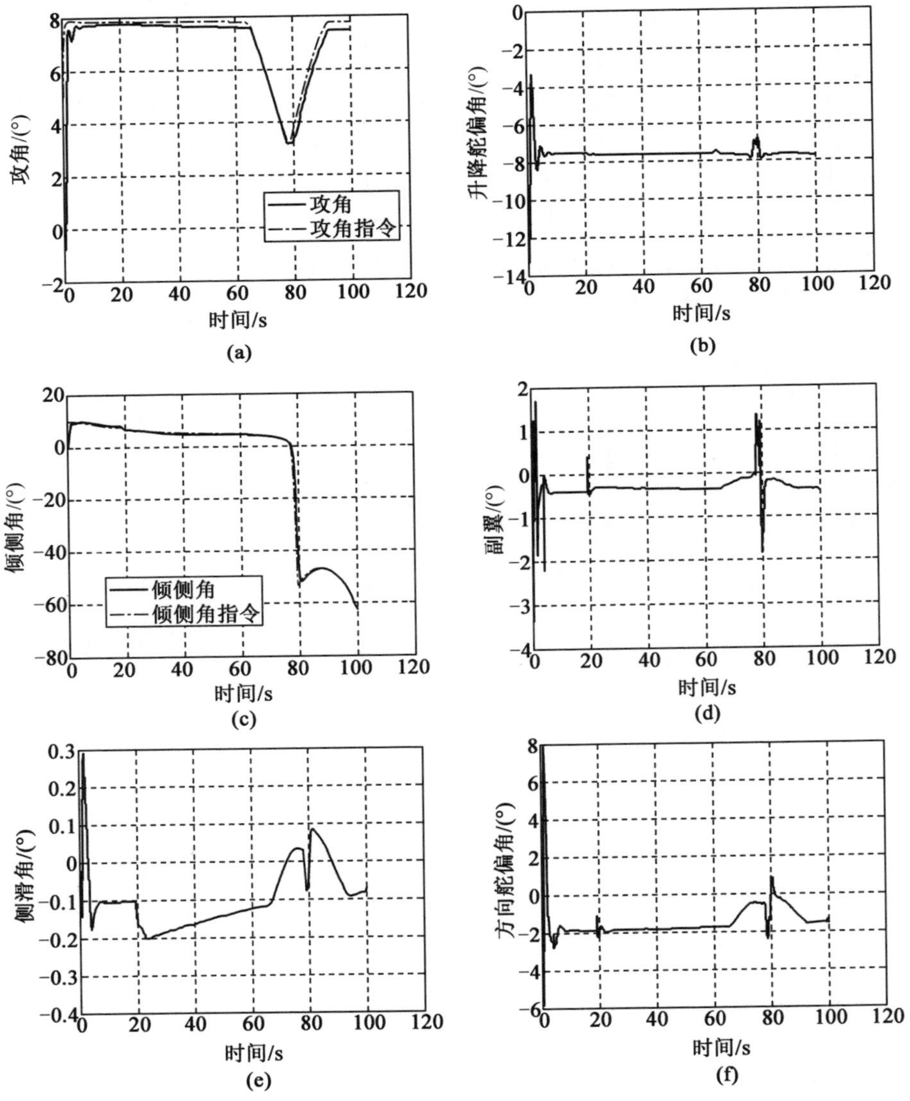

图 5－15　参数下限拉偏情况下的时域响应曲线

通过分析上述仿真结果可知，本书提出的基于 μ 综合的 BTT 飞行器鲁棒控制算法对动力学参数不确定性有很好的适应能力，能够在存在一定范围内的上限、下限动力学参数不确定性时保证系统的稳定性和跟踪性能。

第6章

助推滑翔飞行器助推段制导

本章研究助推滑翔飞行器助推段的制导方法，首先建立助推段的数学模型，然后分析助推段的各种约束条件，并给出弹道的优化方法；其次，提出对弹道的跟踪方法；最后，研究助推段的制导控制一体化方法。

6.1 飞行器助推段推力的数学模型

助推滑翔飞行器助推段与其他阶段的不同之处在于助推段存在火箭发动机，因此需要建立火箭发动机对飞行器运动影响的数学模型。为此，将助推段数学模型建立在发射坐标系中。假设助推火箭为三级，且发动机推力与弹体纵轴重合，则推力在弹体坐标系中的投影为

$$\begin{bmatrix} P_{x_1} \\ P_{y_1} \\ P_{z_1} \end{bmatrix} = \begin{bmatrix} P \\ 0 \\ 0 \end{bmatrix}$$

将发动机推力由弹体坐标系转化到发射坐标系，可得

$$\begin{bmatrix} P_{x_g} \\ P_{y_g} \\ P_{z_g} \end{bmatrix} = (\boldsymbol{B}_g^1)^{\mathrm{T}} \begin{bmatrix} P_{x_1} \\ P_{y_1} \\ P_{z_1} \end{bmatrix} = (\boldsymbol{B}_g^1)^{\mathrm{T}} \begin{bmatrix} P \\ 0 \\ 0 \end{bmatrix}$$

发动机推力模型可由以下分段函数形式描述。

(1) $t < t_{1\text{on}}$。

$$P = 0$$

(2) $t_{1\text{on}} \leqslant t < t_{1\text{off}}$。

$$P(t) = \frac{I_{s1} \cdot m_{\text{fuel1}} \cdot 1\ 000 \cdot g}{t_{1\text{off}} - t_{1\text{on}}} + S_{a1}(p_0 - p)$$

(3) $t_{1\text{off}} \leqslant t < t_{1\text{throw}}$。

$$P = 0$$

(4) $t_{2\text{on}} \leqslant t < t_{2\text{off}}$。

$$P(t) = \frac{I_{s2} \cdot m_{\text{fuel2}} \cdot 1\ 000 \cdot g}{t_{2\text{off}} - t_{2\text{on}}} + S_{a2}(0 - p)$$

(5) $t_{2\text{off}} \leqslant t < t_{2\text{throw}}$。

$$P = 0$$

(6) $t_{3\text{on}} \leqslant t < t_{3\text{off}}$。

$$P(t) = \frac{I_{s3} \cdot m_{\text{fuel3}} \cdot 1\ 000 \cdot g}{t_{3\text{off}} - t_{3\text{on}}} + S_{a3}(0 - p)$$

(7) $t \geqslant t_{3\text{off}}$。

$$P = 0$$

这里，$t_{i\text{on}}$、$t_{i\text{off}}$、$t_{i\text{throw}}$和$t_{i\text{throw}}$别分为第 i 级火箭的点火时间、关闭时间以及推进器的分离时间($i = 1, 2, 3, 4$)；I_{Si}为第 i 级助推火箭的燃料比冲，单位为秒(s)；p为该时刻高度下的大气压强；p_0为标准大气压强。

6.2　助推段约束条件分析与弹道优化

助推段制导时需要考虑的约束条件包括初始条件约束(Path Constraints)、过程约束、飞行器动力学约束和终端条件约束。其中初始条件约束主要是指初始位置、速度、姿态等，终端约束是指终端高度、速度等，由于这两个约束相对容易理解，而动力学约束是飞行器助推段的数学模型，已在前文中详细介绍，在此不再赘述，重点介绍过程约束。

过程约束也称路径约束，是指从初始状态向终端状态运动过程中关于状态变量与控制量的函数的不等式或等式约束，包括动压、过载、热流，以及平衡滑翔约束等。受飞行器强度的限制，飞行过程中作用于飞行器表面的动压应小于某个允许的最大值，即

$$\bar{q} = \frac{1}{2}\rho(h)v^2 < \bar{q}_{\max} \tag{6-1}$$

式中 $\rho(h)$——大气密度，与高度 h 有关；

$\bar{q}_{\max}$——允许的最大动压值。

受飞行器结构的限制，飞行过程中的过载应小于所能承受的最大过载，即

$$n = \frac{1}{mg_0}\sqrt{L(\alpha)^2 + D(\alpha)^2} < n_{\max} \tag{6-2}$$

式中 $n_{\max}$——最大允许过载值。

由于飞行器表面对气动加热的承受能力是有限的，因此飞行过程中其受到的热流应小于最大允许热流，以驻点热流为例，即

$$Q_{\mathrm{s}} = K_1\sqrt{\rho}v^{K_2} < Q_{\mathrm{smax}} \tag{6-3}$$

式中 Q_{smax}——允许的最大驻点热流值；

K_1、K_2——与飞行器相关的参数。

为进行三级运载火箭的弹道优化，定义目标函数为

$$J = -v(t_{\mathrm{f}}) \tag{6-4}$$

显然当求解最小化问题时，可以得到终端速度最大时的弹道。

对于三级运载火箭飞行的每一个阶段，其飞行状态应该在合理的范围之内，以一级飞行为例，可以选择如下约束：

$$\begin{cases} 0\ \mathrm{m} \leqslant x_1 \leqslant 800\ 000\ \mathrm{m} \\ 0\ \mathrm{m} \leqslant y_1 \leqslant 800\ 000\ \mathrm{m} \\ 0\ \mathrm{m} \leqslant z_1 \leqslant 800\ 000\ \mathrm{m} \\ 0\ \mathrm{m/s} \leqslant v_{x1} \leqslant 10\ 000\ \mathrm{m/s} \\ 0\ \mathrm{m/s} \leqslant v_{y1} \leqslant 10\ 000\ \mathrm{m/s} \\ 0\ \mathrm{m/s} \leqslant v_{z1} \leqslant 10\ 000\ \mathrm{m/s} \\ -\dfrac{\pi}{2} \leqslant \varphi \leqslant \dfrac{\pi}{2} \end{cases} \tag{6-5}$$

助推段的待优化变量是程序俯仰角，为了保证程序俯仰角不发生突变或变化过于剧烈，建立俯仰角的转率约束为

$$-\frac{\pi}{10} \leqslant \dot{\varphi} \leqslant \frac{\pi}{10} \tag{6-6}$$

为了使最终优化得到的俯仰角程序曲线平滑，还可以对每一级飞行过程中的俯仰角速率平方的积分值进行约束，即

$$\int_{t_0}^{t_1}\dot{\varphi}^2 \leqslant I_1,\quad \int_{t_1}^{t_2}\dot{\varphi}^2 \leqslant I_2,\quad \int_{t_2}^{t_f}\dot{\varphi}^2 \leqslant I_3 \tag{6-7}$$

式中的参数 I_1、I_2、I_3 的取值一般在 0.01 ~ 0.02。若取值过大，则优化得到的俯仰角程序曲线不够平滑，毛刺较多；若取值太小，则约束条件太苛刻而无法得到满足约束条件的控制量。

在上述约束基础上，考虑运载火箭在纵向平面内的运动，即偏航角 ψ、滚动角 γ 均设为 0。设置初始状态如下：

$$\begin{cases} x_0 = 0\ \text{m},\quad y_0 = 0\ \text{m},\quad z_0 = 0\ \text{m} \\ v_{x0} = 0.1\ \text{m/s},\quad v_{y0} = 10\ \text{m/s},\quad v_{z0} = 0\ \text{m/s} \end{cases} \tag{6-8}$$

采用 GPOPS - Ⅱ优化软件得到助推段的优化轨迹，终端速度最大时的弹道曲线如图 6 - 1 所示。

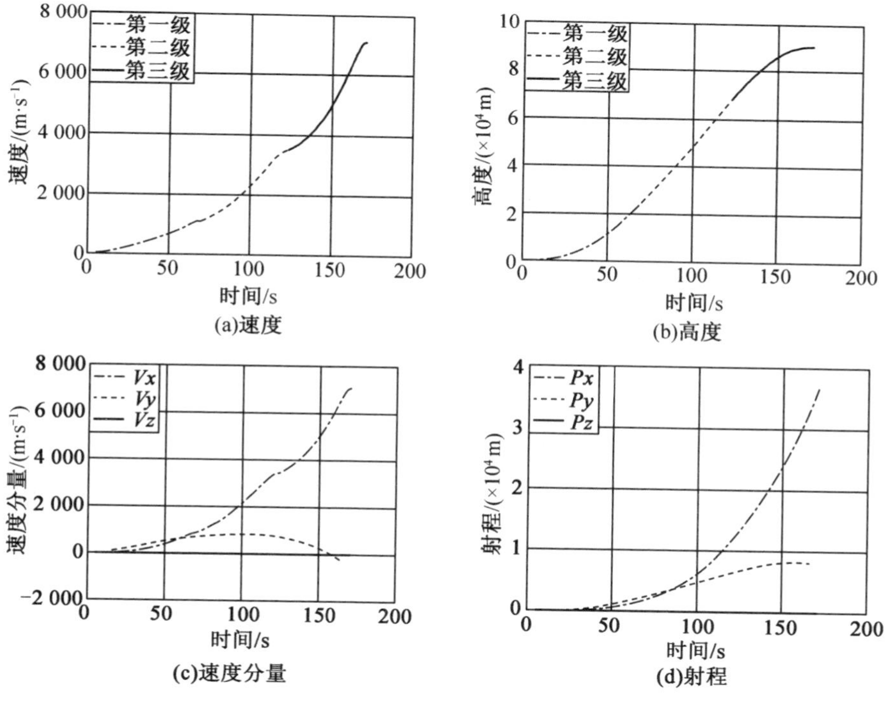

图 6 - 1　终端速度最大时的弹道曲线

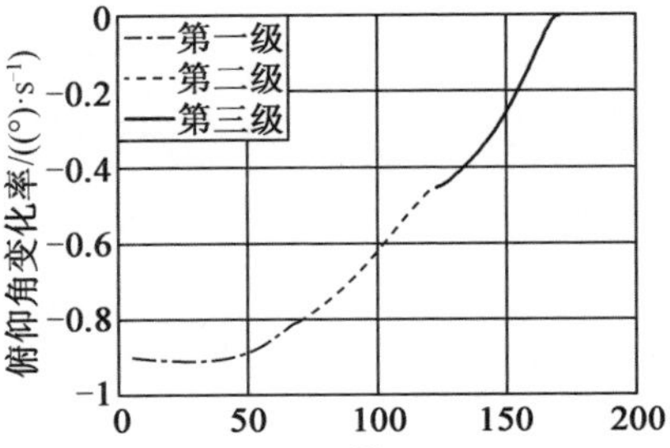

(e)俯仰角变化率

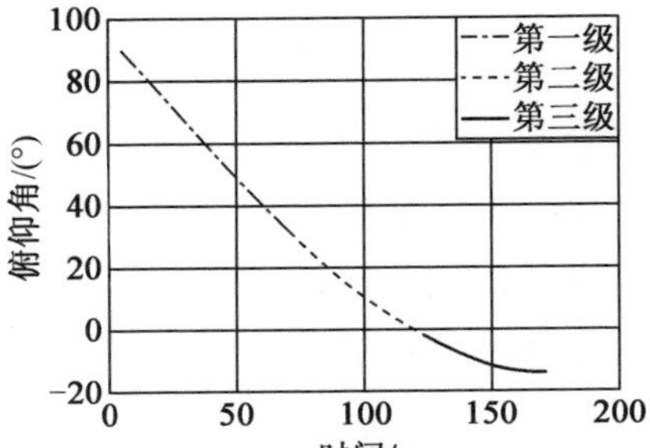

(f)俯仰角

图 6-1(续)

从图 6-1 中可以看到在垂直发射后,飞行器不断降低程序俯仰角,并且俯仰角变化率的绝对值从发射开始时就很大,垂直起飞时间相对较短,然后逐渐转弯,这减小了速度的阻力损失和重力损失,从而使运载火箭助推段获得较大的终端速度。

6.3 基于微分包含的自适应制导方法

本节研究如何对前文优化得到的轨迹进行跟踪。首先介绍微分包含问题,然后给出相应的数值解法,继而基于简化模型得到轨迹优化模型,并给出轨迹的自适应跟踪方法。

6.3.1 微分包含问题描述

一个基本的最优控制问题可以描述成:确定一个绝对连续的方程使得终端性能指标达到最小,即

$$J[\boldsymbol{x}(\cdot),\tau_0,\tau_f]:=E(x_0,x_f,\tau_0,\tau_f) \tag{6-9}$$

动态约束为

$$\dot{\boldsymbol{x}}(t)\in\mathbb{F}(\boldsymbol{x}(\tau),\tau) \tag{6-10}$$

终端约束为

$$(x_0,x_f,\tau_0,\tau_f)\in\mathbb{E} \tag{6-11}$$

式中 $x_0:=x(\tau_0)$,$x_f:=x(\tau_f)$;

$\mathbb{E}\subset\mathbb{R}^{N_x}\times\mathbb{R}^{N_x}\times\mathbb{R}\times\mathbb{R}$ ——一个给定的集合;

$E:\mathbb{E}\to\mathbb{R}$ ——一个给定的方程；

$\mathbb{F}:\mathbb{R}^{N_x}\times\mathbb{R}\to\mathbb{R}^{N_x}$——一个给定的方程组。

通过最优控制问题的充分必要条件可知，必须规定精确的空间和所涉及集合的定义。并且即使获得了该问题很好的函数空间，解也很可能不存在。可以通过确定一些条件来保证函数空间的存在，该函数空间为 $W^{1,1}$，是绝对连续的。在某种计算方法下，需要找到数值有界的解，因此要确定一个比 $W^{1,1}$ 小的函数空间。为了避免解存在性问题的一些细节问题，假设函数空间内是 Lipschitz 连续的。大多数情况下，我们关心的是通过某个控制量 $\boldsymbol{u}\in\boldsymbol{U}(\boldsymbol{x},\tau)\subseteq\mathbb{R}^{N_u}$ 来参数化的动态系统，即

$$\dot{\boldsymbol{x}}=\boldsymbol{f}(\boldsymbol{x},\boldsymbol{u},\tau) \tag{6-12}$$

式中 $\boldsymbol{U}(\boldsymbol{x},\tau)\subseteq\mathbb{R}^{N_u}$——跟状态量有关的控制量集合；

$\boldsymbol{f}:\mathbb{R}^{N_x}\times\mathbb{R}^{N_u}\times\mathbb{R}\to\mathbb{R}^{N_x}$——一个给定的向量场。

我们可以利用速矢变换来简化$\mathbb{F}$，即

$$\mathbb{F}(\boldsymbol{x},\tau)=\{\boldsymbol{v}:\boldsymbol{v}=\boldsymbol{f}(\boldsymbol{x},\boldsymbol{u},\tau),\boldsymbol{u}\in\boldsymbol{U}(\boldsymbol{x},\tau)\} \tag{6-13}$$

利用数值算法的思想，由于计算 N_u 个较少的变量，微分包含问题使得计算时间缩短。但是实际问题中，不可能解析准确地剔除控制量 $\boldsymbol{u}$，因此这种思想就仅局限于解决一小类非线性系统，如仿射系统。即使精确剔除了控制量，系统也会在从等式转化为包含的过程中伴随着信息的丢失，这就导致了两个系统在数学上不等价。

为了避免该问题，可以通过一个含有控制量的微分包含来描述该系统，即

$$\dot{\boldsymbol{x}}\in\mathbb{F}(\boldsymbol{x},\boldsymbol{u},\tau) \tag{6-14}$$

含有控制量的微分包含的优点在于，可以在数学上等价地控制量来保证向量场中表达的所有信息。

对于一个力学系统，为了减少变量数目，我们不把动态系统转化为状态空间形式。所以，可以将系统描述成拉格朗日算子的形式，即

$$\frac{\mathrm{d}}{\mathrm{d}t}\frac{\partial L(\boldsymbol{q},\dot{\boldsymbol{q}})}{\partial\dot{\boldsymbol{q}}}-\frac{\partial L(\boldsymbol{q},\dot{\boldsymbol{q}})}{\partial\boldsymbol{q}}=\boldsymbol{u} \tag{6-15}$$

式中 $\boldsymbol{q}$——在广义坐标系下描述的自变量；

$L:\mathbb{R}^{N_q}\times\mathbb{R}^{N_q}\to\mathbb{R}$ ——系统的拉格朗日算子。

为了进一步减少拉格朗日算子系统的变量数目，可以将其写成二阶微分包含形式，即

$$\frac{\mathrm{d}}{\mathrm{d}t}\frac{\partial L(\boldsymbol{q},\dot{\boldsymbol{q}})}{\partial\dot{\boldsymbol{q}}}-\frac{\partial L(\boldsymbol{q},\dot{\boldsymbol{q}})}{\partial\boldsymbol{q}}\in\hat{\boldsymbol{U}}(\boldsymbol{q},\dot{\boldsymbol{q}},\tau) \tag{6-16}$$

式中　$\hat{\boldsymbol{U}}(\boldsymbol{q},\dot{\boldsymbol{q}},\tau)$——控制量空间。

不论一个控制系统是不是拉格朗日型的，都可以通过坐标变换进而计算出其最优控制量，$\varphi: x\mapsto w\in\mathbb{R}^{N_x}$得到标准形式，即

$$\begin{bmatrix}\dot{w}_1\\ \vdots\\ \dot{w}_{r-1}\end{bmatrix}=\begin{bmatrix}w_2\\ \vdots\\ w_r\end{bmatrix} \tag{6-17}$$

$$\begin{bmatrix}\dot{w}_1\\ \vdots\\ \dot{w}_{N_x}\end{bmatrix}=\tilde{\boldsymbol{f}}(\boldsymbol{w},\boldsymbol{u}) \tag{6-18}$$

式中　r——相对阶；

$\tilde{\boldsymbol{f}}:\mathbb{R}^{N_x}\times\mathbb{R}\to\mathbb{R}^{N_x-r+1}$——$\boldsymbol{f}$转换后的形式。

对于无控的仿射系统，动态扩展可以用来实现坐标转换。这种情况下，需要介绍附加的动态约束（积分环节）。当$r=N_x$时，标准形式的三角形结构微分等式可以写成如下形式：

$$\dot{w}_1=w_2$$
$$\vdots$$
$$\dot{w}_{N_x}=\tilde{\boldsymbol{f}}(\boldsymbol{w},\boldsymbol{u})$$

通过LU分解，这种结构的系统具有数值计算上的优势。

通过另一种高阶表达形式，这种标准形式减少了$r-1$个微分约束，即

$$\begin{bmatrix}\dot{w}_r\\ \dot{w}_{r+1}\\ \vdots\\ \dot{w}_{N_x}\end{bmatrix}=\tilde{\boldsymbol{f}}(\boldsymbol{w},\boldsymbol{u}) \tag{6-19}$$

如果$r=N_x$，微分约束可以化简为

$$\dot{\boldsymbol{w}}_{N_x}=\tilde{\boldsymbol{f}}(\boldsymbol{w},\boldsymbol{u}) \tag{6-20}$$

当控制变量的数目N_u大于1时，矢量相对阶可以用来描述分块三角阵形式下的动态系统，这种形式可以通过LU分解来获得。同理，我们可以减少动态约

束的个数,即

$$\sum_{i=1}^{N_u} r_i - N_u \tag{6-21}$$

式中　$\{r_1,\cdots,r_{N_u}\}$——矢量形式相对阶。

式(6-21)的具体过程与之前讨论的标量的相对阶类似。值得注意的是,只有高阶微分在计算方法中显式表达时,微分约束数目的减少才能缩短运算时间。

在一个拉格朗日系统中,变量数目的减少(不包括约束数目的减少)能通过将其转化为高阶微分包含来实现。例如,控制量的数目可以通过如下集合形式的表达来减少:

$$w_1^{(N_x)} \in \tilde{\boldsymbol{f}}(\boldsymbol{w},\boldsymbol{U}(\varphi^{-1}(\boldsymbol{w}),\tau)) \tag{6-22}$$

式中　$\tilde{\boldsymbol{f}}(\boldsymbol{w},\boldsymbol{U}(\varphi^{-1}(\boldsymbol{w}),\tau))$——一个数值集合的映射;

　　φ^{-1}——$\boldsymbol{w}\mapsto\boldsymbol{x}$ 映射。

同样的思想,当 $N_u>1$ 时,可以获得高阶向量微分包含,既可以减少变量数目又可以减少约束数目。那么,是否能够通过某种坐标变换将动态约束完全剔除,这就需要扩展之前定义的坐标变换,用足够多的积分环节进行微分同胚映射。

令$\mathbb{R}_m^N=\mathbb{R}^N\times\mathbb{R}^N\times\cdots$表示 $m+1$ 个(有限个)$\mathbb{R}^N$ 相乘,如果存在一个平坦输出变量 $\boldsymbol{y}$ 和一个方程 $c:\mathbb{R}^{N_x}\times\mathbb{R}_\alpha^{N_x}\mapsto\mathbb{R}^{N_u}$,那么该被控系统 $\dot{\boldsymbol{x}}=\boldsymbol{f}(\boldsymbol{x},\boldsymbol{u})$ 是微分平坦的。

$$\boldsymbol{y}=c(\boldsymbol{x},\boldsymbol{u},\dot{\boldsymbol{u}},\cdots,\boldsymbol{u}^{\alpha}) \tag{6-23}$$

这样

$$\boldsymbol{x}=a(\boldsymbol{y},\dot{\boldsymbol{y}},\cdots,\boldsymbol{y}^{\beta}) \tag{6-24}$$

$$\boldsymbol{u}=b(\boldsymbol{y},\dot{\boldsymbol{y}},\cdots,\boldsymbol{y}^{\beta+1}) \tag{6-25}$$

式中　α、β——有限的正整数,表示相应变量的微分次数;

　　a、b——类似于 c 的方程,$a:\mathbb{R}_\beta^{N_u}\times\mathbb{R}^{N_x}$,$b:\mathbb{R}_{\beta+1}^{N_u}\times\mathbb{R}^{N_u}$。

显然,假定上述都是可微的,特别是控制量。因此,需要获得控制量方程 $\boldsymbol{u}(\cdot)$,该方程是从空间 $C^{\alpha}([\tau_0,\tau_f],\mathbb{R}^{N_u})$ 中选取的。

随着动态微分约束的完全消除,控制系统的平坦参数化所呈现的动态最优问题,比微分包含形式具有更少的约束条件。然而,控制量的约束(尤其是与状态量有关的控制量约束),将控制域 $\boldsymbol{U}(\boldsymbol{x},\tau)$ 转化为平坦输出的约束,即

$$\boldsymbol{z}\in\widetilde{\boldsymbol{U}}(\tau) \tag{6-26}$$

式中　$z=[y,\dot{y},\cdots,y^{s}]^{\mathrm{T}},s=\beta+1$；

$\widetilde{U}$——转化后的控制量空间。

$$\widetilde{U}(\tau)=\{z\in\mathbb{R}_{s}^{N_u}:b(z)=\boldsymbol{u},\boldsymbol{u}\in \boldsymbol{U}(a(\boldsymbol{y},\dot{\boldsymbol{y}},\cdots,\boldsymbol{y}^{\beta}),\tau)\}$$

由于存在着一个原始控制域$\mathbb{U}(\boldsymbol{x},\tau)$的复杂转换，因此，平坦参数化带来了平坦输出的路径约束。因为这个变换不需要保持凸性，控制空间向平坦空间的转化会导致凸性损失，但是动态微分约束的消除会导致约束个数减少，不会对约束域的凸性造成很大影响。另外，如果一个非凸（或凸）的控制空间转化成一个平坦输出空间上的凸约束，那么平坦参数化必然会带来计算上的优势。

考虑到凸性在计算中的重要地位，我们需要关注如何保持凸性，而不仅仅局限于平坦空间和控制空间。凸性问题还与坐标变换的标准形式、终端集合$\mathbb{E}$的转化，以及目标函数的转化有关。事实上，甚至可以直接考虑终端集合和目标函数的凸性问题，因为控制约束在某些控制问题中是不存在的。

最后要注意的是对 Lagrange 或广义 Bolza 型目标函数转化的计算问题，即

$$J[\boldsymbol{x}(\cdot),\boldsymbol{u}(\cdot),\tau_0,\tau_{\mathrm{f}}]=E(x_0,x_{\mathrm{f}},\tau_0,\tau_{\mathrm{f}})+\int_{\tau_0}^{\tau_{\mathrm{f}}}F(\boldsymbol{x}(\tau),\dot{\boldsymbol{x}}(\tau),\boldsymbol{u}(\tau),\tau)\mathrm{d}\tau \tag{6-27}$$

式中　$F:\mathbb{R}^{N_x}\times\mathbb{R}^{N_x}\times\mathbb{R}^{N_u}\times\mathbb{R}\to\mathbb{R}$——过程项，通过$\tau$来计算；

J——Bolza 型目标函数，$J:W^{m_x,\infty}([\tau_0,\tau_{\mathrm{f}}],\mathbb{R}^{N_x})\times W^{m_u,\infty}([\tau_0,\tau_{\mathrm{f}}],\mathbb{R}^{N_u})\times\mathbb{R}\times\mathbb{R}\to\mathbb{R}$。

在高阶方程中，过程项也依赖高阶导数项。一个理想的计算方法必须能直接对 Bolza 型目标函数进行处理，而不是通过引入新的状态量x_{N_x+1}或动态约束将它转化为 Mayer 型，即

$$\dot{x}_{N_x+1}(t)=F(\boldsymbol{x}(\tau),\dot{\boldsymbol{x}}(\tau),\boldsymbol{u}(\tau),\tau) \tag{6-28}$$

6.3.2　微分包含的数值解法——Gauss 伪谱法

现在考虑一些基本的经典伪谱法。令$P_m(x)$，$-1\leqslant x\leqslant 1$表示m阶 Legendre 差值，则可以显式地给出下面的递推关系：

$$P_0(x)=1,\quad P_1(x)=x \tag{6-29}$$

$$P_{m+1}(x)=\frac{2m+1}{m+1}xP_m(x)-\frac{m}{m+1}P_{m-1}(x)\quad(m=1,2,\cdots) \tag{6-30}$$

$P_m(x)$所有的零点都是简单零点，且属于间隔$(-1,1)$。对于给定的正整数m，

通过$\{\tau_i\}_{i=1}^{m}$定义 LG 点，$P_m(x)$是 m 个根的集合。令 $\varphi_i(t), i=1,\cdots,m$ 为从 $\tau_0=-1$ 开始的拉格朗日多项式且 LG 点为 $\tau_j, j=1,\cdots,m$。这些点可以表示如下：

$$\varphi_i(t)=\prod_{j=0,j\neq i}^{m}\frac{t-\tau_j}{\tau_i-\tau_j}\quad(i=0,\cdots,m)\tag{6-31}$$

根据 Kronecker 性质，有

$$\varphi_i(\tau_j)=\delta_{ij}=\begin{cases}1 & (i=j)\\0 & (i\neq j)\end{cases}\tag{6-32}$$

通过拉格朗日多项式来逼近一个定义在$(-1,1)$上的函数 F，有

$$F(t)=\sum_{i=0}^{m}b_i\varphi_i(t)\tag{6-33}$$

式中 $b_i=F(t), i=1,\cdots,m$。

定义在任意区间(a,b)的函数 G 也可以被逼近成如下形式：

$$G(t)=\sum_{i=0}^{m}G(\hat{\tau}_i)\hat{\varphi}_i(t)\tag{6-34}$$

式中 $\hat{\tau}_i$——与区间(a,b)有关的 LG 点，$\hat{\tau}_i=[(b-a)\tau_i+(b+a)]/2, i=1,\cdots,m$；

$\hat{\varphi}_i(t)$——与 $\hat{\tau}_i$ 有关的拉格朗日多项式，$\hat{\varphi}_i(t)=\varphi_i[2/(b-a)\cdot t-(b+a)/(b-a)]$。

已知 LG 点的选取会影响到逼近过程中的精度和计算稳定性（鲁棒性）。

对于由微分方程描述的一般系统，经典伪谱法的数值解在插值点 τ_i 上，基于给定光滑函数 $F(t)$的导数表达式 $F'(t)$。在 F 是充分光滑函数的条件下，F 的一阶导可以一致近似为

$$F'(t)\simeq\sum_{i=0}^{m}F(\hat{\tau}_i)\varphi'_i(t)\tag{6-35}$$

由于 $\varphi'_i(t)$是一个 m 阶的多项式，容易得

$$\varphi'_i(t)\simeq\sum_{j=0}^{m}\varphi'_i(\hat{\tau}_i)\varphi_i(t)\tag{6-36}$$

由式(6-35)和式(6-36)，可得

$$F'(t)\simeq\sum_{i=0}^{m}\sum_{j=0}^{m}\varphi'_i(\tau_i)F(\hat{\tau}_i)\varphi_i(t)\tag{6-37}$$

和

$$F'(t)\simeq\sum_{j=0}^{m}d_{ki}f(\tau_i)\tag{6-38}$$

式中 d_{ki}——定义的$(m+1)\times(m+1)$阶微分矩阵 $\boldsymbol{D}$ 的第(i,k)个元素，$d_{ki}=\varphi_i'(\tau_k)$，$i,k=1,\cdots,m$。

由上述可知，微分矩阵 $\boldsymbol{D}$ 的元素是通过 $\varphi_i(t)$ 的解析导数和在插值点 τ_k 的估计值来计算的$(i,k=0,\cdots,m)$。

用 LG 求积分公式来逼近如下给出的积分：

$$\int_a^b G(t)\,\mathrm{d}x \simeq \frac{b-a}{2}\sum_{i=1}^{m}\omega_i f\left[a+(\tau_i+1)\frac{b-a}{2}\right] \tag{6-39}$$

式中 ω_i——LG 积分权重。

$$\omega_i=\frac{2}{(1-\tau_i^2)[\dot{P}_m(\tau_i)]^2}\quad(i=1,\cdots,m) \tag{6-40}$$

最后，值得注意的是 LG 积分具有 $2m-1$ 的精确度，即无论何时多项式 $f(x)$ 的次数都小于等于 $2m-1$。

将性能指标函数中的积分项用 Gauss 积分来近似，得到 Gauss 伪谱法中的性能指标为

$$J=\Phi(X_0,t_0,X_\mathrm{f},t_\mathrm{f})+\frac{b-a}{2}\sum_{k=1}^{m}\omega_k g(X_k,U_k,\tau_k;t_0,t_\mathrm{f}) \tag{6-41}$$

基于上述的数值近似方法，Gauss 伪谱法将连续最优控制问题离散，并转换为非线性规划问题：在满足插值节点处终端状态约束、状态量约束以及路径约束 $C(X_k,U_k,\tau_k;t_0,t_\mathrm{f})$ 和边界条件 $\Phi(X_0,t_0,X_\mathrm{f},t_\mathrm{f})$ 的前提下，求离散状态变量$(X_0,X_1,\cdots,X_K)$和控制变量$(U_0,U_1,\cdots,U_K)$，初、末时刻 t_0 和 t_f，使上述代价函数达到最小值。

6.3.3 助推段简化模型

在发射系下，由于科氏加速度和牵连加速度所占比重较小，将其忽略，则大气层内助推段运动模型经过简化可以描述成如下形式：

$$\dot{r}=v \tag{6-42}$$

$$\dot{v}=g(r)+\frac{A}{m(t)}+\frac{T\boldsymbol{l}_\mathrm{b}}{m(t)}+\frac{N}{m(t)} \tag{6-43}$$

$$\dot{m}=-\eta(t) \tag{6-44}$$

式中 $r,v\in\mathbf{R}^3$——发射系下的位置和速度分量；

g——重力加速度；

T——当前时刻发动机模型产生的推力值，其方向沿着体轴；

A 和 N——对应的纵向和法相气动力；

$\boldsymbol{l}_b$——沿着体轴方向的单位矢量；

$m(t)$——当前时刻下飞行器的质量；

$\eta(t)$——飞行器质量变化率，$\eta(t)>0$，是关于时间的函数。

对于固体火箭发动机，$\eta(t)$ 近似为常数；对于液体推进发动机，$\eta(t)$ 与给定的油门开度有关。假定飞行姿态是无侧滑的，轴对称飞行器含有与风速有关的速度矢量。为了数值计算方便，对模型进行归一化处理：距离量通过 R_0 来归一化，速度量通过 $\sqrt{R_0 g_0}$ 来归一化，时间通过 $\sqrt{R_0/g_0}$ 来归一化，其中 R_0 是赤道处的地球半径，g_0 是 R_0 处的重力加速度。定义体轴法相单位矢量为 $\boldsymbol{l}_n$，则可得到无量纲化等式形式如下所示：

$$r' = v \tag{6-45}$$

$$v' = g(r) + (A+T)\boldsymbol{l}_b + N\boldsymbol{l}_n \tag{6-46}$$

这里，$(\cdot)'$ 表示对无量纲化时间进行求导，$g=-r/r^3$ 是通过 g_0 归一化后牛顿万有引力场下的加速度，A、T 和 N 是通过 g_0 归一化后由推力和气动力产生的加速度，计算方式如下：

$$A = \frac{R_0\rho(r)v^2 S_{ref} C_A(Ma,\alpha)}{2m(t)} \tag{6-47}$$

$$N = \frac{R_0\rho(r)v^2 S_{ref} C_N(Ma,\alpha)}{2m(t)} \tag{6-48}$$

$$T = \frac{T_{vac} - S_{exit}p(r)}{m(t)g_0} \tag{6-49}$$

式中　C_A、C_N——与马赫数和攻角有关的轴向和侧向气动系数；

$\rho(r)$——r 处的大气密度；

S_{ref}——飞行器参考面积；

T_{vac}——真空下的推力；

S_{exit}——发动机喷口截面积；

$p(r)$——r 处的大气压强。

对于目标函数的选取，助推段最优问题选取如下函数达到最小值：

$$J = \int_{t_0}^{t_f} -\eta(t)\,dt \tag{6-50}$$

式中　t_0——起始时刻；

t_f——终端时刻；

$\eta(t)$——飞行器在不同助推段有关的质量变化率。

在起始时刻 t_0，初始条件$(\boldsymbol{r}_0,\boldsymbol{V}_0)$是已知的。在终端时刻 t_f，终端约束满足

$$\varphi(\boldsymbol{r}_f,\boldsymbol{V}_f)=0 \tag{6-51}$$

考虑到助推段飞行时，飞行器的气动参数、质量变化等存在一定的不确定性，因此，前面所建立的飞行器数学模型存在一定的不确定性，若不考虑模型不确定性时，飞行器数学模型可以描述为

$$\dot{\boldsymbol{x}}=\boldsymbol{f}(\boldsymbol{x}(t),\boldsymbol{u}(t))$$

则考虑模型不确定性时，其运动方程可以用微分包含的形式描述为

$$\dot{\boldsymbol{x}}=F(\boldsymbol{x}(t),\boldsymbol{u}(t))$$

式中　F——飞行器运动模型 $\boldsymbol{f}$ 的集值映像，且有

$$F(\boldsymbol{x}(t),\boldsymbol{u}(t))=\bigcap_{\varepsilon>0}\overline{\mathrm{co}}f(\boldsymbol{x}+\varepsilon\boldsymbol{B},\boldsymbol{u})$$

进一步选取状态变量的相关函数 $\rho(\boldsymbol{x})$，且有

$$\frac{\mathrm{d}\rho(\boldsymbol{x})}{\mathrm{d}t}=g(\boldsymbol{x})$$

可得

$$\frac{\mathrm{d}\boldsymbol{x}}{\mathrm{d}\rho}=\frac{F(\boldsymbol{x},\boldsymbol{u})}{g(\boldsymbol{x})}$$

也即

$$\frac{\mathrm{d}\boldsymbol{x}}{\mathrm{d}\rho}=\frac{\bigcap_{\varepsilon>0}\overline{\mathrm{co}}f(\boldsymbol{x}+\varepsilon\boldsymbol{B},\boldsymbol{u})}{g(\boldsymbol{x})}$$

若采用 $\rho(\boldsymbol{x})$ 将控制量 $\boldsymbol{u}$ 进行参数化，得到

$$\boldsymbol{u}=\boldsymbol{u}[\rho(\boldsymbol{x})]$$

则

$$\frac{\mathrm{d}\boldsymbol{x}}{\mathrm{d}\rho}=\frac{\bigcap_{\varepsilon>0}\overline{\mathrm{co}}f(\boldsymbol{x}+\varepsilon\boldsymbol{B},\boldsymbol{u}[\rho(\boldsymbol{x})])}{g(\boldsymbol{x})}$$

此时，飞行器的数学模型转化为关于 $\rho(\boldsymbol{x})$ 和 $\boldsymbol{x}$ 的函数，该模型即为参数化的制导模型。此模型可以描述飞行器参数不确定性对弹道运动的影响，同时其控制输入被描述为状态变量的函数，从而在后续的方法研究中，只要合理地规划状态变量的变化规律，即可以得到制导律，简化了制导方法的设计。

6.3.4　轨迹自适应跟踪方法

动态规划(Dynamic Programming，DP)是解决最优控制问题的一种有效方法，

但高阶的动态规划存在“维数灾”问题，难以计算。自适应动态规划（Adaptive Dynamic Programming, ADP）通过非线性函数拟合的方法逼近动态规划中的性能指标，可以有效解决动态规划“维数灾”的问题，是一种求解高阶复杂非线性系统最优控制问题的有效方法。基于以上分析，研究非线性时变的助推段制导问题，给定在发射坐标系下的动力学方程，使用 ADP 方法跟踪标称轨迹的方法。

1. ADP 算法描述

考虑如下非线性离散动态系统：

$$\boldsymbol{x}_{k+1}=\boldsymbol{f}(\boldsymbol{x}_k,\boldsymbol{u}_k)\quad(k\in\mathbf{N})\tag{6-52}$$

式中　$\boldsymbol{f}:\mathbf{R}^n\times\mathbf{R}^m\to\mathbf{R}^n$——连续函数，并且$f(0,0)=0$。

系统的性能指标为

$$J=\sum_{k=0}^{\infty}U(\boldsymbol{x}_k,\boldsymbol{u}_k)\tag{6-53}$$

式中

$$U(\boldsymbol{x}_k,\boldsymbol{u}_k)=Q(\boldsymbol{x}_k)+\boldsymbol{u}_k^{\mathrm{T}}\boldsymbol{R}\boldsymbol{u}_k$$

其中 Q 是凸的光滑的半正定函数，$\boldsymbol{R}$ 是正定的实矩阵。

ADP 算法的核心是在控制策略和目标函数之间进行反复迭代，不论从控制策略还是目标函数开始，不断更新当前的最优控制和目标函数直到结果收敛。最优控制策略 $h^*(\boldsymbol{x})$ 和目标函数 $v^*(\boldsymbol{x})$ 如下所示：

$$h^*(\boldsymbol{x})\in\underset{u\in\mathbf{R}^m}{\operatorname{argmin}}\{U(\boldsymbol{x},\boldsymbol{u})+v^*[f(\boldsymbol{x},\boldsymbol{u})]\}\tag{6-54}$$

$$v^*(\boldsymbol{x})\in\min_{u\in\mathbf{R}^m}\{U(\boldsymbol{x},\boldsymbol{u})+v^*[f(\boldsymbol{x},\boldsymbol{u})]\}\tag{6-55}$$

如果假定一个参数可变的目标函数表达式 $v^i(\boldsymbol{x})$，则可以求出当前的最优控制策略 $h^i(\boldsymbol{x})$，使用式（6－55）求取新的目标函数直到 $v(\boldsymbol{x})$ 收敛。

ADP 算法的基本结构采用启发式动态规划算法（Heuristic dynamic programming, HDP），如图 6－2 所示。评价网络的输出用于估计目标函数，执行网络用来匹配状态变量和控制变量的关系，模型网络用于估计系统在下一时刻的状态。

2. 基于神经网络的在线 ADP 算法

近年来，基于式（6－54）和式（6－55）的 ADP 迭代出现了一些新的在线 ADP 优化算法。在线 ADP 算法克服了离线算法对于系统变动需要重新进行离线计算的弊端。在线算法使用非线性函数来逼近最优的目标函数，在本书中，只用神经网络来逼近目标函数的权值矩阵。对于任意的仿射非线性系统，其动力学方程为式（6－52），目标函数为式（6－53），使用如下的神经网络来计算其评价网络和执行网络：

$$J(\boldsymbol{x}) = \boldsymbol{W}_{c}^{T}\varphi_{c}(\boldsymbol{x}) + \varepsilon_{c} \tag{6-56}$$

$$u(\boldsymbol{x}) = \boldsymbol{W}_{a}^{T}\varphi_{a}(\boldsymbol{x}) + \varepsilon_{a} \tag{6-57}$$

式中　$\boldsymbol{W}_c$、$\boldsymbol{W}_a$——评价网络和执行网络的权值矩阵；

φ_c、φ_a——激活函数，通常选用关于 $\boldsymbol{x}$ 的非线性多项式；

ε_c、ε_a——网络的逼近误差。

神经网络的权值随着迭代次数的增加逐渐收敛，最终评价网络的输出逼近最优代价，执行网络的输出逼近最优控制策略。

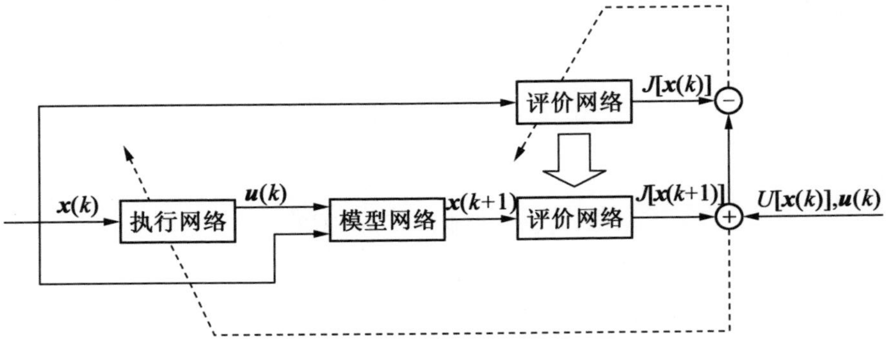

图 6-2　HDP 结构示意图

3. 助推段制导问题描述

忽略由地球自转产生的惯性力和科氏力，仅考虑轴向推力、气动力和火箭的重力，可以给出运载火箭在发射坐标系下的纵向质心动力学方程为

$$\begin{aligned} \dot{r}_x &= v_x \\ \dot{r}_y &= v_y \\ m\dot{v}_x &= P_e\cos\varphi - C_x q S_M \cos\theta + m g_r' \frac{r_x}{r} \\ m\dot{v}_y &= P_e\sin\varphi - C_x q S_M \sin\theta + m g_r' \frac{r_y + R_0}{r} \end{aligned} \tag{6-58}$$

将微分方程离散化，设

$$\boldsymbol{x}(i) = [r_x(i) \quad r_y(i) \quad v_x(i) \quad v_y(i)]' \tag{6-59}$$

$$\boldsymbol{u}(i) = \varphi(i) \tag{6-60}$$

离散方法为

$$\boldsymbol{x}(i+1)=\boldsymbol{x}(i)+\Delta h\{\boldsymbol{f}[\boldsymbol{x}(i)]+\boldsymbol{g}[\boldsymbol{u}(i)]\}\quad(i=1,\cdots,N)\tag{6-61}$$

式中

$$f(\boldsymbol{x})=\begin{bmatrix} v_x \\ v_y \\ -\dfrac{C_x q S_{\mathrm{M}}\cos\theta}{m(i)}+g_{\mathrm{r}}'\dfrac{r_x}{r} \\ -\dfrac{C_x q S_{\mathrm{M}}\sin\theta}{m}+g_{\mathrm{r}}'\dfrac{r_y+R_0}{r} \end{bmatrix}\tag{6-62}$$

$$g(\boldsymbol{u})=[0\quad 0\quad P_{\mathrm{e}}\cos\boldsymbol{u}\quad P_{\mathrm{e}}\sin\boldsymbol{u}]'\tag{6-63}$$

将变量替换为 $\hat{\boldsymbol{x}}=\boldsymbol{x}-\boldsymbol{x}_0$，$\hat{\boldsymbol{u}}=\boldsymbol{u}-\boldsymbol{u}_0$，其中 $\boldsymbol{x}_0$、$\boldsymbol{u}_0$ 是由凸优化方法求得的标称弹道。因此式(6-61)变换为如下时变方程：

$$\hat{\boldsymbol{x}}(i+1)=\hat{\boldsymbol{x}}(i)+\boldsymbol{x}_0(i)-\boldsymbol{x}_0(i+1)+\Delta h\{\boldsymbol{f}[\boldsymbol{x}(i)+\boldsymbol{x}_0(i)]+\boldsymbol{g}[\boldsymbol{u}(i)]\}\quad(i=1,\cdots,N)\tag{6-64}$$

由于大气密度，空气动力和发动机参数存在不确定性因素，火箭飞行过程中可能偏离标称轨道。因此助推段制导问题可以描述为：在满足动力学方程的条件下，寻找最优控制量 $\boldsymbol{u}$ 使得跟踪误差 $\hat{\boldsymbol{x}}$ 的绝对值最小。

4. 基于 ADP 的轨迹跟踪方法

设置单步性能指标函数如下：

$$\boldsymbol{U}=\boldsymbol{x}^{\mathrm{T}}\boldsymbol{Q}\boldsymbol{x}+\boldsymbol{u}^{\mathrm{T}}\boldsymbol{R}\boldsymbol{u}\tag{6-65}$$

因此目标函数为

$$J=\sum_{i=1}^{N+1}\boldsymbol{U}(i)\tag{6-66}$$

设 $(\boldsymbol{x}\otimes\boldsymbol{x})$ 为所有含 $\boldsymbol{x}$ 二次项的线性无关多项式组成的向量，设值函数为

$$v_i(\boldsymbol{x})=\boldsymbol{W}_i^{\mathrm{T}}\varphi(\boldsymbol{x})\tag{6-67}$$

式中

$$\varphi(\boldsymbol{x})=[(\boldsymbol{x}\otimes\boldsymbol{x})^{\mathrm{T}}\quad(\boldsymbol{x}\otimes\boldsymbol{x}\otimes\boldsymbol{x})^{\mathrm{T}}\quad(\boldsymbol{x}\otimes\boldsymbol{x}\otimes\boldsymbol{x}\otimes\boldsymbol{x})^{\mathrm{T}}]^{\mathrm{T}}\tag{6-68}$$

根据最优控制理论，对应值函数 $v_i(\boldsymbol{x})$ 的最优控制策略式(6-54)变为

$$\boldsymbol{u}=-\frac{1}{2}\boldsymbol{R}^{-1}\Delta h\frac{\mathrm{d}\boldsymbol{g}^{\mathrm{T}}}{\mathrm{d}\boldsymbol{u}}\nabla v_i[f(\boldsymbol{x},\boldsymbol{u})]\tag{6-69}$$

其中 $\nabla v(\boldsymbol{x})=\left[\dfrac{\partial v(\boldsymbol{x})}{\partial\boldsymbol{x}}\right]^{\mathrm{T}}$，因此式(6-69)是关于 $\boldsymbol{u}$ 的隐式方程。如果 Δh 足够小，

可以通过简单迭代法进行快速求解，即

$$\boldsymbol{u}_{i+1} = -\frac{1}{2}\boldsymbol{R}^{-1}\Delta h \frac{\mathrm{d}\boldsymbol{g}^{\mathrm{T}}}{\mathrm{d}\boldsymbol{u}} \nabla v_i[\boldsymbol{f}(\boldsymbol{x},\boldsymbol{u}_i)] \tag{6-70}$$

求得 $\boldsymbol{u}$ 之后，式(6－55)可以表示为

$$(\boldsymbol{W}_{i+1})^{\mathrm{T}}(\boldsymbol{x})\varphi(\boldsymbol{x}) \approx \boldsymbol{U}(\boldsymbol{x},\boldsymbol{u}_i) + v^*[\boldsymbol{f}(\boldsymbol{x},\boldsymbol{u}_i)] \tag{6-71}$$

式(6－71)的解$(\boldsymbol{W}_{i+1})^{\mathrm{T}}$可以由最小二乘法求得，即

$$(\boldsymbol{W}_{i+1})^{\mathrm{T}}(\boldsymbol{x}) = [\varphi(\boldsymbol{x})^{\mathrm{T}}\varphi(\boldsymbol{x})]^{-1}\varphi(\boldsymbol{x})^{\mathrm{T}}\{\boldsymbol{U}(\boldsymbol{x},\boldsymbol{u}_i) + v^*[f(\boldsymbol{x},\boldsymbol{u}_i)]\} \tag{6-72}$$

在线 ADP 算法助推段的制导框图如图 6－3 所示。

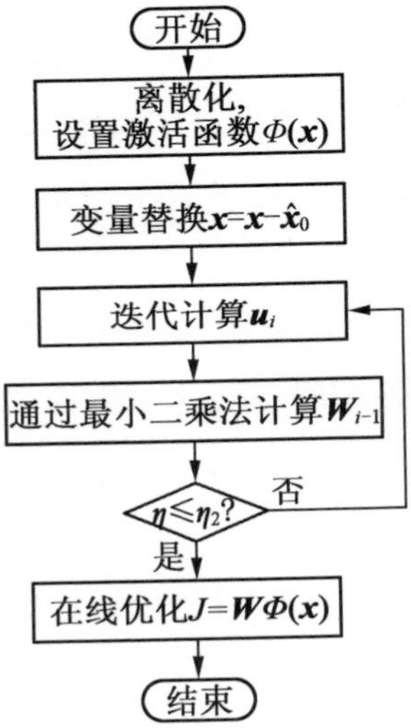

图 6－3　在线 ADP 算法助推段的制导框图

首先将动力学方程离散化，将变量 $\boldsymbol{x}$ 替换为 $\hat{\boldsymbol{x}} = \boldsymbol{x} - \boldsymbol{x}_0$，从而将问题转变为动态规划问题。使用式(6－70)来迭代计算控制策略，通过式(6－71)来计算评价策略，权值矩阵 $\boldsymbol{W}$ 通过式(6－72)使用最小二乘法进行计算。如果 $\boldsymbol{W}$ 收敛到一个小的范围 η_ε，即

$$\eta = |\boldsymbol{W}_{i+1} - \boldsymbol{W}_i| \leqslant \eta_\varepsilon \tag{6-73}$$

迭代终止，训练后的 $\boldsymbol{W}$ 用于在线优化。在线优化只需要计算最优控制策略，这样大大减少了计算时间。

总结得到该方法的结构示意图如图 6－4 所示。

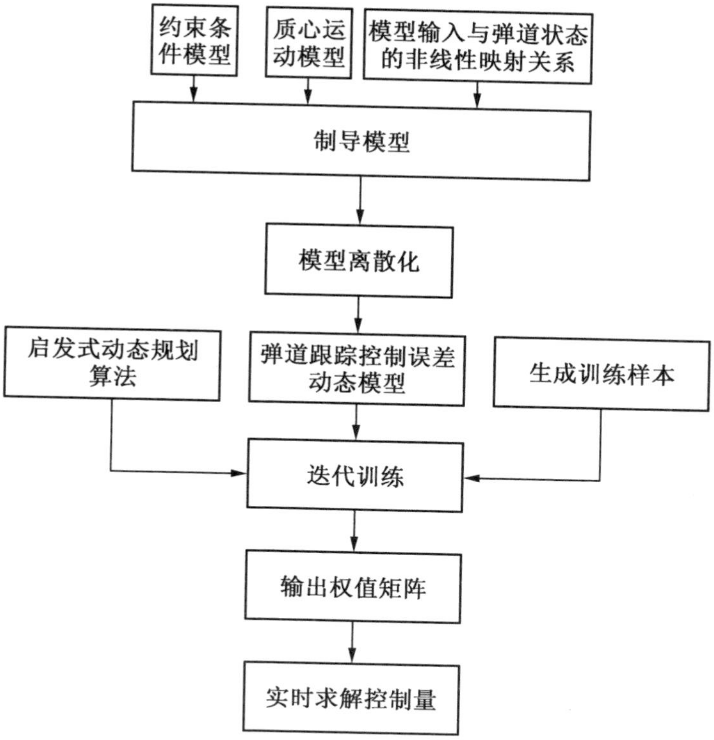

图6-4 自适应动态规划制导方法结构示意图

5. 基于控制 Lyapunov 函数的轨迹跟踪方法

基于控制 Lyapunov 函数的轨迹跟踪控制主要由两部分构成，分别是扩张状态观测器和有限时间收敛控制器。扩张状态观测器对飞行过程中的干扰和不确定性等进行观测和补偿。有限时间收敛控制器对飞行器助推段进行跟踪控制，具有一定的鲁棒性。基于控制 Lyapunov 函数的助推段制导框图如图6-5所示，其中有限时间收敛控制器主要是基于微分包含模型，通过求解控制 Lyapunov 函数进行设计，由于助推段有不同助推级，因此存在推力和质量突变情况，所以需要考虑控制器参数的切换；扩张状态观测器主要是为了实现对系统中可能存在的误差进行补偿。

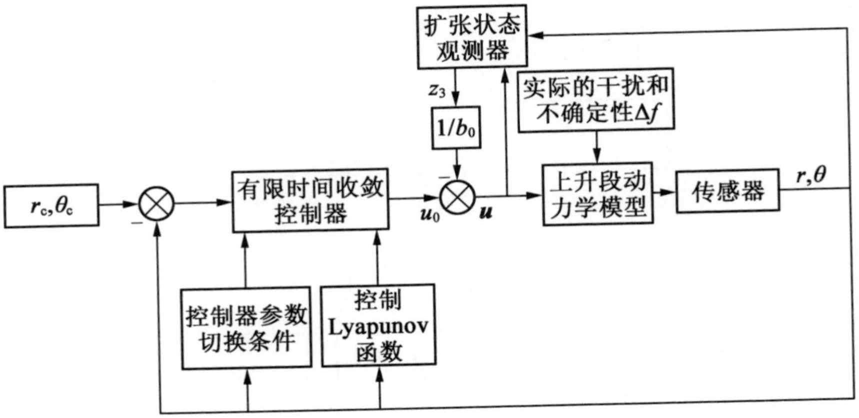

图 6-5　基于控制 Lyapunov 函数的助推段制导框图

将助推段轨迹偏差系统写成如下非线性仿射微分包含系统形式：

$$\dot{\boldsymbol{x}} \in \boldsymbol{F}(\boldsymbol{x}) + \boldsymbol{G}(\boldsymbol{x})\Delta\boldsymbol{u} + \boldsymbol{\delta} \tag{6-74}$$

式中

$$\boldsymbol{x} = \begin{bmatrix} x_1 \\ x_2 \end{bmatrix} = \begin{bmatrix} \Delta r \\ \Delta\theta \end{bmatrix}, \quad \boldsymbol{F}(\boldsymbol{x}) = \begin{bmatrix} A_{11}\Delta\theta + A_{12}\Delta\theta^2 \\ A_{21}\Delta r + A_{22}\Delta\theta + A_{23}\Delta r^2 + A_{24}\Delta\theta^2 + A_{25}\Delta r\Delta\theta \end{bmatrix}$$

$$\boldsymbol{G}(\boldsymbol{x}) = \begin{bmatrix} 0 \\ b \end{bmatrix}, \quad \boldsymbol{\delta} = \begin{bmatrix} A_{10} \\ A_{20} \end{bmatrix}$$

其中　$\boldsymbol{\delta}$——时变扰动且有界。

定义函数

$$\sup_{f \in \boldsymbol{F}(\boldsymbol{x})} L_f v(\boldsymbol{x}) = k(\boldsymbol{x})$$

$$\sup_{g \in \boldsymbol{G}(\boldsymbol{x})} L_g v(\boldsymbol{x}) = l_M(\boldsymbol{x})$$

$$\inf_{g \in \boldsymbol{G}(\boldsymbol{x})} L_g v(\boldsymbol{x}) = l_m(\boldsymbol{x})$$

令 $c>0, 0<\mu<1$，若正定光滑函数 $v(\boldsymbol{x}): \mathbb{R}^n \to \mathbb{R}$ 满足

$$l(\boldsymbol{x}) = 0, \quad \boldsymbol{x} \neq \boldsymbol{0} \Rightarrow k(\boldsymbol{x}) + \varepsilon(\boldsymbol{x}) \leqslant -cv^{\mu}(\boldsymbol{x}) \tag{6-75}$$

则 $v(\boldsymbol{x})$ 是系统的有限时间控制 Lyapunov 函数（f-CLF）。

如果系统存在 f-CLF，那么系统可以通过如下控制器进行有限时间镇定：

（1）当 $0 < l_m(\boldsymbol{x}) \leqslant l(\boldsymbol{x}) \leqslant l_M(\boldsymbol{x})$ 时，有

$$u=\begin{cases}\dfrac{k(\boldsymbol{x})+\varepsilon(\boldsymbol{x})+cv^{\mu}(\boldsymbol{x})+\sqrt{[k(\boldsymbol{x})+\varepsilon(\boldsymbol{x})+cv^{\mu}(\boldsymbol{x})]^2+l_{\mathrm{m}}(\boldsymbol{x})^4}}{-l_{\mathrm{m}}(\boldsymbol{x})\operatorname{sgn}[l(\boldsymbol{x})]} & (l(\boldsymbol{x})\neq 0)\\ \mathbf{0} & (l(\boldsymbol{x})=0)\end{cases}\tag{6-76}$$

(2) 当 $l_{\mathrm{m}}(\boldsymbol{x})\leqslant l(\boldsymbol{x})\leqslant l_{\mathrm{M}}(\boldsymbol{x})<0$ 时，有

$$u=\begin{cases}\dfrac{k(\boldsymbol{x})+\varepsilon(\boldsymbol{x})+cv^{\mu}(\boldsymbol{x})+\sqrt{[k(\boldsymbol{x})+\varepsilon(\boldsymbol{x})+cv^{\mu}(\boldsymbol{x})]^2+l_{\mathrm{M}}(\boldsymbol{x})^4}}{l_{\mathrm{M}}(\boldsymbol{x})\operatorname{sgn}[l(\boldsymbol{x})]} & (l(\boldsymbol{x})\neq 0)\\ \mathbf{0} & (l(\boldsymbol{x})=0)\end{cases}\tag{6-77}$$

(3) 当 $l_{\mathrm{m}}(\boldsymbol{x})\leqslant 0\leqslant l_{\mathrm{M}}(\boldsymbol{x})$ 且 $\|l_{\mathrm{m}}(\boldsymbol{x})\|\leqslant\|l_{\mathrm{M}}(\boldsymbol{x})\|$ 时，有

$$u=\begin{cases}\dfrac{k(\boldsymbol{x})+\varepsilon(\boldsymbol{x})+cv^{\mu}(\boldsymbol{x})+\sqrt{(k(\boldsymbol{x})+\varepsilon(\boldsymbol{x})+cv^{\mu}(\boldsymbol{x}))^2+l_{\mathrm{m}}(\boldsymbol{x})^4}}{l_{\mathrm{m}}(\boldsymbol{x})\operatorname{sgn}[l(\boldsymbol{x})]} & (l(\boldsymbol{x})\neq 0)\\ \mathbf{0} & (l(\boldsymbol{x})=0)\end{cases}\tag{6-78}$$

(4) 当 $l_{\mathrm{m}}(\boldsymbol{x})\leqslant 0\leqslant l_{\mathrm{M}}(\boldsymbol{x})$ 且 $\|l_{\mathrm{M}}(\boldsymbol{x})\|\leqslant\|l_{\mathrm{m}}(\boldsymbol{x})\|$ 时，有

$$u=\begin{cases}\dfrac{k(\boldsymbol{x})+\varepsilon(\boldsymbol{x})+cv^{\mu}(\boldsymbol{x})+\sqrt{(k(\boldsymbol{x})+\varepsilon(\boldsymbol{x})+cv^{\mu}(\boldsymbol{x}))^2+l_{\mathrm{m}}(\boldsymbol{x})^4}}{-l_{\mathrm{M}}(\boldsymbol{x})\operatorname{sgn}[l(\boldsymbol{x})]} & (l(\boldsymbol{x})\neq 0)\\ \mathbf{0} & (l(\boldsymbol{x})=0)\end{cases}\tag{6-79}$$

其中 $l(\boldsymbol{x})=L_{g}v(\boldsymbol{x})$，且镇定时间 T 满足

$$T<\frac{v(x_0)^{1-\mu}}{c(1-\mu)}\tag{6-80}$$

前面已经给出了助推段有限时间镇定控制器的具体形式，但是函数 $v(\boldsymbol{x})$、$l(\boldsymbol{x})$、$k(\boldsymbol{x})$ 和 $\varepsilon(\boldsymbol{x})$ 还需要计算，并且它们都与助推段飞行过程有关。参数 c 和 μ 也需要确定，并且它们影响着控制器的收敛效果。本节给出了如何求取这些函数和参数。由于助推段轨迹跟踪问题是一个具有工程背景的实际问题，控制量需要受到执行器和飞行条件的限制，因此控制量约束也要考虑进来。

(1) $v(\boldsymbol{x})$ 的求取。

$v(\boldsymbol{x})$ 是该有限时间镇定控制器中的一个重要函数。由于 $l(\boldsymbol{x})$、$k(\boldsymbol{x})$ 和 $\varepsilon(\boldsymbol{x})$ 均是 $v(\boldsymbol{x})$ 关于微分包含系统相应部分的李导数，则控制量 $\boldsymbol{u}$ 实际上是关于 $v(\boldsymbol{x})$ 的函数。由于助推段偏差镇定是一个时变过程，很难找到一个全局 CLF，因

此，$v(\boldsymbol{x})$是一个参数时变的函数，并且参数与状态变量有关。显然对于一个给定的系统，有许多 Lyapunov 函数的选取方式。本书用多项式形式来构造 CLF，即

$$\frac{\partial v(\boldsymbol{x})}{\partial \boldsymbol{x}}=\begin{bmatrix} a_{11}(\boldsymbol{x},t)x_1+a_{12}(\boldsymbol{x},t)x_2 \\ a_{21}(\boldsymbol{x},t)x_1+a_{22}(\boldsymbol{x},t)x_2 \end{bmatrix}^{\mathrm{T}} \tag{6-81}$$

则

$$\begin{aligned} L_{\mathrm{f}}v(\boldsymbol{x}) &= \frac{\partial v(\boldsymbol{x})}{\partial \boldsymbol{x}}f(\boldsymbol{x}) \\ &= [a_{11}\Delta r+a_{12}\Delta\theta \quad a_{21}\Delta r+a_{22}\Delta\theta]\cdot \\ &\quad \begin{bmatrix} A_{10}+A_{11}\Delta\theta+A_{12}\Delta\theta^2 \\ A_{20}+A_{21}\Delta r+A_{22}\Delta\theta+A_{23}\Delta r^2+A_{24}\Delta\theta^2+A_{25}\Delta r\Delta\theta \end{bmatrix} \\ &= (a_{11}A_{10}+a_{21}A_{20})\Delta r+[a_{12}A_{10}+a_{22}A_{20}+(a_{11}A_{11}+a_{21}A_{22}+a_{22}A_{21}) \\ &\quad \Delta r]\Delta\theta+[a_{21}A_{23}\Delta r+(a_{21}A_{25}+a_{22}A_{23})\Delta\theta+a_{21}A_{21}]\Delta r^2+ \\ &\quad [(a_{12}A_{12}+a_{22}A_{24})\Delta\theta+(a_{11}A_{12}+a_{21}A_{24}+a_{22}A_{25})\Delta r+(a_{12}A_{11}+ \\ &\quad a_{22}A_{22})]\Delta\theta^2<0 \end{aligned} \tag{6-82}$$

对于$\frac{\partial v(\boldsymbol{x})}{\partial \boldsymbol{x}}$，为了保证其旋度为零，有

$$\frac{\partial^2 v(\boldsymbol{x})}{\partial x_1\partial x_2}=\frac{\partial^2 v(\boldsymbol{x})}{\partial x_2\partial x_1}$$

$$\left(\frac{\partial a_{11}}{\partial\Delta\theta}-\frac{\partial a_{21}}{\partial\Delta r}\right)\Delta r+\left(\frac{\partial a_{12}}{\partial\Delta\theta}-\frac{\partial a_{22}}{\partial\Delta r}\right)\Delta\theta=a_{21}-a_{12} \tag{6-83}$$

若考虑简单情况，a_{11}、a_{12}、a_{21}、a_{22}均只与时间有关而与状态量无关，则$\frac{\partial a_{11}}{\partial\Delta\theta}=\frac{\partial a_{21}}{\partial\Delta r}=\frac{\partial a_{12}}{\partial\Delta\theta}=\frac{\partial a_{22}}{\partial\Delta r}=0$。对$\frac{\partial v(\boldsymbol{x})}{\partial \boldsymbol{x}}$进行积分，得到$v(\boldsymbol{x})$，同时需要保证

$$\begin{aligned} v(\boldsymbol{x}) &= \int_0^{\Delta r(\Delta\theta=0)}(a_{11}\Delta r+a_{12}\Delta\theta)\,\mathrm{d}\Delta r+\int_0^{x_1(\Delta\theta)}(a_{21}\Delta r+a_{22}\Delta\theta)\,\mathrm{d}\Delta\theta \\ &= \frac{1}{2}a_{11}\Delta r^2+a_{21}\Delta r\Delta\theta+\frac{1}{2}a_{22}\Delta\theta^2>0 \end{aligned} \tag{6-84}$$

进而原 f－CLF 求解问题便转化为线性规划问题：

$$
\text{s.t.}\begin{cases}
a_{21}=a_{12}\\
a_{11}A_{10}+a_{21}A_{20}=0\\
a_{12}A_{10}+a_{22}A_{20}+(a_{11}A_{11}+a_{21}A_{22}+a_{22}A_{21})\Delta r=0\\
a_{21}A_{23}\Delta r+(a_{21}A_{25}+a_{22}A_{23})\Delta\theta+a_{21}A_{21}<0\\
(a_{12}A_{12}+a_{22}A_{24})\Delta\theta+(a_{11}A_{12}+a_{21}A_{24}+a_{22}A_{25})\Delta r+(a_{12}A_{11}+a_{22}A_{22})<0\\
a_{11}\Delta r^2+2a_{21}\Delta r\Delta\theta+a_{22}\Delta\theta^2>0
\end{cases}
\tag{6-85}
$$

对上述问题进行求解，得到解 $\boldsymbol{s}=[a_{11}\quad a_{12}\quad a_{21}\quad a_{22}]^{\mathrm{T}}$。至此，得到了时变 Lyapunov 函数 $v(\boldsymbol{x},t)$，可以记作 $v[\boldsymbol{x}(t)]$。

(2) $\sup\limits_{f\in \boldsymbol{F}(\boldsymbol{x})} L_{\mathrm{f}}v(\boldsymbol{x})=k(\boldsymbol{x})$ 的求取。

得到 $v(\boldsymbol{x})$ 之后，函数 $k(\boldsymbol{x})$ 可以通过它来计算。$L_{\mathrm{f}}v(\boldsymbol{x})$ 的表达式可以写成如下形式：

$$
\begin{aligned}
L_{\mathrm{f}}v(\boldsymbol{x})=&[a_{21}A_{23}\Delta r+(a_{21}A_{25}+a_{22}A_{23})\Delta\theta+a_{21}A_{21}]\Delta r^2+\\
&[(a_{12}A_{12}+a_{22}A_{24})\Delta\theta+(a_{11}A_{12}+a_{21}A_{24}+a_{22}A_{25})\Delta r+(a_{12}A_{11}+\\
&a_{22}A_{22})]\Delta\theta^2
\end{aligned}
\tag{6-86}
$$

分别将 $L_{\mathrm{f}}v(\boldsymbol{x})$ 对 ΔC_y、ΔC_x 和 ΔP_{e} 求偏导，可得

$$
\frac{\partial L_{\mathrm{f}}v(\boldsymbol{x})}{\partial \Delta P_{\mathrm{e}}}=0 \tag{6-87}
$$

$$
\frac{\partial L_{\mathrm{f}}v(\boldsymbol{x})}{\partial \Delta C_y}=(a_{21}\Delta r^3+a_{22}\Delta\theta\Delta r^2)\frac{S_{\mathrm{m}}}{4m}v\left.\frac{\partial^2\rho}{\partial r^2}\right|_{\rho=\rho_0}+a_{21}\Delta r^2\frac{S_{\mathrm{m}}}{2m}v\left.\frac{\partial\rho}{\partial r}\right|_{\rho=\rho_0} \tag{6-88}
$$

$$
\begin{aligned}
\frac{\partial L_{\mathrm{f}}v(\boldsymbol{x})}{\partial \Delta C_x}=&\frac{\partial L_{\mathrm{f}}v(\boldsymbol{x})}{\partial v}\frac{\partial v}{\partial \dot v}\frac{\partial \dot v}{\Delta C_x}\\
=&\left[a_{21}\Delta r^3\frac{S_{\mathrm{m}}}{4m}C_y\left.\frac{\partial^2\rho}{\partial r^2}\right|_{\rho=\rho_0}+\left(a_{21}\frac{2fM\sin\bar\theta}{\bar r^3 v^2}+a_{22}\frac{S_{\mathrm{m}}}{4m}C_y\left.\frac{\partial^2\rho}{\partial r^2}\right|_{\rho=\rho_0}\right)\Delta r^2\Delta\theta+\right.\\
&a_{21}\left(\frac{S_{\mathrm{m}}}{2m}C_y\left.\frac{\partial\rho}{\partial r}\right|_{\rho=\bar\rho}-\frac{2fM\cos\bar\theta}{\bar r^3v^2}\right)\Delta r^2+\left(-a_{12}\frac{1}{2}\sin\bar\theta-a_{22}\frac{fM\cos\bar\theta}{2\bar r v^2}\right)\Delta\theta^3+\\
&\left(-a_{11}\frac{1}{2}\sin\bar\theta-a_{21}\frac{fM\cos\bar\theta}{2\bar r v^2}+a_{22}\frac{2fM\sin\bar\theta}{\bar r^3v^2}\right)\Delta r\Delta\theta^2+\\
&\left.\left(a_{12}\cos\bar\theta-a_{22}\frac{fM\sin\bar\theta}{\bar r^2v^2}\right)\Delta\theta^2\right]\left(-\frac{1}{2m}\rho v^2S_{\mathrm{m}}\right)\frac{\partial v}{\partial\dot v}
\end{aligned}
\tag{6-89}
$$

从式(6-87)~(6-89)可以看出,$L_f v(\boldsymbol{x})$的值与ΔP_e无关,$L_f v(\boldsymbol{x})$的上界由ΔC_x和ΔC_y决定。

针对上述方法进行数学仿真。选取的仿真条件为:初始高度$h_0=0$,初始弹道倾角$\theta_0=90°$,初始速度$v_0=0$ m/s。最大攻角补偿量为$|\Delta\alpha|_{max}=3.5°$,最大攻角补偿量变化速率为$|\Delta\dot{\alpha}|_{max}=0.5$(°)/s,比冲的最大摄动量为$|\Delta P_e|_{max}=1\%P_{max}$,$C_x$最大摄动量为$|\Delta C_x|_{max}=10\%|\Delta C_x|$,$C_y$最大摄动量为$|\Delta C_y|_{max}=10\%|\Delta C_y|$。为了进一步验证该控制器的鲁棒性,进行了2 000次蒙特卡洛仿真试验。图6-6给出了修正后蒙特卡洛试验的终端偏差散点分布图。

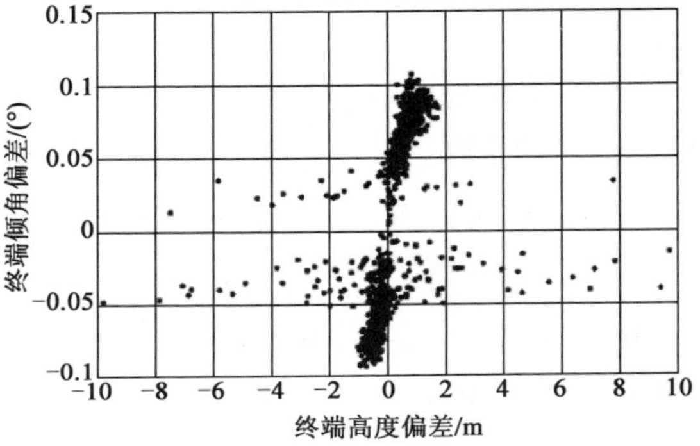

图6-6　蒙特卡洛试验终端偏差散点分布图

从图6-6中可以看出,终端高度偏差在[-10 m,10 m]之间,并且绝大多数在[-2 m,2 m]之间,终端弹道倾角偏差在[-0.1°,0.15°]之间,二者均满足指标要求。图6-7和图6-8所示为蒙特卡洛仿真的包络图。

从图6-7和图6-8可以看出,终端高度和终端弹道倾角均呈现收敛趋势,说明该有限时间收敛控制器在给定的参数摄动范围内,具有良好的鲁棒性。

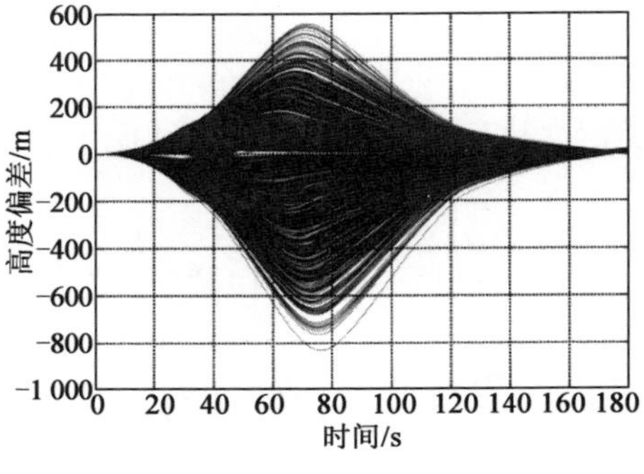

图6-7　蒙特卡洛试验高度偏差变化

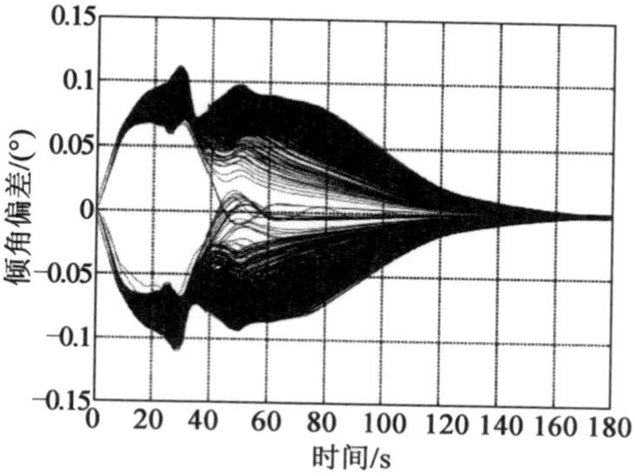

图 6-8　弹道倾角偏差随时间变化

进一步再采用本章提出的控制策略进行蒙特卡洛试验，考虑跟踪速度、高度和弹道倾角，仿真结果如图 6-9 ~ 6-14 所示。从仿真结果可以看出，本章提出的控制策略可以实现纵向轨迹高度速度和弹道倾角同时跟踪的问题，且控制精度满足指标要求。

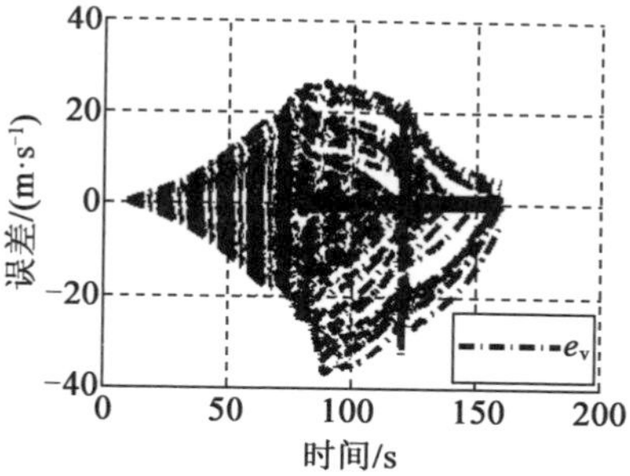

图 6-9　速度误差

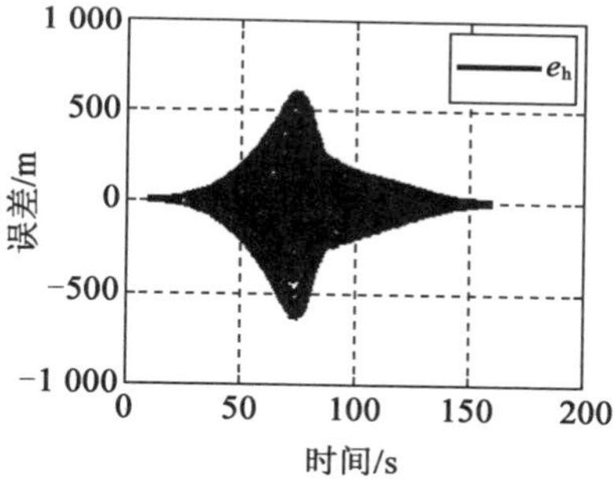

图 6-10　高度误差

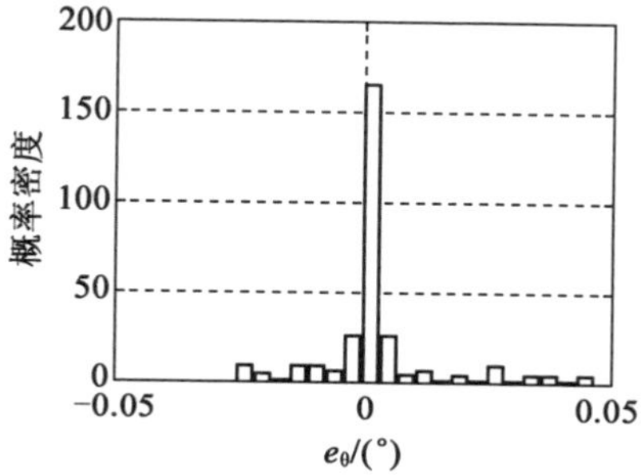

图 6-11　弹道倾角误差

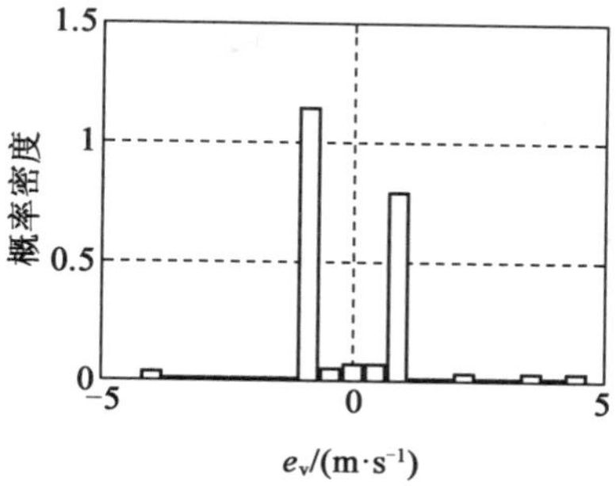

图 6-12　速度误差

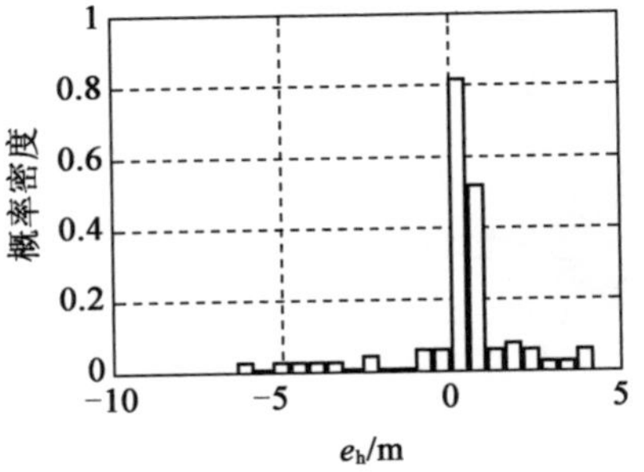

图 6-13 高度误差

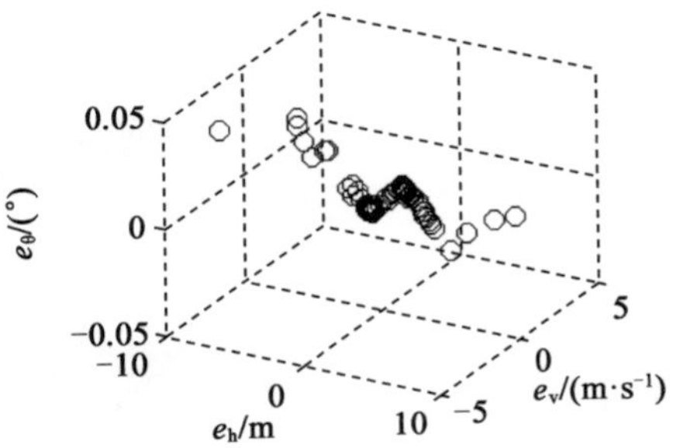

图 6-14 高度速度弹道倾角结果

6.4 助推段制导控制一体化设计方法

6.4.1 面向制导控制一体化的助推段设计模型

如前所述,本书研究的助推滑翔飞行器助推段执行机构为摆动喷管,仅能提供偏航和俯仰两个通道的控制力矩,通常需要在额外的执行机构和控制系统的主动作用下,确保飞行过程中滚转通道保持稳定。本书重点研究俯仰和偏航两个控制通道的制导控制一体化设计方法。

将地球自转角速度产生的重力分量、离心惯性力、哥氏惯性力视为系统不确定性,得到简化的质心动力学方程为

$$\begin{cases} \dot{h} = v\sin\theta \\ \dot{v} = \dfrac{F_{Pi\_x1}\cos\alpha\cos\beta - F_{Pi\_y1}\sin\alpha\cos\beta + F_{Pi\_z1}\sin\beta}{m} - \dfrac{D}{m} + d_{\dot{v}} + \\ \quad \dfrac{g_r'}{r}[\cos\theta\cos\sigma(x+R_{ox}) + \sin\theta\cos\sigma(y+R_{oy}) - \sin\sigma(z+R_{oz})] \\ \dot{\theta} = \dfrac{g_r'}{rv\cos\sigma}[-(x+R_{ox})\sin\theta + (y+R_{oy})\cos\theta] + d_{\dot{\theta}} + \\ \quad \dfrac{F_{Pi\_x1}\sin\alpha + F_{Pi\_y1}\cos\alpha}{mv\cos\sigma} + \dfrac{L}{mv\cos\sigma} \end{cases} \tag{6-90}$$

式中

$$d_{\dot{v}} = f_{\dot{v}}/m, \quad d_{\dot{\theta}} = \frac{f_{\dot{\theta}}}{mv\cos\sigma}$$

根据速度坐标系下的质心动力学方程,可得

$$\begin{cases}\dot{\alpha}=\omega_y\sin\alpha\tan\beta+\omega_z-\dfrac{L}{mv\cos\beta}+d_{\dot{\alpha}}-\dfrac{G_y}{mv\cos\beta}-\dfrac{F_{Pi\_x1}\sin\alpha+F_{Pi\_y1}\cos\alpha}{mv\cos\beta}\\ \dot{\beta}=\omega_y\cos\alpha-\dfrac{Z}{mv}+\dfrac{G_z}{mv}+d_{\dot{\beta}}+\dfrac{-F_{Pi\_x1}\cos\alpha\sin\beta+F_{Pi\_y1}\sin\alpha\sin\beta+F_{Pi\_z1}\cos\beta}{mv}\end{cases} \tag{6-91}$$

式中 G_y、G_z——重力在速度坐标系 y 轴、z 轴方向分量;

$d_{\dot{\alpha}}$、$d_{\dot{\beta}}$——气动力系数、发动机比冲和质量流量等参数偏差综合作用的攻角和侧滑角动态的不确定性。

由于地球自转角速度相对于飞行器偏航、俯仰角速度很小,飞行器相对于地球的转动角速度 ω 近似视为相对于惯性坐标系的转动角速度 ω_{T},且将附加力矩项以及质心偏移产生的力矩视为姿态角速度动态系统的不确定性,得到飞行器绕质心的动力学方程为

$$\begin{cases}\dot{\omega}_y=\dfrac{1}{J_y}m_y^{\omega_y}qS_{\mathrm{M}}L_{\mathrm{ref}}\omega_y-\dfrac{1}{J_y}Z_1(H,Ma,\beta)(x_{\mathrm{p}}-x_{\mathrm{g}})-\dfrac{1}{J_y}P_{\mathrm{e}}\cos\delta_\varphi\sin\delta_\psi x_{1\mathrm{e}}+d_{\dot{\omega}_y}\\ \dot{\omega}_z=\dfrac{1}{J_z}m_z^{\omega_z}qS_{\mathrm{M}}L_{\mathrm{ref}}\omega_z+\dfrac{1}{J_z}Y_1(H,Ma,\alpha)(x_{\mathrm{p}}-x_{\mathrm{g}})-\dfrac{1}{J_z}P_{\mathrm{e}}\sin\delta_\varphi x_{1\mathrm{e}}+d_{\dot{\omega}_z}\end{cases} \tag{6-92}$$

其中,偏航通道系统不确定性为

$$d_{\dot{\omega}_y}=-\frac{1}{J_y}(P_{\mathrm{e}}\cos\delta_\varphi\sin\delta_\psi Z_{\mathrm{C}}+\dot{J}_y\omega_{\mathrm{T}_y}+\dot{m}x_{1\mathrm{e}}^2\omega_{\mathrm{T}_y})$$

俯仰通道系统不确定性为

$$d_{\dot{\omega}_z}=\frac{1}{J_z}(P_{\mathrm{e}}\cos\delta_\varphi\cos\delta_\psi Y_{\mathrm{C}}-\dot{J}_z\omega_{\mathrm{T}_z}-\dot{m}x_{1\mathrm{e}}^2\omega_{\mathrm{T}_z})$$

定义系统状态量 $\boldsymbol{x}_1=[v\quad\theta]^{\mathrm{T}}$,$\boldsymbol{x}_2=[\alpha\quad\beta]^{\mathrm{T}}$,$\boldsymbol{x}_3=[\omega_y\quad\omega_z]^{\mathrm{T}}$,系统控制输入为 $\boldsymbol{u}=[\cos\delta_\varphi\quad\sin\delta_\psi\quad\sin\delta_\varphi]^{\mathrm{T}}$,整理得到助推段制导控制一体化设计模型为

$$\begin{cases}\dot{\boldsymbol{x}}_1=f_1(\boldsymbol{x}_1,\boldsymbol{x}_2)+\boldsymbol{d}_1\\ \dot{\boldsymbol{x}}_2=f_2(\boldsymbol{x}_1,\boldsymbol{x}_2)+g_2(\boldsymbol{x}_2)\boldsymbol{x}_3+\boldsymbol{d}_2\\ \dot{\boldsymbol{x}}_3=f_3(\boldsymbol{x}_1,\boldsymbol{x}_2,\boldsymbol{x}_3)+g_3\boldsymbol{u}+\boldsymbol{d}_3\\ \boldsymbol{y}=\boldsymbol{x}_1\end{cases} \tag{6-93}$$

式中

$$f_1(\boldsymbol{x}_1,\boldsymbol{x}_2)=\frac{F_{Pi\_x1}\cos\alpha\cos\beta-F_{Pi\_y1}\sin\alpha\cos\beta+F_{Pi\_z1}\sin\beta}{m}-\frac{D}{m}+$$

$$\frac{g_{\mathrm{r}}'}{r^3}[\cos\theta\cos\sigma(x+R_{\mathrm{ox}})+\sin\theta\cos\sigma(y+R_{\mathrm{oy}})-\sin\sigma(z+R_{\mathrm{oz}})]\cdot$$

$$\frac{g'}{r^3 v\cos\sigma}[-(x+R_{ox})\sin\theta+(y+R_{oy})\cos\theta]+$$

$$\frac{L}{mv\cos\sigma}+\frac{F_{Pi\_x1}\sin\alpha+F_{Pi\_y1}\cos\alpha}{mv\cos\sigma}$$

各级子系统不确定性为

$$\boldsymbol{d}_1=[0\quad d_{\dot v}\quad d_{\dot\theta}]^{\mathrm T},\quad \boldsymbol{d}_2=[d_{\dot\alpha}\quad d_{\dot\beta}]^{\mathrm T},\quad \boldsymbol{d}_3=[d_{\dot\omega_y}\quad d_{\dot\omega_z}]^{\mathrm T}$$

$$\boldsymbol{f}_2(\boldsymbol{x}_1,\boldsymbol{x}_2)=\begin{bmatrix}-\dfrac{L}{mv\cos\beta}-\dfrac{G_y}{mv\cos\beta}-\dfrac{F_{Pi\_x1}\sin\alpha+F_{Pi\_y1}\cos\alpha}{mv\cos\beta}\\ -\dfrac{Z}{mv}+\dfrac{G_z}{mv}+\dfrac{-F_{Pi\_x1}\cos\alpha\sin\beta+F_{Pi\_y1}\sin\alpha\sin\beta+F_{Pi\_z1}\cos\beta}{mv}\end{bmatrix}$$

$$\boldsymbol{f}_3(\boldsymbol{x}_1,\boldsymbol{x}_2,\boldsymbol{x}_3)=\begin{bmatrix}\dfrac{qS_{\mathrm M}}{J_{y1}}m_y^{\omega_y}L_{\mathrm{ref}}\omega_y-\dfrac{1}{J_{y1}}Z_1(H,Ma,\beta)(x_{\mathrm p}-x_{\mathrm g})\\ \dfrac{qS_{\mathrm M}}{J_{z1}}m_z^{\omega_z}L_{\mathrm{ref}}\omega_z+\dfrac{1}{J_{z1}}Y_1(H,Ma,\alpha)(x_{\mathrm p}-x_{\mathrm g})\end{bmatrix}$$

$$\boldsymbol{g}_2(\boldsymbol{x}_2)=\begin{bmatrix}\sin\alpha\tan\beta & 1\\ \cos\alpha & 0\end{bmatrix}$$

$$\boldsymbol{g}_3=-P_{\mathrm e}x_{1\mathrm e}\begin{bmatrix}\dfrac{1}{J_y} & 0\\ 0 & \dfrac{1}{J_z}\end{bmatrix}$$

由制导控制一体化设计模型可知，$\boldsymbol{x}_2$ 对应的攻角、侧滑角以正弦、余弦形式耦合在 $\dot{\boldsymbol{x}}_1$方程的右端项中，即 $\dot{\boldsymbol{x}}_1$ 和 $\boldsymbol{x}_2$呈非仿射关系，导致很难得到虚拟控制量 $\boldsymbol{x}_2$的解析解。本书结合沿轨迹线性化方法，在标称轨迹附近将设计模型中的非仿射部分仿射化处理，得到具有严格反馈形式的一体化设计模型，以便于后续基于反步法开展助推段制导控制一体化算法设计。

将$f_1(\boldsymbol{x}_1,\boldsymbol{x}_2)$中包含 $\boldsymbol{x}_2$的部分提炼出来，得到

$$\boldsymbol{f}_{1\mathrm p}(\boldsymbol{x}_1,\boldsymbol{x}_2)=\begin{bmatrix}\dfrac{F_{Pi\_x1}\cos\alpha\cos\beta-F_{Pi\_y1}\sin\alpha\cos\beta+F_{Pi\_z1}\sin\beta}{m}\\ \dfrac{F_{Pi\_x1}\sin\alpha+F_{Pi\_y1}\cos\alpha}{mv\cos\sigma}\end{bmatrix}\tag{6-94}$$

令 $\boldsymbol{x}_{2\mathrm{ref}}=[\alpha_{\mathrm{ref}}\quad\beta_{\mathrm{ref}}]^{\mathrm T}$，将$\boldsymbol{f}_{1\mathrm p}$在标称控制量 $\boldsymbol{x}_{2\mathrm{ref}}$附近泰勒展开，可得

$$\boldsymbol{f}_{1\mathrm p}(\boldsymbol{x}_1,\boldsymbol{x}_2)=\boldsymbol{f}_{1\mathrm p}(\boldsymbol{x}_1,\boldsymbol{x}_{2\mathrm{ref}})+\boldsymbol{g}_{1\mathrm p}(\boldsymbol{x}_1,\boldsymbol{x}_2)\big|_{\boldsymbol{x}_2=\boldsymbol{x}_{2\mathrm{ref}}}\Delta\boldsymbol{x}_2+O(\cdot)\tag{6-95}$$

式中

$$\boldsymbol{f}_{1\mathrm p}(\boldsymbol{x}_1,\boldsymbol{x}_{2\mathrm{ref}})=[f_{1\mathrm{p}1}\quad f_{1\mathrm{p}2}]^{\mathrm T}$$

$$\boldsymbol{g}_{1\mathrm p}(\boldsymbol{x}_1,\boldsymbol{x}_2)=\frac{\partial\boldsymbol{f}_{1\mathrm p}(\boldsymbol{x}_1,\boldsymbol{x}_2)}{\partial\boldsymbol{x}_2}=\begin{bmatrix}g_{1\mathrm{p}1} & g_{1\mathrm{p}2}\\ g_{1\mathrm{p}3} & 0\end{bmatrix}$$

$$f_{1\text{p}1} = (F_{Pi\_x1}\cos\alpha_{\text{ref}}\cos\beta_{\text{ref}} - F_{Pi\_y1}\sin\alpha_{\text{ref}}\cos\beta_{\text{ref}} + F_{Pi\_z1}\sin\beta_{\text{ref}})/m$$
$$f_{1\text{p}2} = (F_{Pi\_x1}\sin\alpha_{\text{ref}} + F_{Pi\_y1}\cos\alpha_{\text{ref}})/mv\cos\sigma$$
$$g_{1\text{p}1} = (-F_{Pi\_x1}\sin\alpha\cos\beta - F_{Pi\_y1}\cos\alpha\cos\beta)/m$$
$$g_{1\text{p}2} = (-F_{Pi\_x1}\cos\alpha\sin\beta + F_{Pi\_y1}\sin\alpha\sin\beta + F_{Pi\_z1}\cos\beta)/m$$
$$g_{1\text{p}3} = (F_{Pi\_x1}\cos\alpha - F_{Pi\_y1}\sin\alpha)/mv\cos\sigma$$

考虑控制输入饱和的具有严格反馈形式的制导控制一体化设计模型为

$$\begin{cases}\dot{\boldsymbol{x}}_1 = \boldsymbol{f}_1(\boldsymbol{x}_1,\boldsymbol{x}_{2\text{ref}}) + \boldsymbol{g}_{1\text{p}}(\boldsymbol{x}_1,\boldsymbol{x}_2)\big|_{\boldsymbol{x}_2=\boldsymbol{x}_{2\text{ref}}}\Delta\boldsymbol{x}_2 + \boldsymbol{d}_1' \\ \dot{\boldsymbol{x}}_2 = \boldsymbol{f}_2(\boldsymbol{x}_1,\boldsymbol{x}_2) + \boldsymbol{g}_2(\boldsymbol{x}_2)\boldsymbol{x}_3 + \boldsymbol{d}_2 \\ \dot{\boldsymbol{x}}_3 = \boldsymbol{f}_3(\boldsymbol{x}_1,\boldsymbol{x}_2,\boldsymbol{x}_3) + \boldsymbol{g}_3\text{sat}(\boldsymbol{u}) + \boldsymbol{d}_3\end{cases} \tag{6-96}$$

式中

$$\boldsymbol{d}_1' = \boldsymbol{d}_1 + O(\cdot)$$
$$\text{sat}(\boldsymbol{u}) = [\text{sat}(u_\psi) \quad \text{sat}(u_\varphi)]^{\text{T}}$$

其中 sat(·)——标准饱和函数，其具体表达式为

$$\text{sat}(u_i) = \begin{cases}\text{sgn}(u_i)u_{i\min} & (|u_i| \geqslant u_{i\max}) \\ u_i & (|u_i| < u_{i\max})\end{cases}$$

式中 $u_{i\max}$——控制量 u_i 预设的幅值约束边界。

$$\boldsymbol{f}_1(\boldsymbol{x}_1,\boldsymbol{x}_{2\text{ref}}) = \begin{bmatrix}\dfrac{g_r'}{r^3}[\cos\theta\cos\sigma(x+R_{\text{ox}}) + \sin\theta\cos\sigma(y+R_{\text{oy}}) - \sin\sigma(z+R_{\text{oz}})] - \dfrac{D}{m} + f_{1\text{p}1} \\ -\dfrac{g_r'}{r^3 v\cos\sigma}[-(x+R_{\text{ox}})\sin\theta + (y+R_{\text{oy}})\cos\theta] + f_{1\text{p}2} + \dfrac{L}{mv\cos\sigma}\end{bmatrix}$$

实际助推段制导控制设计过程中，飞行器执行机构（单摆动喷管）存在幅值限制，即

$$\begin{cases}|\delta_\psi| \leqslant \delta_{\psi\max} \\ |\delta_\varphi| \leqslant \delta_{\varphi\max}\end{cases} \tag{6-97}$$

因为控制输入矢量 $\boldsymbol{u} = [u_\psi \quad u_\varphi]^{\text{T}} = [\cos\delta_\varphi\sin\delta_\psi \quad \sin\delta_\varphi]^{\text{T}}$ 由等效俯仰、偏航通道摆角的正余弦组成，摆动喷管幅值约束可近似转化为控制输入限制

$$\begin{cases}|u_\psi| \leqslant \sin\delta_{\psi\max} \\ |u_\varphi| \leqslant \sin\delta_{\varphi\max}\end{cases} \tag{6-98}$$

假设6.1 系统式(6-96)中的所有状态量都能够由传感器测量得到，且当施加有效控制时，系统状态及其一阶导数均有界。

假设6.2 对于系统式(6-96)中的不确定性 $\boldsymbol{d}_1'$、$\boldsymbol{d}_2$ 和 $\boldsymbol{d}_3$，有如下关系成立：

$$\|\boldsymbol{d}_1'\| \leqslant D_1, \quad \|\boldsymbol{d}_1\| \leqslant D_2, \quad \|\boldsymbol{d}_3\| \leqslant D_3 \tag{6-99}$$

式中 D_i——未知的正常数，$i=1,2,3$。

引理 6.1 在助推段有控飞行下，存在正实数 $\vartheta_{\max}<\frac{\pi}{2}$，$\alpha_{\max}<\frac{\pi}{2}$ 和 $\beta_{\max}<\frac{\pi}{2}$ 使得对于任意的 $\gamma\in\mathbf{R}$，若 (ϑ,α,β) 取值满足

$$B:=\{(\vartheta,\alpha,\beta):|\vartheta|\leqslant\vartheta_{\max},|\alpha|\leqslant\alpha_{\max},|\beta|\leqslant\beta_{\max}\}$$

则矩阵 $\boldsymbol{g}_2(\boldsymbol{x}_2)$ 可逆。

问题 6.1 针对满足假设 6.1 和假设 6.2 的系统式(6－96)，设计自适应抗饱和制导控制一体化控制规律，在存在复杂飞行环境以及弹体结构参数不确定性下，实现对标称高度、速度和弹道倾角轨迹的良好跟踪。

6.4.2 考虑输入饱和的自适应三维制导控制一体化设计

基于具有严格反馈形式、面向控制的助推段制导控制一体化设计模型，本节提出自适应制导控制一体化设计方法。采用有限时间扩张状态观测器(Finite Time Extended State Observer，FTESO)对线性化过程中忽略的高阶项以及各级子系统不确定性进行实时在线估计，并在后续一体化算法中进行补偿，实现主动抗扰，提高闭环系统鲁棒性。

根据高度动态方程 $\dot{h}=v\sin\theta$ 可知，可以采用对标称弹道倾角指令进行修正的策略来消除高度偏差，初步使用比例微分(PD)设计相应高度指令跟踪控制器。本书的重点是设计一体化算法实现对修正后的弹道倾角和速度指令的良好跟踪。助推段控制结构框图如图 6－15 所示。

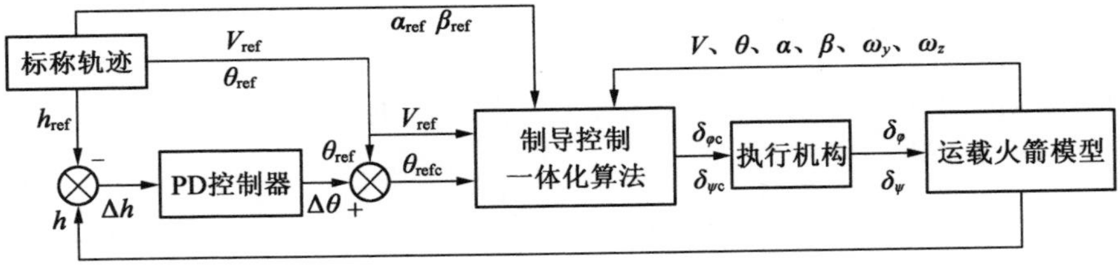

图 6－15 助推段控制结构框图

1. FTESO 设计

扩张状态观测器(Extended State Observer，ESO)是利用扰动估计技术，将由系统未知内动态和外部扰动组成的系统不确定性扩张为一阶新的状态量，现已广泛应用于各种被控对象的控制系统设计中。由于采用观测补偿的思路处理系统不确定性，因此所设计的 ESO 需要实现对不确定性的快速、准确估计，以提高闭环系统的动态响应性能。

针对助推段制导控制一体化设计模型式(6－96)中的第一级子系统，设计如下二阶 FTESO 对线性化过程中舍弃的高阶项以及系统不确定性进行估计：

$$\begin{cases} \boldsymbol{e}_{11} = \boldsymbol{z}_{11} - \boldsymbol{x}_1 \\ \dot{\boldsymbol{z}}_{11} = \boldsymbol{z}_{21} - \beta_{11}\boldsymbol{e}_{11} + \boldsymbol{f}_1(\boldsymbol{z}_{11}, \boldsymbol{x}_{2\mathrm{ref}}) + \boldsymbol{g}_{1\mathrm{p}}(\boldsymbol{z}_{11}, \boldsymbol{x}_{2\mathrm{ref}})\Delta\boldsymbol{x}_2 \\ \dot{\boldsymbol{z}}_{21} = -\beta_{12}\,\mathrm{fal}(\boldsymbol{e}_{11}, \alpha_1, \delta) \end{cases} \tag{6-100}$$

式中　$\boldsymbol{e}_{11}$——FTESO 的状态观测误差；

$\boldsymbol{z}_{11}$和$\boldsymbol{z}_{21}$——FTESO 的观测输出量，分别是系统状态 $\boldsymbol{x}_1$ 和不确定性 $\boldsymbol{d}_1$ 的估计值；

β_{01}、β_{02}——FTESO 的增益；

$\mathrm{fal}(\boldsymbol{e}_1, \alpha_1, \delta)$——非线性矢量函数，且有

$$\mathrm{fal}(\boldsymbol{e}_1, \alpha_1, \delta) = \begin{bmatrix} \mathrm{fal}(e_{11\_1}, \alpha_1, \delta) \\ \mathrm{fal}(e_{11\_2}, \alpha_1, \delta) \end{bmatrix}$$

其中，$e_{11_k}(k=1,2)$代表观测误差矢量 $\boldsymbol{e}_{11}$的第 k 个元素，$0<\alpha_1<1$，$\delta>0$，标量函数 $\mathrm{fal}(e_{11_k}, \alpha_1, \delta)$的具体表达式为

$$\mathrm{fal}(e_{11\_1}, \alpha_1, \delta) = \begin{cases} e_{11\_k}/\delta^{1-\alpha_1} & (|e_{11\_k}| \leqslant \delta) \\ |e_{11\_k}|^{\alpha_1}\mathrm{sgn}(e_{11\_k}) & (|e_{11\_k}| > \delta) \end{cases}$$

通过选取合适的设计参数 β_{11}、β_{12}、α_1 和 δ，二阶 FTESO 系统的观测输出量 $\boldsymbol{z}_{11}$和 $\boldsymbol{z}_{21}$能够在有限时间内收敛到其相应真值 $\boldsymbol{x}_1$ 和 $\boldsymbol{d}_1$ 的小邻域内。

类似地，针对一体化设计模型式(6－96)中二、三级子系统，设计二阶观测器如下：

$$\begin{cases} \boldsymbol{e}_{12} = \boldsymbol{z}_{12} - \boldsymbol{x}_2 \\ \dot{\boldsymbol{z}}_{12} = \boldsymbol{z}_{22} - \beta_{21}\boldsymbol{e}_{12} + \boldsymbol{f}_2(\boldsymbol{x}_1, \boldsymbol{z}_{12}) + \boldsymbol{g}_2(\boldsymbol{z}_{12})\boldsymbol{x}_3 \\ \dot{\boldsymbol{z}}_{22} = -\beta_{22}\,\mathrm{fal}(\boldsymbol{e}_{12}, \alpha_1, \delta) \end{cases} \tag{6-101}$$

$$\begin{cases} \boldsymbol{e}_{13} = \boldsymbol{z}_{13} - \boldsymbol{x}_3 \\ \dot{\boldsymbol{z}}_{13} = \boldsymbol{z}_{23} - \beta_{31}\boldsymbol{e}_{12} + \boldsymbol{f}_3(\boldsymbol{x}_1, \boldsymbol{z}_{12}, \boldsymbol{z}_{13}) + \boldsymbol{g}_3\mathrm{sat}(\boldsymbol{u}) \\ \dot{\boldsymbol{z}}_{23} = -\beta_{32}\,\mathrm{fal}(\boldsymbol{e}_{13}, \alpha_1, \delta) \end{cases} \tag{6-102}$$

式中　$\boldsymbol{e}_{13}$、$\boldsymbol{e}_{13}$——FTESO 的状态观测误差；

$\boldsymbol{z}_{12}$、$\boldsymbol{z}_{13}$、$\boldsymbol{z}_{22}$、$\boldsymbol{z}_{23}$——系统状态量 $\boldsymbol{x}_2$、$\boldsymbol{x}_3$ 以及不确定性 $\boldsymbol{d}_2$、$\boldsymbol{d}_3$ 的估计值；

β_{21}、β_{22}、β_{31}、β_{32}——FTESO 的增益。

需要说明的是，助推滑翔飞行器在第二级飞行时，存在气动阻尼力矩，二阶 FTESO 系统式(6－102)能够实现对姿态角速度动态回路不确定性 $\boldsymbol{d}_3$ 的有效观测。然而，当飞行器转至三级飞行时，大气密度近似为零，相应施加在飞行器上的气动阻尼力矩亦为零。换言之，角速度动态方程式(6－92)等号右端项不包含角速度信息，导致二阶 FTESO 系统无法有效估计 $\boldsymbol{d}_3$。

为了解决上述三级飞行过程中角速度信息丢失导致观测器失效的问题，引

入偏航角和俯仰角动态方程，有

$$\begin{bmatrix}\dot{\psi}\\ \dot{\vartheta}\end{bmatrix}=\begin{bmatrix}\cos\gamma & -\sin\gamma\\ \dfrac{\sin\gamma}{\cos\psi} & \dfrac{\cos\gamma}{\cos\psi}\end{bmatrix}\begin{bmatrix}\omega_y\\ \omega_z\end{bmatrix} \tag{6-103}$$

结合姿态角动态方程，将原来的二阶 FTESO 系统式(6－102)拓展为以姿态角及其估计值之间的偏差作为输入的三阶 FTESO 系统，其能够有效解决由三级飞行角速度缺失导致的估计问题。

定义 $\boldsymbol{x}_4=[\psi \quad \vartheta]^{\mathrm{T}}$，联立式(6－103)和式(6－92)，可得

$$\begin{cases}\dot{\boldsymbol{x}}_4=\boldsymbol{g}_{e2}(\boldsymbol{x}_4)\boldsymbol{x}_3\\ \dot{\boldsymbol{x}}_3=\boldsymbol{f}_3(\boldsymbol{x}_1,\boldsymbol{x}_2,\boldsymbol{x}_3)+\boldsymbol{g}_3\mathrm{sat}(\boldsymbol{u})+\boldsymbol{d}_3\end{cases} \tag{6-104}$$

式中

$$\boldsymbol{g}_{e2}(\boldsymbol{x}_4)=\begin{bmatrix}\cos\gamma & -\sin\gamma\\ \sin\gamma/\cos\psi & \cos\gamma/\cos\psi\end{bmatrix}$$

针对式(6－104)，构造如下三阶 FTESO 系统：

$$\begin{cases}\boldsymbol{e}_{14}=\boldsymbol{z}_{14}-\boldsymbol{x}_4\\ \dot{\boldsymbol{z}}_{14}=-\beta_{41}\boldsymbol{e}_{14}+\boldsymbol{g}_{e2}(\boldsymbol{z}_{14})\boldsymbol{z}_{24}\\ \dot{\boldsymbol{z}}_{24}=\boldsymbol{z}_{34}-\beta_{42}\mathrm{fal}(\boldsymbol{e}_{14},\alpha_1,\delta)+\boldsymbol{f}_3(\boldsymbol{x}_1,\boldsymbol{x}_2,\boldsymbol{z}_{24})+\boldsymbol{g}_3\mathrm{sat}(\boldsymbol{u})\\ \dot{\boldsymbol{z}}_{34}=-\beta_{43}\mathrm{fal}(\boldsymbol{e}_{14},\alpha_2,\delta)\end{cases} \tag{6-105}$$

其中，$\boldsymbol{z}_{14}$、$\boldsymbol{z}_{24}$和 $\boldsymbol{z}_{34}$能够在有限时间内收敛到系统状态量 $\boldsymbol{x}_4$、$\boldsymbol{x}_3$ 和不确定性 $\boldsymbol{d}_3$ 附近的小邻域内。

详细的观测器参数整定策略可参照文献[23]。在后续的制导控制一体化设计中，设计自适应律来消除不确定性实际值与观测器估计值之间的偏差。

2. 基于 FTESO 的抗饱和制导控制一体化设计

结合动态面和自适应反步技术，设计助推段自适应制导控制一体化设计方法，将 FTESO 对系统各级不确定性的实时观测量在一体化算法中进行补偿，能够显著提高控制系统的鲁棒性。此外，采用改进的抗饱和补偿器来处理输入受限问题，实现快速退饱和。

详细的助推段制导控制一体化设计流程如下：

定义 FTESO 系统式(6－100)、式(6－101)和式(6－105)对一体化设计模型式(6－96)中各级系统不确定性 $\boldsymbol{d}_1'$、$\boldsymbol{d}_2$ 和 $\boldsymbol{d}_3$ 的观测误差为

$$\begin{cases}\boldsymbol{E}_1=\boldsymbol{z}_{21}-\boldsymbol{d}_1'\\ \boldsymbol{E}_2=\boldsymbol{z}_{22}-\boldsymbol{d}_2\\ \boldsymbol{E}_3=\boldsymbol{z}_{34}-\boldsymbol{d}_3\end{cases} \tag{6-106}$$

存在合适的观测器参数 β_{i1}、β_{i2} $(i=1,2,4)$、β_{43}、α_1、α_2 和 δ，使得 $\|\boldsymbol{E}_i\|\leqslant\rho_i$，

$\forall \rho_i > 0$。

此外，$\tilde{\rho}_i (i=1,2,3)$ 是观测误差上界 ρ_i 的估计值，相应的参数自适应律为

$$\begin{cases} \dot{\tilde{\rho}}_i = \lambda_i (\boldsymbol{s}_i^{\mathrm{T}} \boldsymbol{s}_i - \sigma_i \tilde{\rho}_i) \\ \tilde{\rho}_i(0) = 0 \quad (i=1,2,3) \end{cases} \tag{6-107}$$

式中　λ_i、σ_i——正的设计参数。

步骤 1，定义速度和弹道倾角回路的动态面为

$$\boldsymbol{s}_1 = \boldsymbol{x}_1 - \boldsymbol{x}_{1\mathrm{d}} \tag{6-108}$$

式中　$\boldsymbol{x}_{1\mathrm{d}}$——标称速度和弹道倾角指令，$\boldsymbol{x}_{1\mathrm{d}} = [v_{\mathrm{ref}} \quad \theta_{\mathrm{ref}}]^{\mathrm{T}}$。

为了实现期望的控制性能，设计滑模面 $\boldsymbol{s}_1$ 的趋近律为

$$\dot{\boldsymbol{s}}_1 = -\boldsymbol{k}_1 \boldsymbol{s}_1 - \tilde{\rho}_1 \boldsymbol{s}_1 \tag{6-109}$$

式中　$\boldsymbol{k}_1 = \mathrm{diag}(k_{11}, k_{12})$，$k_{11}$、$k_{12}$ 是正的设计参数。

对滑模面 $\boldsymbol{s}_1$ 求导，有

$$\dot{\boldsymbol{s}}_1 = \dot{\boldsymbol{x}}_1 - \dot{\boldsymbol{x}}_{1\mathrm{d}} = \boldsymbol{f}_1(\boldsymbol{x}_1, \boldsymbol{x}_{2\mathrm{ref}}) + \boldsymbol{g}_{1\mathrm{p}}(\boldsymbol{x}_1, \boldsymbol{x}_2)\big|_{\boldsymbol{x}_2 = \boldsymbol{x}_{2\mathrm{ref}}} \Delta \boldsymbol{x}_2 + \boldsymbol{d}_1' - \dot{\boldsymbol{x}}_{1\mathrm{d}} \tag{6-110}$$

联立式(6-109)和式(6-110)，设计攻角和侧滑角的修正量 $\Delta \boldsymbol{x}_2$ 为

$$\Delta \boldsymbol{x}_2 = \boldsymbol{g}_{1\mathrm{p}}^{-1}(\boldsymbol{x}_1, \boldsymbol{x}_{2\mathrm{ref}}) [-\boldsymbol{k}_1 \boldsymbol{s}_1 - \tilde{\rho}_1 \boldsymbol{s}_1 - \boldsymbol{f}_1(\boldsymbol{x}_1, \boldsymbol{x}_{2\mathrm{ref}}) + \dot{\boldsymbol{x}}_{1\mathrm{d}} - \boldsymbol{z}_{21}] \tag{6-111}$$

修正后的攻角和侧滑角的虚拟控制指令为

$$\boldsymbol{x}_{2\mathrm{c}} = \boldsymbol{x}_{2\mathrm{ref}} + \Delta \boldsymbol{x}_2 \tag{6-112}$$

采用如下一阶低通滤波器对指令 $\boldsymbol{x}_{2\mathrm{c}}$ 进行滤波处理，得到滤波后指令信号 $\boldsymbol{x}_{2\mathrm{d}}$ 及其导数信息 $\dot{\boldsymbol{x}}_{2\mathrm{d}}$ 为

$$\boldsymbol{\tau}_2 \dot{\boldsymbol{x}}_{2\mathrm{d}} + \boldsymbol{x}_{2\mathrm{d}} = \boldsymbol{x}_{2\mathrm{c}}, \quad \boldsymbol{x}_{2\mathrm{d}}(0) = \boldsymbol{x}_{2\mathrm{c}}(0) \tag{6-113}$$

式中　$\boldsymbol{\tau}_2$——滤波器时间常数矩阵，$\boldsymbol{\tau}_2 = \mathrm{diag}(\tau_{21}, \tau_{22})$。

步骤 2，定义攻角和侧滑角回路的动态面为

$$\boldsymbol{s}_2 = \boldsymbol{x}_2 - \boldsymbol{x}_{2\mathrm{d}} \tag{6-114}$$

类似地，选择动态面 $\boldsymbol{s}_2$ 的趋近律为

$$\dot{\boldsymbol{s}}_2 = -\boldsymbol{k}_2 \boldsymbol{s}_2 - \tilde{\rho}_2 \boldsymbol{s}_2 \tag{6-115}$$

式中　$\boldsymbol{k}_2 = \mathrm{diag}(k_{21}, k_{22})$，$k_{21}$、$k_{22}$ 为正的设计参数。

对动态面 $\boldsymbol{s}_2$ 求导，可得

$$\dot{\boldsymbol{s}}_2 = \dot{\boldsymbol{x}}_2 - \dot{\boldsymbol{x}}_{2\mathrm{d}} = \boldsymbol{f}_2(\boldsymbol{x}_1, \boldsymbol{x}_2) + \boldsymbol{g}_2(\boldsymbol{x}_2)\boldsymbol{x}_3 + \boldsymbol{d}_2 - \dot{\boldsymbol{x}}_{2\mathrm{d}} \tag{6-116}$$

结合式(6-115)和式(6-116)，设计虚拟姿态角速度指令为

$$\boldsymbol{x}_{3\mathrm{c}} = \boldsymbol{g}_2^{-1}(\boldsymbol{x}_2)[-\boldsymbol{k}_2 \boldsymbol{s}_2 - \tilde{\rho}_2 \boldsymbol{s}_2 - \boldsymbol{f}_2(\boldsymbol{x}_1, \boldsymbol{x}_2) + \dot{\boldsymbol{x}}_{2\mathrm{d}} - \boldsymbol{z}_{22}] \tag{6-117}$$

与步骤 1 相似，构造一阶低通滤波器来计算滤波后指令 $\boldsymbol{x}_{3\mathrm{d}}$ 及其导数 $\dot{\boldsymbol{x}}_{3\mathrm{d}}$，有

$$\boldsymbol{\tau}_3 \dot{\boldsymbol{x}}_{3\mathrm{d}} + \boldsymbol{x}_{3\mathrm{d}} = \boldsymbol{x}_{3\mathrm{c}}, \quad \boldsymbol{x}_{3\mathrm{d}}(0) = \boldsymbol{x}_{3\mathrm{c}}(0) \tag{6-118}$$

式中　$\boldsymbol{\tau}_3$——滤波器时间常数矩阵，$\boldsymbol{\tau}_3 = \mathrm{diag}(\tau_{31}, \tau_{32})$。

步骤3，定义姿态角速度回路的动态面为

$$\boldsymbol{s}_3 = \boldsymbol{x}_3 - \boldsymbol{x}_{3\mathrm{d}} - \xi \tanh(\boldsymbol{\chi}) \tag{6-119}$$

式中　$\boldsymbol{\chi}$——后续抗饱和补偿器的状态量，$\tanh(\boldsymbol{\chi}) = [\tanh(\chi_\psi) \quad \tanh(\chi_\varphi)]^{\mathrm{T}}$，$\boldsymbol{\chi} = [\chi_\psi \quad \chi_\varphi]^{\mathrm{T}}$；

ξ——正的设计参数。

构造动态面 $\boldsymbol{s}_3$ 的趋近律为

$$\dot{\boldsymbol{s}}_3 = -\boldsymbol{k}_3 \boldsymbol{s}_3 - \tilde{\rho}_3 \boldsymbol{s}_3 \tag{6-120}$$

式中　$\boldsymbol{k}_3 = \mathrm{diag}(k_{31}, k_{32})$，$k_{31}$、$k_{32}$是正的设计参数。

对动态面 $\boldsymbol{s}_3$ 求导，有

$$\begin{aligned}\dot{\boldsymbol{s}}_3 &= \dot{\boldsymbol{x}}_3 - \dot{\boldsymbol{x}}_{3\mathrm{d}} - \xi \left[\frac{1}{\cosh^2(\chi_\psi)} \quad \frac{1}{\cosh^2(\chi_\varphi)} \right]^{\mathrm{T}} \\ &= \boldsymbol{f}_3(\boldsymbol{x}_1, \boldsymbol{x}_2, \boldsymbol{x}_3) + \boldsymbol{g}_3 \mathrm{sat}(\boldsymbol{u}) + \boldsymbol{d}_3 - \dot{\boldsymbol{x}}_{3\mathrm{d}} - \xi \left[\frac{1}{\cosh^2(\chi_\psi)} \quad \frac{1}{\cosh^2(\chi_\varphi)} \right]^{\mathrm{T}}\end{aligned} \tag{6-121}$$

设计控制输入 $\boldsymbol{u}$ 为

$$\boldsymbol{u} = \boldsymbol{g}_3^{-1} [-\boldsymbol{k}_3 \boldsymbol{s}_3 - \tilde{\rho}_3 \boldsymbol{s}_3 - \boldsymbol{f}_3(\boldsymbol{x}_1, \boldsymbol{x}_2, \boldsymbol{x}_3) - \boldsymbol{g}_2 \boldsymbol{s}_2 + \dot{\boldsymbol{x}}_{3\mathrm{d}} - \boldsymbol{z}_{34}] \tag{6-122}$$

此外，构造改进的抗饱和辅助系统为

$$\dot{\boldsymbol{\chi}} = \frac{1}{\xi} \begin{bmatrix} \cosh^2(\chi_\psi) & 0 \\ 0 & \cosh^2(\chi_\varphi) \end{bmatrix} (-\kappa \tanh(\boldsymbol{\chi}) + \boldsymbol{\Delta}) \tag{6-123}$$

式中　$\boldsymbol{\Delta} = \mathrm{sat}(\boldsymbol{u}) - \boldsymbol{u}$，$\kappa$ 为正的设计参数。

不同于传统的抗饱和补偿系统 $\dot{\boldsymbol{\chi}} = -\kappa\boldsymbol{\chi} + \boldsymbol{\Delta}$ 和姿态角速度动态面 $\boldsymbol{s}_3 = \boldsymbol{x}_3 - \boldsymbol{x}_{3\mathrm{d}} - \boldsymbol{\chi}$，本书充分利用双曲正切函数特性，实现对姿态角速度跟踪误差的有界补偿。

最终，计算得到等效偏航和俯仰通道摆角指令为

$$\begin{cases} \delta_{\varphi\mathrm{c}} = \arcsin u_\varphi \\ \delta_{\psi\mathrm{c}} = \arcsin \dfrac{u_\varphi}{\cos \delta_{\varphi\mathrm{c}}} \end{cases} \tag{6-124}$$

定义动态面的范数为

$$\|\boldsymbol{s}\|^2 = \frac{1}{T_1} \int_0^{T_1} \sum_{i=1}^{3} \boldsymbol{s}_i^{\mathrm{T}} \boldsymbol{s}_i \mathrm{d}t \tag{6-125}$$

助推段自适应抗饱和制导控制一体化方案内部控制结构图如图 6－16 所示。

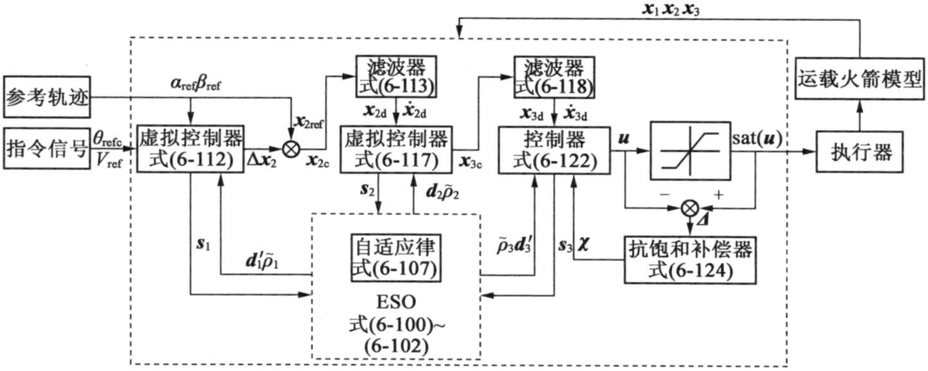

图 6 – 16　助推段自适应抗饱和制导控制一体化方案内部控制结构图

根据上述助推段制导控制一体化设计过程，给出如下定理。

定理 6.1　针对满足假设 6.1 和假设 6.2 的系统式(6 – 96)，在由扩张状态观测器式(6 – 100)、式(6 – 101)、式(6 – 105)，标称虚拟控制指令式(6 – 111)、式(6 – 112)、式(6 – 117)和式(6 – 122)，自适应律式(6 – 107)以及抗饱和辅助系统式(6 – 123)构成的基于 FTESO 的抗饱和制导控制一体化控制规律作用下，闭环系统能够半全局稳定，且闭环系统的控制输入、状态最终一致有界，动态面范数$\|\boldsymbol{s}\|^2$ 收敛到任意小，满足

$$\|\boldsymbol{s}\|^2 \leqslant \frac{4}{\varepsilon T_1}\left[\frac{CT_1}{2} + \frac{C}{2\varepsilon} + v(0)\right] \tag{6-126}$$

式中　$C = \sum_{i=1}^{3} \frac{\sigma_i}{2}\mu_i^2 + \frac{3}{2} + \kappa + \frac{\xi}{4}$。

证明　定义低通滤波器式(6 – 113)、式(6 – 118)的边界层误差为

$$\begin{cases} \boldsymbol{y}_2 = \boldsymbol{x}_{2d} - \boldsymbol{x}_{2c} \\ \boldsymbol{y}_3 = \boldsymbol{x}_{3d} - \boldsymbol{x}_{3c} \end{cases} \tag{6-127}$$

定义自适应律式(6 – 107)的估计误差为

$$e_i = \rho_i - \tilde{\rho}_i \quad (i = 1,2,3) \tag{6-128}$$

对式(6 – 127)、式(6 – 128)求导，有

$$\begin{cases} \dot{\boldsymbol{y}}_2 = -\boldsymbol{\tau}_2^{-1}\boldsymbol{y}_2 - \dot{\boldsymbol{x}}_{2c} \\ \dot{\boldsymbol{y}}_3 = -\boldsymbol{\tau}_2^{-1}\boldsymbol{y}_3 - \dot{\boldsymbol{x}}_{3c} \end{cases} \tag{6-129}$$

$$\dot{e}_i = -\dot{\tilde{\rho}}_i = -\lambda_i(\boldsymbol{s}_i^{\mathrm{T}}\boldsymbol{s}_i - \sigma_i\tilde{\rho}_i) \quad (i = 1,2,3) \tag{6-130}$$

结合动态面式(6 – 108)、式(6 – 114)、式(6 – 119)和边界层误差式(6 – 127)的定义，可得

$$\begin{cases}\boldsymbol{x}_1=\boldsymbol{s}_1+\boldsymbol{x}_{1d}\\ \boldsymbol{x}_2=\boldsymbol{s}_2+\boldsymbol{y}_2+\boldsymbol{x}_{2c}\\ \boldsymbol{x}_3=\boldsymbol{s}_3+\boldsymbol{y}_3+\boldsymbol{x}_{3c}+\xi\tanh(\boldsymbol{\chi})\end{cases}\tag{6-131}$$

根据虚拟控制量式(6-111)、式(6-112)、式(6-117)和式(6-122)，推导得到上述动态面的导数为

$$\begin{cases}\dot{\boldsymbol{s}}_1=-\boldsymbol{k}_1\boldsymbol{s}_1-\tilde{\rho}_1\boldsymbol{s}_1+\boldsymbol{d}_1'-\boldsymbol{z}_{21}\\ \dot{\boldsymbol{s}}_2=\boldsymbol{g}_2[\boldsymbol{s}_3+\boldsymbol{y}_3+\xi\tanh(\boldsymbol{\chi})]-\boldsymbol{k}_2\boldsymbol{s}_2-\tilde{\rho}_2\boldsymbol{s}_2+\boldsymbol{d}_2-\boldsymbol{z}_{22}\\ \dot{\boldsymbol{s}}_3=-\boldsymbol{k}_3\boldsymbol{s}_3-\tilde{\rho}_3\boldsymbol{s}_3+\boldsymbol{d}_3-\boldsymbol{z}_{34}-\boldsymbol{g}_2\boldsymbol{s}_2+\kappa\tanh(\boldsymbol{\chi})\end{cases}\tag{6-132}$$

选取闭环系统 Lyapunov 函数为

$$v=\frac{1}{2}\sum_{i=1}^{3}\boldsymbol{s}_i^{\mathrm{T}}\boldsymbol{s}_i+\frac{1}{2}\sum_{i=2}^{3}\boldsymbol{y}_i^{\mathrm{T}}\boldsymbol{y}_i+\frac{1}{2}\sum_{i=1}^{3}\frac{1}{\boldsymbol{\lambda}_i}e_i^2\tag{6-133}$$

对 v 求导，有

$$\dot{v}=\sum_{i=1}^{3}\boldsymbol{s}_i^{\mathrm{T}}\dot{\boldsymbol{s}}_i+\sum_{i=2}^{3}\boldsymbol{y}_i^{\mathrm{T}}\dot{\boldsymbol{y}}_i+\sum_{i=1}^{3}\frac{1}{\boldsymbol{\lambda}_i}e_i\dot{e}_i\tag{6-134}$$

对于任意 $x,y\in\mathbf{R}$，如下不等式成立：

$$\begin{cases}xy\leqslant x^2+\dfrac{y^2}{4}\\ \dfrac{(x+y)^2}{2}\leqslant x^2+y^2\end{cases}\tag{6-135}$$

结合式(6-129)、式(6-130)、式(6-132)和式(6-135)，可得

$$\begin{aligned}\boldsymbol{s}_1^{\mathrm{T}}\dot{\boldsymbol{s}}_1&=-\boldsymbol{s}_1^{\mathrm{T}}\boldsymbol{k}_1\boldsymbol{s}_1-\tilde{\rho}_1\boldsymbol{s}_1^{\mathrm{T}}\boldsymbol{s}_1+\boldsymbol{s}_1^{\mathrm{T}}(\boldsymbol{d}_1'-\boldsymbol{z}_{21})\\ &\leqslant-k_{1\min}\boldsymbol{s}_1^{\mathrm{T}}\boldsymbol{s}_1+(e_1-\mu_1)\boldsymbol{s}_1^{\mathrm{T}}\boldsymbol{s}_1+\|\boldsymbol{s}_1\|^2\|\boldsymbol{E}_1\|^2+\frac{1}{4}\\ &\leqslant-k_{1\min}\boldsymbol{s}_1^{\mathrm{T}}\boldsymbol{s}_1+e_1\|\boldsymbol{s}_1\|^2+\frac{1}{4}\end{aligned}\tag{6-136}$$

$$\begin{aligned}\boldsymbol{s}_2^{\mathrm{T}}\dot{\boldsymbol{s}}_2&\leqslant\boldsymbol{s}_2^{\mathrm{T}}\boldsymbol{g}_2[\boldsymbol{s}_3+\boldsymbol{y}_3+\xi\tanh(\boldsymbol{\chi})]-\boldsymbol{s}_2^{\mathrm{T}}\boldsymbol{k}_2\boldsymbol{s}_2-\rho_2\boldsymbol{s}_2^{\mathrm{T}}\boldsymbol{s}_2+\boldsymbol{s}_2^{\mathrm{T}}(\boldsymbol{d}_2-\boldsymbol{z}_{22})\\ &\leqslant\boldsymbol{s}_2^{\mathrm{T}}\boldsymbol{g}_2\boldsymbol{s}_3+2\|\boldsymbol{g}_2\|^2\|\boldsymbol{s}_2\|^2+\frac{\|\boldsymbol{y}_3\|^2}{4}-k_{2\min}\boldsymbol{s}_2^{\mathrm{T}}\boldsymbol{s}_2+(e_2-\mu_2)\boldsymbol{s}_2^{\mathrm{T}}\boldsymbol{s}_2+\\ &\quad\|\boldsymbol{s}_2\|^2\|\boldsymbol{E}_2\|^2+\frac{1}{4}+\frac{\xi}{4}\\ &\leqslant\boldsymbol{s}_2^{\mathrm{T}}\boldsymbol{g}_2\boldsymbol{s}_3+(2\|\boldsymbol{g}_2\|^2-k_{2\min})\boldsymbol{s}_2^{\mathrm{T}}\boldsymbol{s}_2+e_2\boldsymbol{s}_2^{\mathrm{T}}\boldsymbol{s}_2+\frac{\|\boldsymbol{y}_3\|^2}{4}+\frac{1}{4}+\frac{\xi}{4}\end{aligned}\tag{6-137}$$

$$\boldsymbol{s}_3^{\mathrm{T}}\dot{\boldsymbol{s}}_3=-\boldsymbol{s}_3^{\mathrm{T}}\boldsymbol{k}_3\boldsymbol{s}_3-\rho_3\boldsymbol{s}_3^{\mathrm{T}}\boldsymbol{s}_3-\boldsymbol{s}_3^{\mathrm{T}}\boldsymbol{g}_2\boldsymbol{s}_2+\boldsymbol{s}_3^{\mathrm{T}}(\boldsymbol{d}_3-\boldsymbol{z}_{34})+\kappa\tanh(\boldsymbol{\chi})$$

$$\leqslant -k_{3\min}\boldsymbol{s}_3^{\mathrm{T}}\boldsymbol{s}_3+(e_3-\mu_3)\boldsymbol{s}_3^{\mathrm{T}}\boldsymbol{s}_3+\|\boldsymbol{s}_3\|^2\|\boldsymbol{E}_3\|^2+\frac{1}{4}-\boldsymbol{s}_3^{\mathrm{T}}\boldsymbol{g}_2\boldsymbol{s}_2+\kappa$$

$$\leqslant -k_{3\min}\boldsymbol{s}_3^{\mathrm{T}}\boldsymbol{s}_3+e_3\boldsymbol{s}_3^{\mathrm{T}}\boldsymbol{s}_3+\frac{1}{4}-\boldsymbol{s}_3^{\mathrm{T}}\boldsymbol{g}_2\boldsymbol{s}_2+\kappa \tag{6-138}$$

$$\boldsymbol{y}_2^{\mathrm{T}}\dot{\boldsymbol{y}}_2\leqslant -\boldsymbol{y}_2^{\mathrm{T}}\boldsymbol{\tau}_2^{-1}\boldsymbol{y}_2-\boldsymbol{y}_2^{\mathrm{T}}\dot{\boldsymbol{x}}_{2c}\leqslant -\frac{1}{\tau_{2\max}}\|\boldsymbol{y}_2\|^2+\|\boldsymbol{y}_2\|^2\|\dot{\boldsymbol{x}}_{2c}\|^2+\frac{1}{4} \tag{6-139}$$

$$\boldsymbol{y}_3^{\mathrm{T}}\dot{\boldsymbol{y}}_3\leqslant -\boldsymbol{y}_3^{\mathrm{T}}\boldsymbol{\tau}_3^{-1}\boldsymbol{y}_3-\boldsymbol{y}_3^{\mathrm{T}}\dot{\boldsymbol{x}}_{3c}\leqslant -\frac{1}{\tau_{3\max}}\|\boldsymbol{y}_3\|^2+\|\boldsymbol{y}_3\|^2\|\dot{\boldsymbol{x}}_{3c}\|^2+\frac{1}{4} \tag{6-140}$$

$$\frac{1}{\lambda_i}e_i\dot{e}_i=-e_i(\boldsymbol{s}_i^{\mathrm{T}}\boldsymbol{s}_i-\sigma_i\tilde{\rho}_i)=-e_i\|\boldsymbol{s}_i\|^2-\sigma_ie_i^2+\sigma_ie_i\mu_i$$

$$\leqslant -e_i\|\boldsymbol{s}_i\|^2-\frac{\sigma_i}{2}e_i^2+\frac{\sigma_i}{2}\mu_i^2\quad(i=1,2,3) \tag{6-141}$$

式中　$k_{1\min}$、$k_{2\min}$和$k_{3\min}$——正定对角阵$\boldsymbol{k}_1$、$\boldsymbol{k}_2$ 和$\boldsymbol{k}_3$ 中对角元素的最小值；

$\tau_{2\max}$、$\tau_{3\max}$——滤波器时间常数矩阵$\boldsymbol{\tau}_2$ 和$\boldsymbol{\tau}_3$ 中对角元素的最大值。

根据假设 6.1、引理 6.1 以及发动机推力、转动惯量和推力力臂 x_{1e}有界，则$\|\boldsymbol{g}_2\|$、$\|\boldsymbol{g}_3\|$、$\|\dot{\boldsymbol{x}}_{2c}\|$和$\|\dot{\boldsymbol{x}}_{3c}\|$在系统函数定义域内将分别收敛于一非负的连续函数，定义$\|\boldsymbol{g}_2\|$、$\|\boldsymbol{g}_3\|$、$\|\dot{\boldsymbol{x}}_{2c}\|$和$\|\dot{\boldsymbol{x}}_{3c}\|$范数的上确界分别是 Q_1、Q_2、M_1 和 M_2。

将式(6-136)~(6-141)代入式(6-134)，整理可得

$$\dot{v}=\sum_{i=1}^{3}\boldsymbol{s}_i^{\mathrm{T}}\dot{\boldsymbol{s}}_i+\sum_{i=2}^{3}\boldsymbol{y}_i^{\mathrm{T}}\dot{\boldsymbol{y}}_i+\sum_{i=1}^{2}\frac{1}{\lambda_i}e_i\dot{e}_i$$

$$\leqslant -k_{1\min}\boldsymbol{s}_1^{\mathrm{T}}\boldsymbol{s}_1+(2Q_1^2-k_{2\min})\boldsymbol{s}_2^{\mathrm{T}}\boldsymbol{s}_2+(Q_2^2-k_{3\min})\boldsymbol{s}_3^{\mathrm{T}}\boldsymbol{s}_3+\left(M_1^2-\frac{1}{\tau_{2\max}}\right)\boldsymbol{y}_2^{\mathrm{T}}\boldsymbol{y}_2+$$

$$\left(M_2^2-\frac{1}{\tau_{3\max}}+\frac{1}{4}\right)\boldsymbol{y}_3^{\mathrm{T}}\boldsymbol{y}_3-\sum_{i=1}^{2}\frac{\sigma_i}{2}e_i^2+C \tag{6-142}$$

若设计参数选取满足

$$\begin{cases}k_{1\min}\geqslant\dfrac{\varepsilon}{2}\\ k_{2\min}\geqslant 2Q_1^2+\dfrac{\varepsilon}{2}\\ k_{3\min}\geqslant Q_2^2+\dfrac{\varepsilon}{2}\\ \dfrac{1}{\tau_{2\max}}\geqslant M_1^2+\dfrac{\varepsilon}{2}\\ \dfrac{1}{\tau_{3\max}}\geqslant M_2^2+\dfrac{\varepsilon}{2}+\dfrac{1}{4}\\ \sigma_i\lambda_i\geqslant\varepsilon\end{cases} \tag{6-143}$$

其中 ε 为正的常数，则式(6 - 143)可进一步改写为

$$\dot{v} \leqslant -\varepsilon v + C \tag{6-144}$$

将式(6 - 144)不等号两侧同乘 $e^{\varepsilon t}$ 并积分，可得

$$v(t) \leqslant v(0)e^{-\varepsilon t} + \frac{C}{\varepsilon}(1 - e^{-\varepsilon t}) \tag{6-145}$$

结合 Barbalat 引理可知，控制输入、状态量和所有闭环系统信号最终一致有界。根据式(6 - 144)，如下不等式显然成立：

$$\|s\|^2 \leqslant \frac{2}{\varepsilon}\left(C - \frac{1}{T_1}\int_0^{T_1}\dot{v}dt\right) \leqslant \frac{2}{\varepsilon}\left(C + \frac{v(T_1) + v(0)}{T_1}\right) \tag{6-146}$$

基于式(6 - 146)，可推导得到

$$v(T_1) - v(0) \leqslant v(T_1) - v(0)e^{-\varepsilon t} \leqslant \frac{C}{\varepsilon}(1 - e^{-\varepsilon T_1}) \leqslant \frac{C}{\varepsilon} \tag{6-147}$$

联立式(6 - 146)和式(6 - 147)，有

$$\|s\|^2 \leqslant \frac{4}{\varepsilon T_1}\left[\frac{CT_1}{2} + \frac{C}{2\varepsilon} + v(0)\right] \tag{6-148}$$

证毕。

6.4.3 仿真分析

开展不同算例下的六自由度仿真，验证本书提出的自适应抗饱和制导控制一体化(Anti - saturation IGC，AntiIGC)方法具有良好的控制性能、抗饱和特性以及鲁棒性。设计三组不同参数配置的算例：①在标称情况下，即不考虑飞行环境以及弹体结构参数不确定性，验证 AntiIGC 方法具有良好的轨迹跟踪性能；②在第三级飞行过程中给角速度回路施加 ±20(°)/s 的矩形波信号，与常规制导控制一体化算法对比，验证 AntiIGC 方法具有抗饱和特性；③验证 AntiIGC 方法对复杂大气环境不确定性以及结构参数不确定性具有强的鲁棒性。

本节仿真部分主要针对轨迹跟踪问题展开研究，终端高度偏差指标为 ±500 m，终端速度偏差指标为 ±50 m/s，终端倾角偏差指标为 ±0.5°。仿真步长和控制周期分别设置为 0.001 s 和 0.01 s。设计参数见表 6 - 1。

表 6-1　考虑输入饱和的制导控制一体化规律参数配置

参数类型	参数值
虚拟控制量及滤波器参数	$k_{11}=0.85, k_{12}=0.2, k_{21}=k_{22}=2, k_{31}=k_{32}=10,$ $\tau_{21}=\tau_{22}=50, \tau_{31}=\tau_{32}=50$
自适应律参数	$\lambda_i=10, \sigma_i=1 \quad (i=1,2,3)$
ESO 参数	$\beta_{11}=\beta_{21}=20, \beta_{12}=\beta_{22}=100, \beta_{41}=100, \beta_{42}=300, \beta_{43}=600,$ $\alpha_1=0.5, \alpha_2=0.25, \delta=0.01$
抗饱和补偿器参数	$\xi=1, \kappa=20$

1. 控制性能分析

首先,验证本书提出的 AntiIGC 方法在标称情况下的控制性能,相应的仿真曲线如图 6-17 ~ 6-20 所示。标称情况下,离线标称轨迹跟踪误差曲线如图 6-17所示。由图 6-17 可见,在初始阶段存在一定的初始高度、速度、弹道倾角跟踪误差,其主要原因为:①飞行过程中逐渐累积的大部分高度、速度以及弹道倾角偏差;②在级间分离期间,特殊的级间分离策略导致的部分轨迹跟踪偏差。因此,在开展轨迹跟踪问题研究时,非常有必要将上述初始偏差考虑进去。后续,上述初始轨迹跟踪偏差将通过调整攻角和侧滑角来消除。

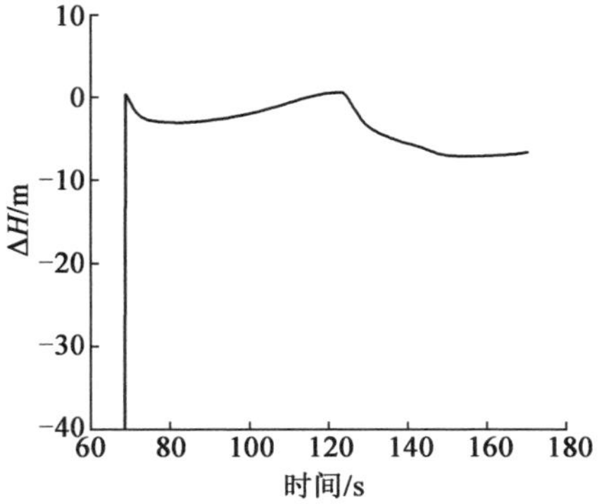

(a)高度跟踪误差

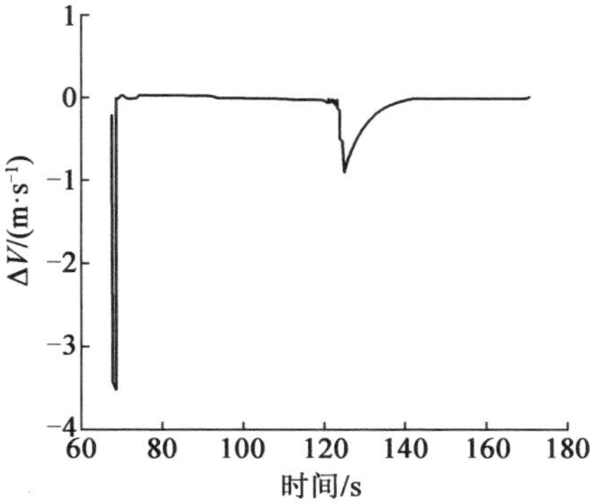

(b)速度跟踪误差

图 6-17　标称情况下,离线标称轨迹跟踪误差曲线

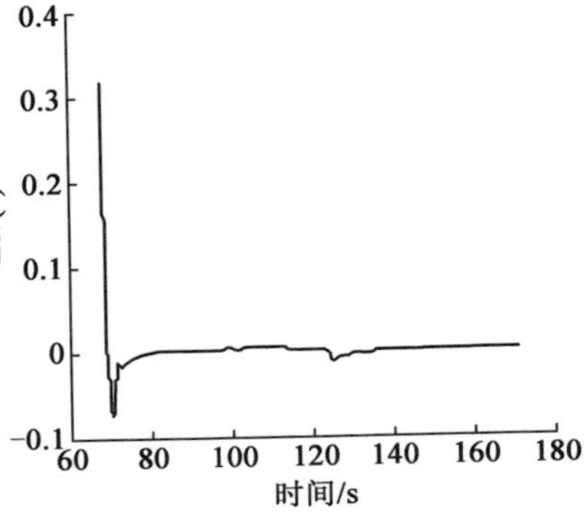

(c)弹道倾角跟踪误差

图 6－17（续）

由图 6－18 和图 6－19 可知，本书提出的 AntiIGC 方法能够实现对攻角、侧滑角以及姿态角速度等虚拟指令的良好跟踪。由于引入动态面技术对虚拟指令进行滤波处理，上述虚拟控制指令相对比较光滑，间接显著避免了摆动喷管摆角的高频抖振现象。因此，驱动摆动喷管的伺服机构的能量消耗也相应减少。

在级间分离期间，发动机推力快速减小，当推力值减小到一定水平时，摆动喷管摆角的控制效率将会变得非常低。即使摆动喷管摆角处于最大幅值状态，发动机推力产生的俯仰和偏航控制力矩也无法实现对姿态角速度指令的良好跟踪。因此，在具体制导控制一体化算法实现过程中，需要采用特殊的级间分离策略应对上述低效控制。

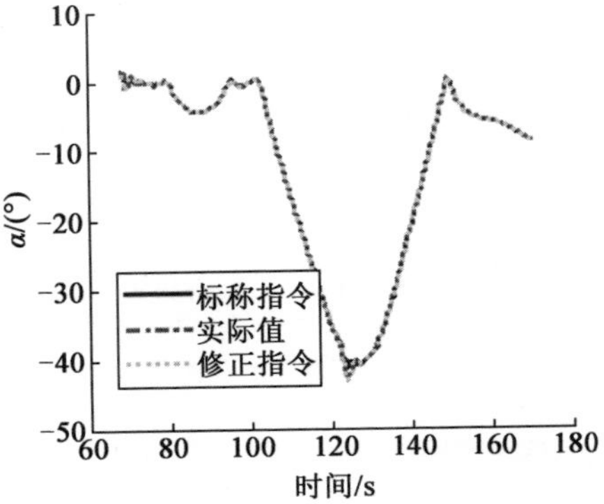

(a)攻角

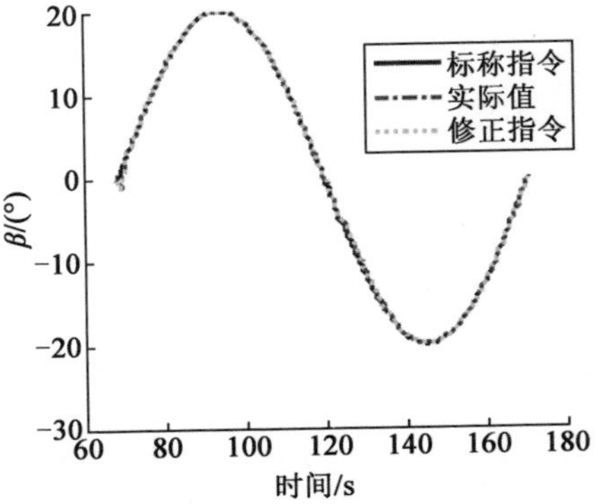

(b)侧滑角

图 6－18　标称情况下，攻角、侧滑角变化曲线

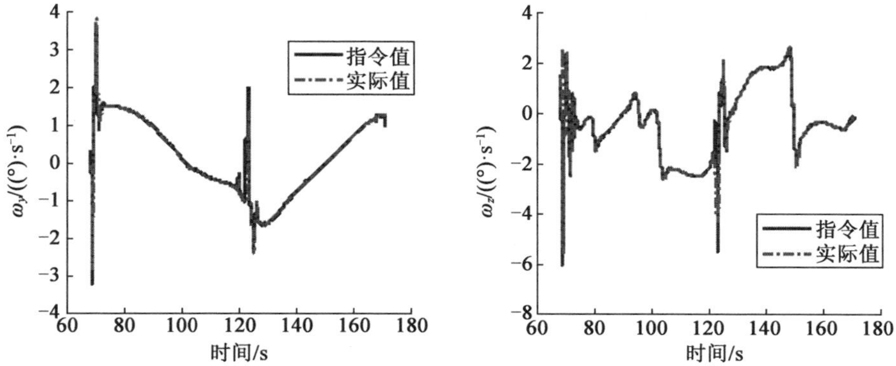

(a)偏航角速度　　(b)俯仰角速度

图 6－19　标称情况下，姿态角速度变化曲线

以弹体 x 轴方向的视加速度作为判断依据，当该值小于等于 3 m/s^2 时，摆动喷管摆角需保持在一确定值，即在这种情况下，制导控制系统对飞行器不施加主动控制。因此，姿态角和角速度的动态跟踪误差会逐渐增大，间接导致一定的轨迹跟踪误差。一旦弹体 x 轴视加速度大于 3 m/s^2，AntiIGC 方法会产生较大的摆动喷管摆角指令来快速消除姿态角和姿态角速度的动态跟踪误差，如图 6－20 所示。

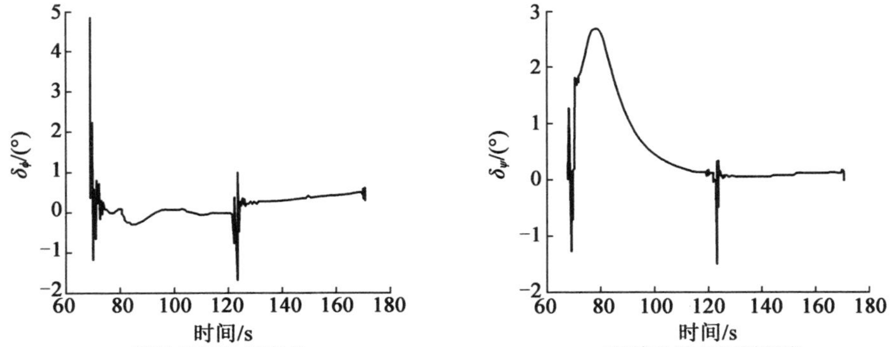

(a)等效偏航通道摆角　　(b)等效俯仰通道摆角

图 6－20　标称情况下，摆动喷管摆角变化曲线

2. 抗饱和特性分析

在快速转弯和大范围侧向机动过程中，标称轨迹对控制量的需求较大，由于摆动喷管摆角存在幅值等物理限制，可能出现执行机构饱和问题。为了有效说明本书提出的 AntiIGC 方法具有抗饱和特性，在飞行过程中，主动给角速度回路

施加 ±20(°)/s 的矩形波信号,等效俯仰通道摆角以及俯仰角速度变化曲线分别如图 6-21 和图 6-22 所示。

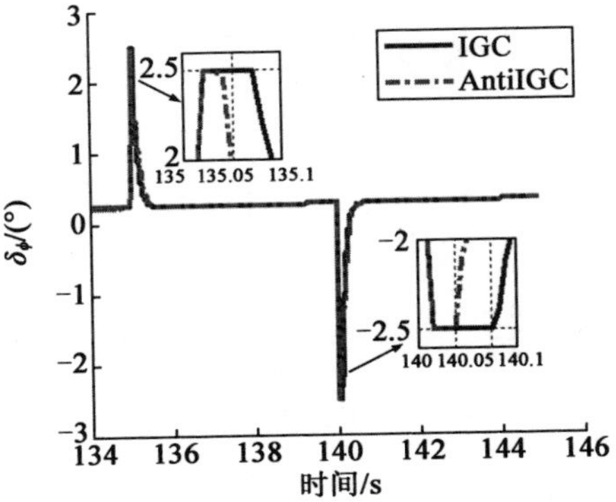

图 6-21　抗饱和特性分析情况下,等效俯仰通道摆角变化曲线

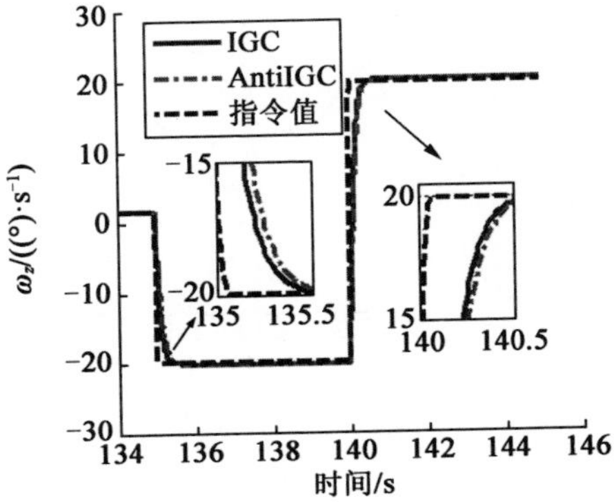

图 6-22　抗饱和特性分析情况下,俯仰角速度变化曲线

由于控制系统需要保留一定的控制裕度来应对系统不确定性,执行机构允许部分时间饱和,但不能够接受长期处于饱和状态。由图 6-21 可见,抗饱和补偿器通过反馈有界补偿量来动态调整角速度跟踪误差,等效俯仰通道摆角在短暂地饱和后,快速实现退饱和。由图 6-22 可见,AntiIGC 作用下的动态响应性能略慢于传统的制导控制一体化方法。由上述分析可知,AntiIGC 方法以牺牲部分动态响应性能为代价,实现执行机构快速退饱和。

3. 鲁棒性分析

开展相应的仿真试验来验证 AntiIGC 方法对复杂飞行环境以及结构参数不确定性具有良好的适应性。其中,对弹体结构参数不确定性的适应性部分以质心位置纵横向偏移分析为主。

首先,分析和验证本书提出的 AntiIGC 方法对质心位置纵横向偏移的适应性,以及改进的三阶 FTESO 系统的观测性能。具体的质心位置偏移设置见表 6-2,轨迹跟踪误差、攻角和侧滑角、姿态角速度以及摆动喷管摆角变化曲线分别如图 6-23 ~6-26 所示。由图 6-23 ~6-26 可见,当质心位置存在纵横向偏移时,本书提出的 AntiIGC 方法依然能够保证对标称轨迹以及虚拟控制指令的良好跟踪性能,且控制量相对比较光滑。

表 6－2　质心位置偏移设置

摄动类型	摄动值
质心位置负向偏移	二级：y 轴　－4 mm，z 轴　－4 mm 三级：y 轴　－3 mm，z 轴　－3 mm
质心位置正向偏移	二级：y 轴　＋4 mm，z 轴　＋4 mm 三级：y 轴　＋3 mm，z 轴　＋3 mm

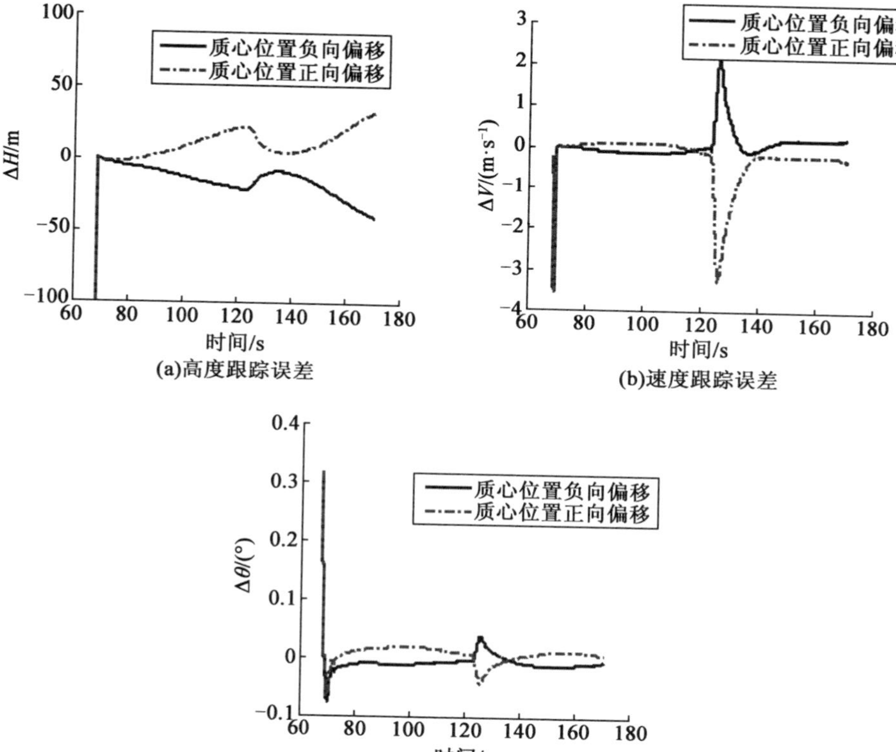

(a)高度跟踪误差

(b)速度跟踪误差

(c)弹道倾角跟踪误差

图 6－23　质心位置摄动情况下，离线标称轨迹跟踪误差曲线

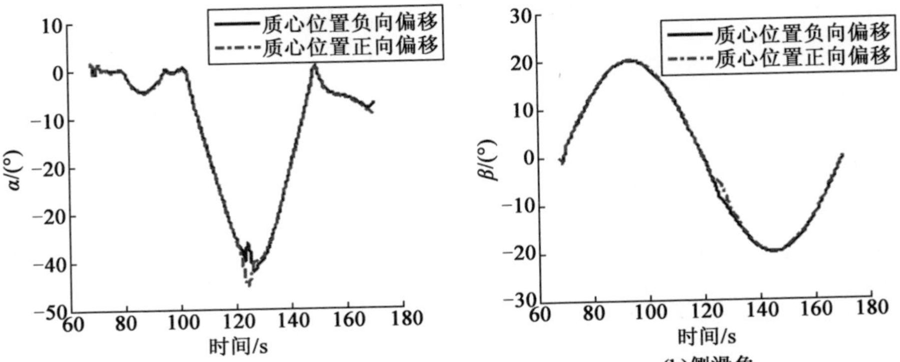

(a)攻角　　(b)侧滑角

图 6－24　质心位置摄动情况下，攻角和侧滑角变化曲线

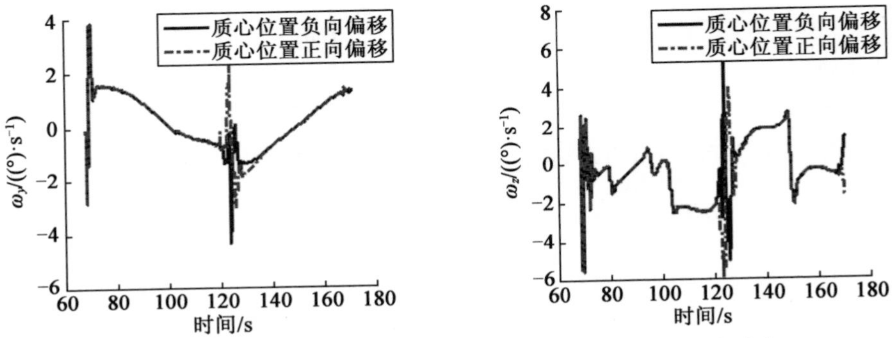

(a)偏航角速度　　(b)俯仰角速度

图 6－25　质心位置摄动情况下，姿态角速度变化曲线

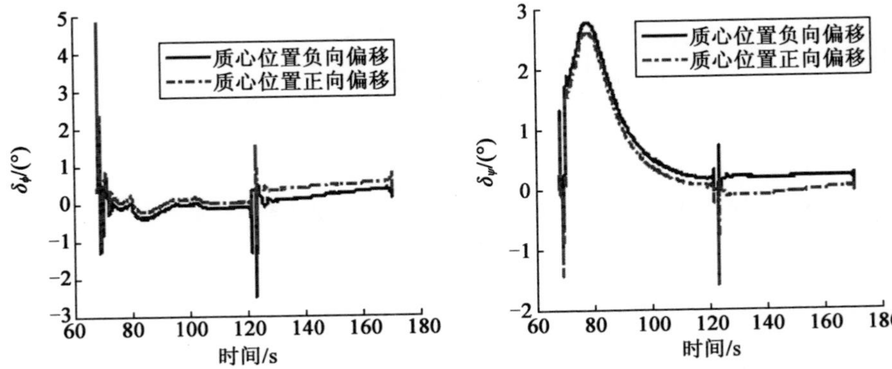

(a)等效偏航通道摆角　　(b)等效俯仰通道摆角

图 6－26　质心位置摄动情况下，摆动喷管摆角变化曲线

当质心位置偏斜负向摄动时，改进三阶 FTESO 系统输出，得到姿态角、姿态角速度和系统不确定性估计值曲线，如图 6 - 27 所示；当质心位置偏斜正向摄动时，改进三阶 FTESO 系统输出，得到姿态角、姿态角速度和系统不确定性估计值曲线，如图 6 - 28 所示。

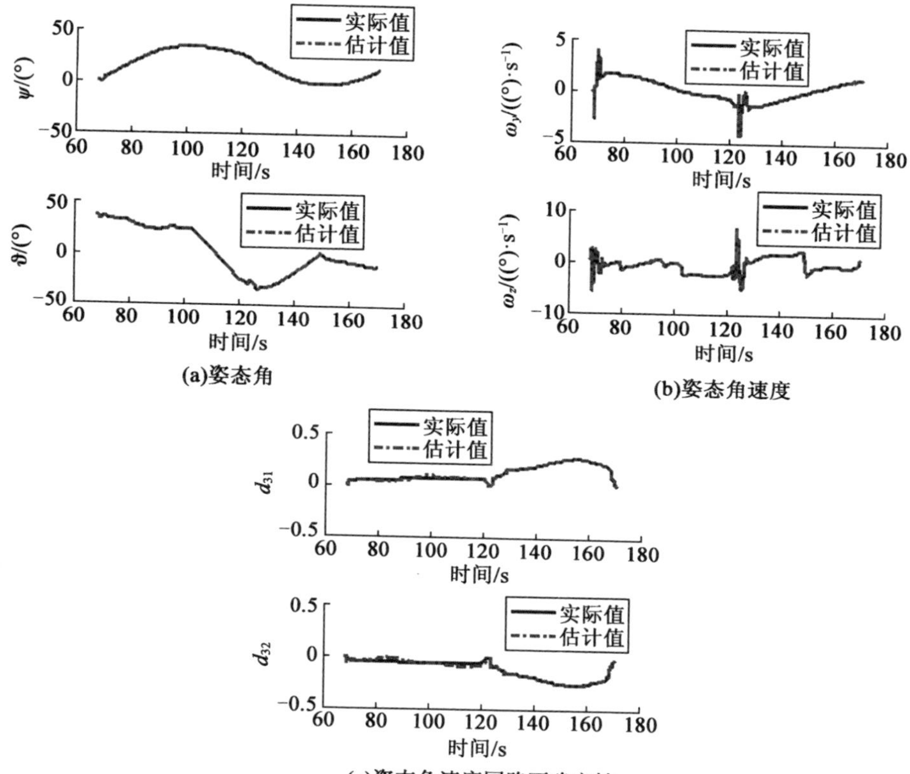

(a)姿态角　(b)姿态角速度

(c)姿态角速度回路不确定性

图 6 - 27　质心位置负向摄动情况下，三阶 FTESO 输出曲线

质心位置在 y 轴方向上偏移主要影响俯仰力矩，而质心位置在 z 轴方向上偏移主要影响偏航力矩。更详细地，当质心位置在 y 轴方向上正向偏移时，会产生一个正的附加俯仰力矩，故需要幅值更大的等效俯仰通道摆角来抵消该部分附加力矩。质心位置在 z 轴方向上的偏移主要影响力臂 $x_{1e}+Z_c$，当质心位置在 z 方向上的偏移为正时，该力臂增大，故需要幅值较小的等效偏航通道摆角，来产生特定的偏航力矩。由图 6 - 26 可见，摆动喷管摆角曲线与上述分析保持一致。由图 6 - 28 可见，改进的三阶 FTESO 系统能够实现对姿态角、姿态角速度以及角速度回路系统不确定性的良好估计。

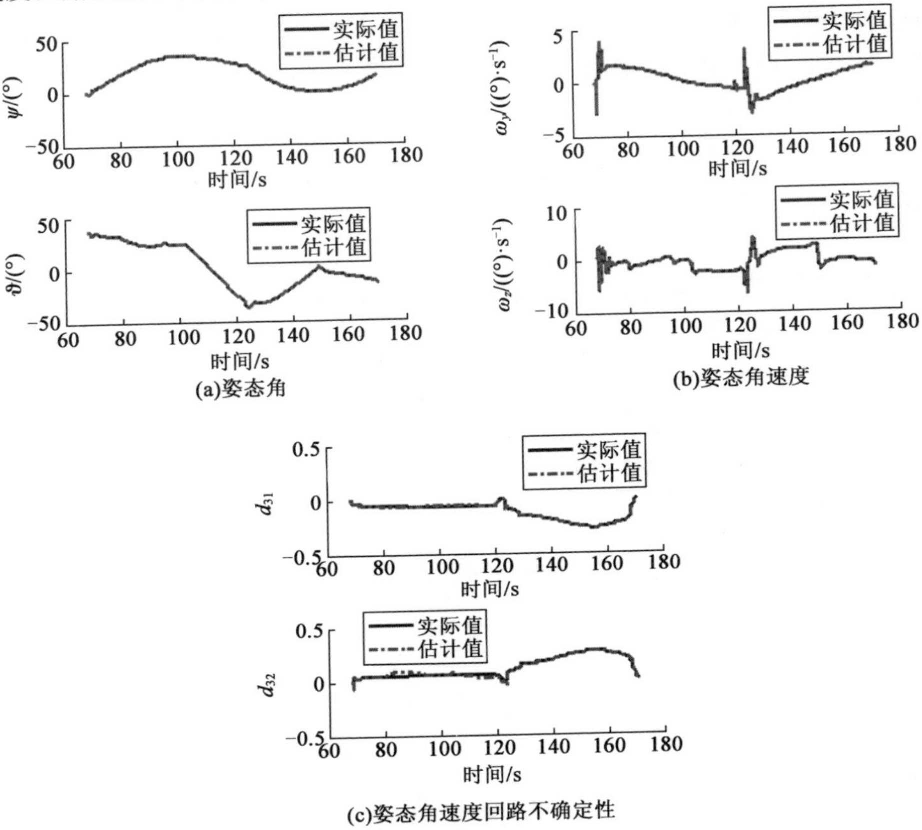

图 6-28　质心位置正向摄动情况下，三阶 FTESO 输出曲线

采用 FTESO 对系统不确定性实时在线估计并在算法中进行补偿的主动抗扰策略在保证对虚拟指令快速、精确跟踪的同时，能够有效地提高闭环系统对复杂结构参数不确定性的鲁棒性。

在研究 AntiIGC 方法对复杂飞行环境不确定性的适应性时，主要分析终端高度、速度和弹道倾角跟踪偏差是否满足相应的设计指标需求。生成 100 组气动参数服从如下分布的实验设计方案，将其代入仿真程序中，开展蒙特卡洛仿真试验：

$$\Delta\rho \subset U(-0.15, 0.15),\quad \Delta C_D \subset U(-0.2, 0.2)$$

$$\Delta C_L \subset U(-0.15, 0.15),\quad \Delta m \subset U(-0.3, 0.3)$$

式中　$\Delta\rho$、ΔC_D、ΔC_L 和 Δm——大气密度、气动阻力系数、气动升力系数和气动力矩系数摄动值；

U——服从均匀分布。

结合终端统计数据可知，当存在复杂飞行环境不确定性时，终端高度偏差在 ±30 m 内，终端速度偏差在 ±4 m/s 内，终端倾角偏差在 ±0.04°内，终端跟踪偏差均能够满足相应的终端指标。终端高度偏差、终端速度偏差和终端弹道倾角偏差的均值分别为 −4.686 7 m、−0.310 7 m/s 和 −0.006°；轨迹跟踪偏差的标准差分别为 12.171 m、2.149 m/s 和 0.013°。因此，本书提出的 AntiIGC 方法对复杂飞行环境不确定性也具有较强的鲁棒性。

参考文献

[1] Sänger Silverbird Orbital Bomber[EB/OL]. [2021 - 12 - 29]. http://www.greyfalcon.us/Sanger.htm.

[2] Silbervogel[EB/OL]. [2021 - 12 - 29]. https://military.wikia.org/wiki/Silbervogel.

[3] Silbervogel German bomber artwork[EB/OL]. [2021 - 12 - 29]. https://neverwasmag.com/2018/04/strange - aircraft - of - the - third - reich - real - and - imagined/silbervogel - german - bomber - artwork/.

[4] Boeing X - 20 Dyna - Soar: Technologies tested benefit Space Shuttle[EB/OL]. [2021 - 12 - 29]. https://www.aerotechnews.com/blog/2021/07/27/boeing - x - 20 - dyna - soar - technologies - tested - benefit - space - shuttle/.

[5] Dynasoar[EB/OL]. [2021 - 12 - 29]. http://astronautix.com/d/dynasoar.html.

[6] Martin X - 23 PRIME[EB/OL]. [2021 - 12 - 29]. https://wikimili.com/en/Martin_X - 23_PRIME#X23_PRIME.JPG.

[7] NASA Just Flew Autonomous Space Shuttle[EB/OL]. [2021 - 12 - 29]. https://governmentciomedia.com/hot - clicks - nasa - just - flew - autonomous - space - shuttle.

[8] Hypersonic Technology Vehicle 2[EB/OL]. [2021 - 12 - 29]. https://de.wikipedia.org/wiki/Hypersonic_Technology_Vehicle_2https://de.wikipedia.

org/wiki/Hypersonic_Technology_Vehicle_2.

[9] Here's What The Army's First Ever Operational Hypersonic Missile Unit Will Look Like[EB/OL]. [2021 - 12 - 29]. https://www.thedrive.com/the-war-zone/28340/heres-what-the-armys-first-ever-operational-hypersonic-missile-unit-will-look-like.

[10] Past Projects: X - 43A Hypersonic Flight Program[EB/OL]. [2021 - 12 - 29]. https://www.nasa.gov/centers/dryden/history/pastprojects/HyperX/index.html.

[11] Artist's Rendering of X - 43A[EB/OL]. [2021 - 12 - 29]. https://www.nasa.gov/centers/dryden/multimedia/imagegallery/X-43A/ED97-43968-4.html.

[12] Boeing X - 37[EB/OL]. [2021 - 12 - 29]. https://www.nasa.gov/centers/armstrong/history/experimental_aircraft/X-37.html.

[13] X51 - Af 飞行器[EB/OL]. [2021 - 12 - 29]. https://baike.baidu.com/item/X-51A 飞行器/2935448.

[14] Pentagon's Mach 20 Missile Lost Over Pacific - Again[EB/OL]. [2021 - 12 - 29]. https://www.wired.com/2011/08/mach-20-missile-lost-again/.

[15] Russia shows US inspectors hypersonic Avangard missile[EB/OL]. [2021 - 12 - 29]. https://peoplesdaily.pdnews.cn/world/russia-shows-us-inspectors-hypersonic-avangard-missile-105711.html.

[16] 张毅，肖龙旭，王顺宏. 弹道导弹弹道学[M]. 长沙：国防科技大学出版社，2005.

[17] WINGROVE R C. Survey of atmosphere re - entry guidance and control methods[J]. AIAA Journal, 1963, 1(9): 2019 - 2029.

[18] SHEN Z J, LU P. Onboard generation of three-dimensional constrained entry trajectories[J]. Journal of Guidance, Control, and Dynamics, 2003, 26(1): 111 - 121.

[19] KENNETH D M, JEAN P K. Shuttle entry guidance revisited using nonlinear geometric methods[J]. Journal of Guidance, Control, and Dynamics, 1994, 17(6): 1350 - 1356.

[20] BENITO J, KENNETH D M. Reachable and controllable sets for planetary

entry and landing[J]. Journal of Guidance, Control, and Dynamics, 2010, 33(3): 641 -654.

[21] LU P, SUE S B. Rapid generation of accurate entry landing footprints[C]. AIAA Guidance, Navigation, and Control Conference, Chicago USA, 2009.

[22] SARAF A, LEAVITT J A, MEASE K D. Landing footprint computation for entry vehicles[C]. AIAA Guidance, Navigation, and Control Conference and Exhibit, Providence USA, 2004.

[23] 韩京清. 自抗扰控制技术[M]. 北京:国防工业出版社,2008.

[24] CHARLES E H, MICHAEL W, GALLAHER N D. Hendrix . X -33 Attitude control system design for ascent, transition, and entry flight regimes[C]. AIAA Guidance, Navigation, and Control Conference and Exhibit, Boston USA, 1998.

[25] JOHN M H, DAN J C, GREGORY A D. Ascent, transition, entry, and abort guidance algorithm design for the X -33 vehicle[C]. AIAA Guidance, Navigation, and Control Conference and Exhibit, Boston USA, 1998.

[26] LEE H P, CHANG M, KAISER M K. Flight dynamics and stability and control characteristics of the X -33 technology demonstrator vehicle[C]. AIAA Guidance, Navigation, and Control Conference and Exhibit, Boston USA, 1998.

[27] CHRISTOPHER M, JOHN J B. Reconfigurable control design for the full X - 33 flight envelope[C]. AIAA Guidance, Navigation, and Control Conference and Exhibit, Montreal, Canada, 2001.

[28] ELAINE A W, JOHN J B. Deterministic reconfigurable control design for the X -33 vehicle[C]. AIAA Guidance, Navigation, and Control Conference and Exhibit, Boston USA, 1998.

[29] CATHERINE B,ETHAN B. The X -43A hyper - X mach 7 flight 2 guidance, navigation and control overview and flight test results[C]. AIAA/CIRA 13th International Space Planes and Hypersonics Systems and Technologies Conference,Capua Italy,2005.

[30] DAVIDSON J,LALLMAN F,MCMINN J D. Flight cotrol laws for NASA's hyper - X research vehicle[C]. AIAA Guidance,Navigation,and Control Conference and Exhibit,Portland USA,1999.

[31] JESSICA L, DARRYL A B. Hyper - X(X - 43A) Flight test range operations overview[C]. International Telemetering Conference, Riviera Hotel & Convention Center, Las Vegas USA, 2005.

[32] DAVID E R, LUAT T N, VINCENT L R. Review of X - 43A return to flight activities and current status[C]. 12th AIAA International Space Planes and Hypersonic Systems and Technologies, Norfolk USA, 2003.

[33] LAURIE A M, GRIFFIN P C. A chief engineer's view of the NASA X - 43A scramjet flight[C]. AIAA/CIRA 13th International Space Planes and Hypersonics Systems and Technologies Conference, Capua Italy, 2005.

[34] 刘桐林. 美国超_X 计划与 X - 43 试飞器[J]. 飞航导弹, 2002(5):8 - 14.

[35] 曾慧,白菡尘,朱涛. X - 51A 超燃冲压发动机及飞行验证计划[J]. 导弹与航天运载技术, 2010(1):57 - 61.

[36] 孙强,王健,马会民. X - 51A 超燃冲压发动机的研制历程[J]. 推进技术, 2011(1):67 - 71.

[37] 牛文,车易. DARPA 完成 HTV - 2 飞行器第二次试飞[J]. 飞航导弹,2011(9):9.

[38] 李文杰,钱开耘,古雨田. HTV - 2 项目取得重大进展[J]. 飞航导弹,2010(9):29 - 32.

[39] 王友利. 美国成功试验先进高超声速武器[J]. 导弹与航天运载技术,2011(1):60.

[40] 刘桐林. 俄罗斯高超声速技术飞行试验计划(一) [J]. 飞航导弹,2000(4):23 - 30.

[41] 刘桐林. 俄罗斯高超声速技术飞行试验计划(二) [J]. 飞航导弹,2000(5):27 - 30.

[42] 秦宝元. 2002 年超燃冲压发动机研究进展[J]. 飞航导弹,2002(4):155.

[43] 李文杰,古雨田,何叶. 从国际合作项目看澳大利亚高超声速技术的发展[J]. 飞航导弹,2010(9):42 - 44.

[44] 褚运. 德国高超声速导弹达到 $Ma = 7 +$ 的速度[J]. 飞航导弹,2004(4):5.

[45] 周军. 德国的高超声速导弹[J]. 飞航导弹,2004(4):37.

[46] 苏鑫鑫. 盘点日本的高超声速计划[J]. 飞航导弹,2008(5):26 - 31.

[47] 赵汉元. 飞行器再入动力学与制导[M]. 长沙:国防科技大学出版社,1997.

名词索引